既有医院建筑综合性能提升

《既有医院建筑综合性能提升》编著委员会 编著

中国建筑工业出版社

图书在版编目（CIP）数据

既有医院建筑综合性能提升 /《既有医院建筑综合
性能提升》编著委员会编著. — 北京：中国建筑工业出
版社，2022.11
ISBN 978-7-112-28104-6

Ⅰ.①既… Ⅱ.①既… Ⅲ.①医院-建筑-改造-研
究 Ⅳ.①TU246.1②TU746.3

中国版本图书馆 CIP 数据核字（2022）第 204650 号

医院是医疗事业的主要载体，其基础设施建设水平一定程度上决定了医疗卫生的发展水平。北京作为首都，现代医疗起步较早，医院数量众多，规模庞大；但由于区域医院历史悠久，建设年代久远，大部分既有院区都面临着基础设施老化问题，与首都新时代的医疗卫生发展定位不相适应。本书以北京区域医院为调查研究对象，基于未来医疗建筑发展趋势，从规划、功能、流线、安全、设备、交通、导视、绿化、历史建筑和工程管理等多学科多专业角度，较为系统地探究了北京医院综合性能提升改造的理念、路径、方法、技术和措施，以期为既有医疗建筑相关规划改造工作提供参考和借鉴。

责任编辑：仕　帅　吉万旺
责任校对：李美娜

既有医院建筑综合性能提升

《既有医院建筑综合性能提升》编著委员会　编著

＊

中国建筑工业出版社出版、发行（北京海淀三里河路 9 号）
各地新华书店、建筑书店经销
北京鸿文瀚海文化传媒有限公司制版
北京建筑工业印刷厂印刷

＊

开本：787 毫米×1092 毫米　1/16　印张：17½　字数：349 千字
2022 年 12 月第一版　　2022 年 12 月第一次印刷
定价：**48.00** 元
ISBN 978-7-112-28104-6
(40170)

本书编著委员会

主编单位：北京建筑大学

主　　编：李爱群

编　　委：

格　伦　　郝晓赛　　曾德民　　李　维

晁　军　　范文辉　　张群力　　赵希岗

辛　山　　周晨静　　金占勇　　李　利

张　雷　　解琳琳　　戴冀峰　　阚玉德

张笑楠　　杜志超　　周坤朋

前 言

医疗与人的生命和生活密切相关，是人类健康和社会可持续发展的基础。医院作为病人看病、治病和疗愈的重要专业场所，是医疗事业发展和社会健康稳定的基石，肩负着国家公共卫生服务和临床医疗服务的重任。

我国是世界上最早设置医院的国家，早在汉朝，黄河一带瘟疫流行，朝廷为方便百姓医治，建造了许多较大的屋子，配置了医生和药物。至宋明时期，医院组织渐趋周密，当时官办医院称为"安济坊"，私人开设的则称之为"养济院""寿安院"，分门别类收治病人。19世纪30年代，西方传教士在广州将"医院"这种新式医疗机构引进中国[1]，于是中国现代意义上的医院逐步生长起来[2]。

北京在清朝末年至民国时期，是中国重要的文化、政治和对外交往中心，受外来文化影响较大，也是当时中国各式医院聚集的城市。清朝光绪末年，北京内城和外城有多所官办医院，同时伴随着西方文化的传入，医院建筑、门诊类别、医疗设备等开始西化，一些西式医院纷纷成立，如妇婴医院、同仁医院、德国医院、法国医院等。这些早期医院多数建筑规模较小、诊治科目少、医疗设施简陋。1921年9月，北京协和医院建成，建筑面积约53,000m²，时设床位250张。之后北京众多医院逐渐发展起来。

1949年中华人民共和国成立以后，伴随着城市化和工业化进程的推进，医疗卫生事业被纳入国民经济和社会发展计划之中，为满足人民群众需要和城市发展需求，北京重点建设了一批医院，如积水潭医院、儿童医院、友谊医院等，这一时期建设的医院规模较大、功能设备较齐全，是较现代化的医院，医院建设借鉴苏联经验，注重功能分区，洁污隔离，路线简洁，功能性强[3]。20世纪60年代中期至70年代中期，由于社会秩序、经济建设等多方面因素，北京医院建设基本处于停滞状态。20世纪70年代后期，特别是十一届三中全会以后，国家实行改革开放，经济形势好转，北京地区的医院进入了全面发展时期，大量医院新建或在原有基础上扩建，新建的有北京市丰台医院、北京市急救中心、北京医院等，改扩建

---

① 刘桂奇. 近代广州医院时空分布研究 [J]. 中国历史地理论丛，2010，25（4）：56.

② 郝先中. 西医东渐与中国近代医疗卫生事业的肇始 [J]. 华东师范大学学报，2005，37（1）：27.

③ 中华人民共和国卫生部计划财务司. 中国医院建筑选编 1949—1989 画册 [M]. 北京：人民卫生出版社，1992.

的有北京儿童医院、积水潭医院等，新建或改扩建的医院无论在规模、质量、数量上均比上一时期有了很大提升，在建筑形态、空间布局、诊疗手段等方面有了更多的改变。

进入21世纪后，北京城市规模继续扩大，人口不断增加，医疗的需求愈加旺盛，人民群众对于医疗环境和水平有了更高的要求。这些建于20世纪的医院，已逐渐无法满足新时代的医疗需求，与新时代城市发展和人民群众需求之间的矛盾愈加突出。2014年2月和2017年2月，习近平总书记两次视察北京并发表重要讲话，明确北京"全国政治中心、文化中心、国际交往中心、科技创新中心"的战略定位，提出建设国际一流的和谐宜居之都战略目标。2017年，北京市委、北京市人民政府颁布了《北京城市总体规划（2016年—2035年）》，进一步明确了北京"四个中心"城市战略定位，为城市的发展提供了遵循，也对城市医疗卫生的发展提出了更高的要求。2021年9月，北京市卫生健康委员会、北京市规划自然资源委员会共同制定并发布了《北京市医疗卫生设施专项规划（2020年—2035年）》，其中进一步指出"落实城市总体规划，有序推进医疗卫生功能疏解转移，促进医疗卫生资源均衡布局，持续推进我市卫生健康事业高质量发展"。

面对新时代、新发展和新需求，如何结合新时代北京发展定位需求和人民群众日益增长的医疗需求，在北京现有医疗设施基础上进行综合性能提升改造，成为未来北京医疗卫生事业发展的重要方向。在此背景下，为更加科学地指导北京市医院开展基础设施综合性能提升改造工作，确保医院建设工作的质量和效益，在北京市医院管理中心的指导下，北京建筑大学于2017年开展了北京区域内既有医院院区及其建筑综合性能提升改造规划研究项目。根据北京医院现状、北京区域特点和城市发展定位需求等，基于"安全医院""绿色医院""人文医院""智慧医疗""互联网医院"等未来医疗发展趋势，系统性地提出了既有医院综合性能提升改造的理念和"不停业、少停业"的改造模式，从功能布局、安全性能、设备设施系统性能、交通系统性能、人文环境品质、绿化景观环境品质、历史建筑保护与发展等方面开展了相关研究工作，形成了系统性成果，为区域医院实现"疏解、均衡、协同、提升"目标提供了理论和技术指导。为使本项目成果更好地服务于医院的建设和运维，指导相关性能提升改造工程的实施，并为相关研究提供借鉴参考，特将相关成果系统梳理，付梓成书。

根据项目研究内容的划分，本书分为11章。第1章概述，简要论述了北京市医疗现状、城市发展定位、既有院区现状问题、综合性能提升改造的总体原则和工作内容划分等；其余各章节，则分别从前期策划与规划、功能空间、安全、水暖与动力系统、电气智能化系统、停车交通系统、绿化景观环境、人文视觉环境、历史建筑、建设项目全过程管理等方面，论述了既有院区及其建筑现状问题、改造需求、趋势经验、性能提升

既有医院建筑综合性能提升

原则、思路和技术方法等。

　　本书由项目研究团队成员共同编写，具体写作分工如下：第 1 章，李爱群、周坤朋；第 2 章，格伦；第 3 章，格伦、郝晓赛；第 4 章，曾德民、杜志超、解琳琳；第 5 章，范文辉、张群力；第 6 章，辛山、张雷；第 7 章，周晨静、戴冀峰；第 8 章，李利；第 9 章，赵希岗、阚玉德；第 10 章，周坤朋；第 11 章，金占勇。其中，第 3 章 3.1.6、3.2、3.3.3.3、3.3.5 等部分内容由郝晓赛老师提供，3.3.2.2 内容由晁军提供。全书由李爱群主编。周坤朋全面参与了本书的汇总整理。李维、晁军、张笑楠、朱宁克、张瑞君等参与了相关调研、讨论和编写工作。研究生洪建卫、陈永建、张新超、高伟、仝瑞、牟春妮、田亚鹏、康晓辉等参与各章节的编辑。除上述人员外，研究生邱宵慧、沈睿婷、张硕、陈敏、申瞳、卢莹、赵一丹、王骏行、黄家淙、高伟、胡锦东等参与本书图片拍摄、绘制、修改、文字校对和现场调研等工作。

　　项目研究过程中，得到了北京市医院管理中心领导、相关医院领导和专家的大力支持和帮助，刘建民副主任、樊世民处长、刘晓军副处长等对相关工作提出了大量建设性的指导意见，在此一并表示衷心感谢！

　　本书编写过程中，编著委员会学习了同行专家学者的相关论著，得到了业内许多专家的指导，在此一并致敬和致谢。

　　由于本书涉及学科多、知识面广，疏忽和不当之处，敬请指正！

本书编著委员会
2022 年 8 月

目　录

第1章　概述

北京为我国首都，作为世界级超大城市，举世瞩目，备受关注。在过去三十年里，由于城市化的快速推进，北京"大城市病"日渐显现，亟待进行有效的转型升级和创新发展。

特别是进入 21 世纪后，北京城市规模急剧扩张，从 2000 年到 2013 年，北京常住人口年均增长接近 60 万。截至 2017 年底，北京市总人口已达 2170.7 万[①]，2020 年北京常住人口高达 2189.3 万。城市规模的扩张带来了交通拥堵、环境污染、住房紧张、就医困难等一系列的"大城市病"，其中医疗问题尤为突出。至 2021 年，北京市医疗卫生机构总数为 11,727 家，其中大部分优质医院集中在中心城区，医疗资源分布集中且不均衡，由此带来了一系列问题，如中心城区医疗资源紧张、部分三甲医院长期超负荷运转。

随着城市化进程的不断推进和人民生活水平的提高、科技水平的发展，人民群众对医院服务质量、效率、环境、层次等方面的要求不断提高，对于高质量的医疗需求越加旺盛，供需矛盾日益凸显。此外，物联网、大数据、移动互联网、云计算等快速发展的信息化技术，为医疗科技的发展和革新提供了新的动力，对传统的医疗工艺、技术、体系、流程提出了新的挑战。北京区域的医院，大多始建年代较早，存在着建筑安全隐患、基础设施老化、就医流程冗杂、人文内涵缺失等问题，难以满足和支撑新时代人民群众对于高品质医疗的内在需求。

2014 年、2017 年，习近平总书记两次视察北京发表系列讲话，系统阐述了关系北京发展的方向性、根本性问题，提出"北京要明确城市战略定位，坚持和强化首都全国政治中心、文化中心、国际交往中心、科技创新中心的核心功能，深入实施人文北京、科技北京、绿色北京战略，努力把北京建设成为国际一流的和谐宜居之都"。2015 年 4 月 30 日中共中央政治局召开会议，审议通过《京津冀协同发展规划纲要》，指出要推动京津冀协同发展，有序疏解非首都功能，解决北京医疗、交通等方面的突出问题。2017 年 9 月 29 日，《北京城市总体规划（2016 年—2035 年）》的发布进一步明确了"四个中心"的定位，并对医疗卫生发展提出了一系列要求，如"中心城区有序疏解非首都功能、降低人口密度，疏解大型医疗机

---

① 北京市统计局．北京市 2016 年国民经济和社会发展统计公报［J］．北京市人民政府公报，2017：88.

1

构""严禁在核心区新设综合性医疗机构和增加床位数量……压缩核心区内门诊量与床位数""健全智慧服务管理体系"等。2021年9月北京发布的《北京市医疗卫生设施专项规划（2020年—2035年）》更提出"严控中心城区新增医疗资源规模，推动向外疏解，进一步调整优化新老院区功能定位，压缩床位数量，更好服务中心城区"。这一系列举措为北京划定了宏伟的蓝图，也对北京医疗卫生的发展提出了更高的要求。

1.1　北京医院基础现状分析

据2021年统计数据，北京目前拥有50家三级甲等医院，135家三级医疗机构。多数医院建于20世纪40~60年代（图1-1），由于始建年代较早，医院基础设施老化，功能设施无法满足当前人民群众的需求，亟待进行性能改造提升。

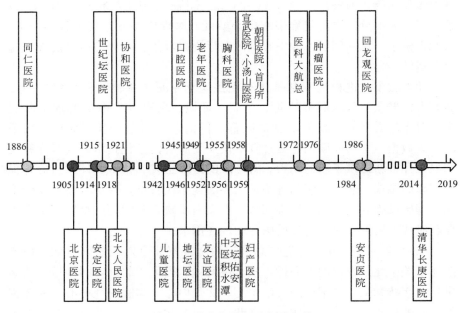

图1-1　北京部分医院创建年代

由于"医疗体系"的专业性、多样性、复杂性，医院建筑问题也呈现多样复杂的特点。根据北京区域医院现状特点，既有院区及其建筑的问题可归为以下九个方面。

1. 前期策划与规划

由于对医院建筑特性认知不充分、前期策划不足，医院建设的科学性尚显不足。近年来，随着医院学科的发展、设备的增加、患者流量的激增，医院的建筑设施和空间发展无序、容量不足，需求和供给出现了不平衡局面，医疗设施疏解的迫切性和重要性已经成为全社会关注的热点（图1-2）。

图 1-2　某医院就诊场景

2. 功能空间

由于前期策划与规划的不足，医院还存在着功能空间问题，主要体现为功能分散、流线不清晰、流程不合理、重要功能空间不足、建筑空间特色性不强，建筑安全隐患多，加之疫情的叠加影响，部分医院存在着防疫安全漏洞，有待全面提升改造（图 1-3）。

三床病房

走廊狭窄　　　　　　　　　办公休息空间不足　　　　　　　卫生间空间狭小

图 1-3　某医院功能空间问题

3. 安全性能

大部分医疗建筑已经接近或超过 50 年的设计使用年限，20 世纪 80 年代以前的建筑均存在较为老化的现象，在抗震减灾、防火、防风、防内涝等方面，存在诸多安全隐患，不满足安全设防的要求，建筑的耐久性、节能性、舒适性等都难以满足当前的医疗服务需求，亟待进行安全性能提升改造（图 1-4）。

4. 水暖与动力

多数医院继续沿用着 20 世纪始建时期的设备管线。由于缺乏必要的

图 1-4　某医院安全隐患

维护更新，这些设备设施普遍老化、能耗高、舒适度差、智能化程度不高，影响院区医疗环境的改善和运行的效率。进入 21 世纪，随着互联网、大数据等技术的普及，医院设备系统趋于绿色、集成、信息和智能化，这对传统的设备设施提出了更高的要求（图 1-5）。

图 1-5　某医院暖通设备

5. 停车系统

20 世纪的医院在规划建设时，普遍没有充分考虑停车交通问题。随着城市机动车规模迅速增长，由于医院就医人群密集，医院周边交通拥堵、停车资源紧张、环境混乱成为困扰医院发展的一大难题。从当前情况来看，区域医院普遍面临外部交通流线复杂、交织点位多、内部停车流线与建筑布局不协调、机动车引导标识系统不清晰、停车智能化引导系统缺乏等问题（图 1-6）。

6. 绿化景观环境

院区景观绿化问题多样复杂。由于当前区域医院大部分位于城区，城市用地资源紧张，因此院区户外休闲活动空间狭小，院区入口景观形象缺失，缺少必要的绿化景观设计；同时存在景观空间较为单一、分化不合理、基础游娱设施不完善、植物种类配置数目较少、配置缺乏层次等问题（图 1-7）。

图 1-6 某医院入口交通

图 1-7 某医院绿化环境

7. 人文视觉环境

院区人文视觉环境的思考不够系统完善且缺少设计,存在着区域布局设计不合理、机构形象不完整、导视系统不够清晰、人文关怀服务设施缺失等问题,没有体现出医院特有的人文关怀,影响着院区就医品质及其品牌价值(图 1-8)。

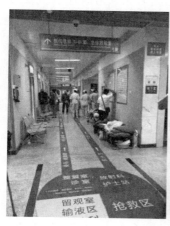

图 1-8 某医院视觉标识

8.历史建筑

区域医院多数建于 20 世纪五六十年代，一批医院建筑被列入保护性历史建筑之列，具有较高的历史文化价值，对于医院和区域文化的延续都有着重要的意义。但这些历史建筑修建年代较早，后期增扩建时，缺乏必要的规划维护，多数院区存在着风格形式不统一、历史建筑缺乏有效保护、功能配置不合理等问题，影响了院区历史文化底蕴的展现（图 1-9）。

图 1-9　某医院历史建筑

9.管理水平

在医院发展的早期阶段，受当时设计理念和技术水平的限制，加上医院建设经验缺乏，医院的功能建筑难以满足当下不断变化的医疗需求，因此，医疗建筑全生命周期的改造与管理具有重要的现实意义。同时，医院的信息化、精细化管理水平参差不齐，影响着院区及其建筑的运行效率和服务水平。

上述问题，一方面阻碍院区医疗环境品质和医疗效率提升，加剧了医疗资源的紧张程度，影响着人民群众的就医需求；另一方面阻碍了医疗卫生水平的提升，使医疗服务保障能力难以与城市战略定位相适应，因此针对上述问题，开展既有院区综合性能提升改造已成为北京市医疗卫生发展的当务之急。

1.2　性能提升改造思路

既有医院的上述问题由诸多因素造成：一方面院区创建年代较早，建筑规划设计的规模无法满足当下庞大的就医需求；另一方面院区功能过度集中、空间局促、基础设施老化，影响院区就医品质和运行效率，而常年超负荷的运转又增加了院区提升改造的难度。因此，既有院区综合性能的提升改造规划应从问题根源入手，以"疏解、均衡、协同、提升"为目标，通过建设新院区，疏解既有院区功能、空间，为历史院区"减负"，推动医疗资源的均衡发展。在此基础上，通过医院多个方面的协同改造，提升院区建筑性能和环境品质，为既有院区"增质"，最终达到既有院区综合性能的全面提升。

　　具体工作开展中，应首先明确既有院区发展定位，着力做好既有院区功能疏解和建筑减量的工作。然后围绕院区及建筑现状问题，实施功能空间优化、安全性能提升、设备设施运行保障系统性能提升，统筹考虑交通系统性能提升、人文环境品质提升、绿化景观环境品质提升、历史建筑保护等工作。同时，以建设项目全过程管理为保障，协调好改造规划中各方面的关系，以改造模式比选为路径，保证上述工作有序、低影响地推进，以此构建安全、高效、绿色、智慧、富有人文关怀和文化内涵的现代化医院，为北京实现"四个中心"的发展目标提供强有力的卫生服务支撑（图 1-10）。

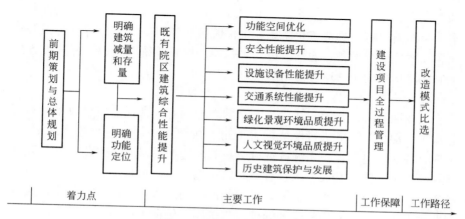

图 1-10　总体工作框架构想

1.3　性能提升改造原则

　　医院既有院区问题复杂多样，涵盖规划设计、功能空间、结构安全、水暖电力、视觉环境、绿化景观、历史建筑、管理等各方面，既包括全局性问题，也涉及具体难题。在改造规划时，应从宏观层面统筹安排，根据各方面需求制定具体原则，并根据轻重缓急，制定改造的路线和次序，具体应考虑以下原则。

　　1. 统筹兼顾、重点突出

　　规划时要总揽全局、统筹考虑，首先要做好既有院区改造的前期策划和规划，梳理既有院区功能、建筑问题，明确既有院区的功能定位和建筑规模。在此基础上，根据医院现实需求，重点突出功能布局优化、安全性能提升、绿化景观提升、交通性能提升等工作，并在时间、资金、人员配置上优先考虑。同时，统筹人文环境品质提升、设备设施运行保障系统性能提升、历史建筑保护等工作，实现医院院区和建筑综合性能全面提升。

2. 高效便捷、品质提升

工作开展前，应充分结合前期策划工作和院区功能定位，科学测算调整既有院区门诊量和床位数。结合医院功能需求和既有院区空间梳理，确定拆除和保留的建筑，开展"增白留绿""腾退还绿""减量增绿""见缝插绿"的增绿计划及车位增加计划。围绕既有功能和建筑，做好功能布局的现状评估，根据功能现状和需求，实施医疗功能的重组优化，完善功能分区、流线、感染控制、重点功能单元空间等工作，提升功能品质。

3. 安全第一、预防为主

应以保障人民生命财产安全为目标，结合医院安全风险现状、医院总体规划和功能规划的最新要求，采取综合灾害防御策略、主动防护理念，针对地震、风灾、火灾、水灾（内涝）等多灾害，制订针对性的防御方案，全面消除各类日常安全隐患，确保院区和建筑安全。做好灾害预警和应急预案，结合设备、通信改造，加强应急保障系统的建设，保障灾害发生时医院功能的正常运转。

4. 绿色节能、集成高效

应按照经济、实用、适用、安全的理念，淘汰高耗能机电设备，对现有水暖、动力等设备进行性能提升改造。按照集中、绿色、智慧的理念，对现有各建筑电气设备系统等进行更新或改造，同时为未来物联网、互联网等医疗服务模式发展需求预留空间。在施工改造过程中，要根据地方气候特点，节约材料和水电资源，尽可能地使用健康环保的工艺技术，减少产生垃圾废弃物。制定科学的管理施工进度，保证工程质量，最大限度地节约资源，减少对环境造成的不利影响。

5. 需求管理、开放共享

统筹医院交通系统与医院用地、建筑功能布局、道路疏解能力，科学安排停车设施增量，优化交通设施布局和形式；科学设计交通组织流线，优化交通引导标识系统设计；科学引导停车需求，优化停车设施运营管理体系，构建和谐有序的停车环境。结合医院及周边区域停车时空特性，优化医院交通道路时空资源，积极开展区域停车共享和集约化区域交通建设。

6. 景观多样、生态宜人

在医院既有自然和人文资源的基础上，依托室内、室外、道路、腾退空间四个层次空间，开展既有院区绿化景观环境优化，突出景观、疗愈、生态、防洪等功能，并以本地化、多样化、多层次、系统化为设计理念，进行要素配置，构建层次鲜明、功能多样、内涵丰富、系统全面的绿化景观环境。

7. 凸显人文、彰显特色

围绕北京独特的人文、自然优势，结合医院历史文化特色，结合人文关怀、疗愈功能、生态自然等医疗需求，进行医院公共服务设施、建筑空间形态、整体形象、导视系统、室内外装饰系统等环境的优化设计，创造出富有天然情趣和人文关爱的室内外人文环境，为营造美好和谐的医患关系奠定基础。

8. 保护风貌、传承历史

按照特色、整体、分类、真实的原则，开展历史建筑风貌维护工作。了解既有院区历史沿革，分析建筑文化特色，制订风貌控制性规划，保证既有院区建筑历史文脉延续传承；同时将历史建筑、传统空间格局、绿化景观等风貌构成要素都纳入保护中。对确定的历史建筑应秉持"应保尽保"的原则，根据价值保护的理念，分类制订保护利用方案，实现院区和历史建筑风貌的保护与传承。

9. 多目标协调、精细化管理

以建筑物全生命周期管理为理念，统筹改造项目决策、规划设计、实施、运维等环节，构建基于 BIM 的建筑物信息化管理系统；研究进度控制、质量控制、造价控制的软件集成方式，创新基于 BIM 技术精细化、规范化、流程化的项目管理模式；通过可视化设计、碰撞检查以及 4D 虚拟施工，在设计、施工、竣工结算、运行维护等阶段全方位提升改造项目的精细化管理水平。

1.4　性能提升改造内容

在具体改造过程中，可在遵循相关改造理念和改造原则的基础上，针对医院各方面存在的问题，制定专项规划，开展针对性的工作。

1.4.1　前期策划与规划

针对院区无序发展、建筑设施和空间容量"超负""供求"不平衡问题，从根源入手，以"疏解、均衡、协同、提升"为目标，以建设新院区为契机，推进既有院区的疏解工作。

在疏解工作中开展前期策划，从顶层设计开始筹划，弥补过去前期策划环节的缺失，并基于后评估循证为出发点，对前期策划工作成果进行充分论证。在此基础上，对既有医院进行针对性的疏解规划，包括：①为既有院区"减负"，缓解医疗空间的拥挤度，推动医疗资源的均衡发展；②为既有院区"提质"，以总体规划为引导，通过空间优化和特色凸显，并协同各个专业领域的优化和改造，全面提升医疗服务品质；③为既有院区"增绿"，实施"留白增绿""腾退还绿""减量增绿""见缝插绿"等增绿计划。同时，挖掘和展示历史人文内涵，提升院区品质和活力。

1.4.2　功能空间

在医院减量提质的基础上，进一步加强功能空间的优化。通过功能集中再分区，合理划分功能区域，优化各种流线和流程，解决既有院区功能布局"散"的问题；分门别类开展人流、物流和流程的专项优化，梳理清楚医院功能、管理、院感、安全的各种需要，构建便捷、高效、安全的各类流线组织，解决医院流线、流程"混"的问题；在"功能布局优化"的基础上，进行功能空间的置换、延伸、优化，解决既有院区主要功能单元、面积和疗愈环境"缺"失的问题。最后，在场地位置、空间布局、流线设计、通风性与密封性、污染分区、污物处理、设施设备等方面，开展防疫专项改造，提升医院整体防"疫"能力。

1.4.3 安全性能

针对既有院区建筑基础设施老化，抗震防灾、防火、防风不满足设防要求和现实需求等问题，应结合需求和目标分析，以及技术经济指标分析，分类制定地震、风、火、水（内涝）等针对性安全性能提升方案。

可根据医院建筑的类别，如门诊楼、住院楼、医技楼、急诊楼、附属楼的不同功能和性能要求，分别采取隔震技术、减震技术、传统抗震加固技术等；重点排查山墙顶边、女儿墙、简易用房、院区广告牌、标识牌等安全隐患，及时处置或加固改造；结合现状需求，重点疏通拓宽消防通道，升级改造建筑墙体、装饰装修，更新完善现有消火栓系统、应急照明系统等，升级或加装防烟排烟、火灾自动报警等主动防护系统；结合既有院区的改造，更新、健全院区老化的排水系统，通过院区道路改造，提高地面渗透率，通过增设蓄水设施，分散消化洪涝雨水。

1.4.4 设备设施保障系统

针对水暖与动力设备陈旧老化、能耗高、舒适度差、智能化程度低等问题，可结合需求和目标分析，综合对比投资与运行效果，制定冷热源、输配、集中控制、能耗计量、基础设施云平台、供配电智能化、智慧导医等系统的改造优化方案。

空调供暖冷热源系统尽量利用可再生能源；对于水、暖、气输配系统，要更换老化的管道，更换升级旧的系统；对于集中控制系统，可综合采用建筑（群落）能源动态管控优化系统、智联供水系统等；对于能耗计量系统，可通过增设冷、热量计量装置，对院区能源用量进行统计；基础设施云平台建设，可根据系统集成和智慧医疗服务的实际需求，对现有设备设施系统进行升级改造，实现医院现有各强弱电子系统和医疗信息系统的统一接入；利用配电自动化技术与综合治理技术，实现电能质量在线监测和谐波治理，创造一个安全可靠、绿色节能的用电环境，并将其深度集成到基础设施云平台上。智慧医疗服务建设可利用物联网、大数据、移动互联网等技术，将已开放的医疗数据资源整合到基础设施云平台上，建成一体化智慧医疗服务云平台，提供智慧导医、室内导航等服务。

1.4.5 交通停车系统

针对医院周边交通拥堵、院区停车资源紧张、环境混乱等问题，可结合需求及未来发展预测，制订交通系统性能提升优化方案。从停车需求预测、立体车库建设选型、停车组织设计、引导标识系统设计等方面，开展专项交通治理工作。对于弹性变化的医院停车需求，在对医院停车需求属性详细分析的基础上，明确目标、限度和未来发展规模。

优先建设立体停车库，选择科学、高效、绿色、低碳立体停车库设备；利用智能停车诱导系统高效引导车辆完成停车，以医院停车分区为基础，进行分级设置，保证诱导信息清晰明了；停车组织应按照一定的工作内容、原则及实施步骤开展；以服务病人、提升交通品质为基本要求，对医院停车设施实施分区、分类、分时、分价、分使用对象等方面的管理，制定多样化收费策略。

1.4.6 绿化景观环境

绿化景观布局应综合考虑绿化景观环境现状、历史风貌保护等多方面因素，确定绿化景观的优化内容，同时还要结合既有院区建筑减量，开展"留白增绿"计划。针对绿地率不足、要素单一、植物种类少等问题，可结合需求和目标分析，制定绿化景观环境品质提升方案。通过建筑、道路、花园三个绿化层次，优化绿化景观空间体系，全面提升院区及其建筑绿化景观环境品质。

利用饰面、屋顶、室内等空间，合理选择景观类型形式，设计配置景观要素，为医患营造良好的室外空间；通过空间的合理规划设计，选择适宜的地面铺砖材料，并根据生态、经济需求，配置相应的植被灌木，营造良好的道路绿化景观；设计规划具有疗愈功能的花园，如康复花园、冥想花园、互动花园等，合理配置道路、桌椅、小品等空间景观要素；在不同空间体系中综合运用生态修复技术、低影响开发技术、园艺疗法技术，提升景观环境的功能性、生态性和经济性，提升绿化环境设计的品质和水平。

1.4.7 人文视觉环境

针对布局设计不合理、机构形象不完整、关怀设施缺乏等问题，应通过整体形象设计、导视系统设计、色彩与装饰设计、艺术品与陈设展示设计、服务设施与文创设计等，提升既有院区及其建筑人文环境品质。

结合既有院区人文历史特色、时尚艺术形式和场所特点，明确标志图形、标准色彩、标准文字、吉祥物等基础性设计要素，在此基础上进行延伸性要素设计，树立鲜明特色的医院整体形象；通过分层规划、逐级引导，形成完善健全的导视系统；结合不同建筑体、环境空间、医患需求，选用不同色彩和装饰表达环境；通过摆放独特的人文艺术品和科学合理的设计陈设展示，提升人文视觉环境设计的功能性、文化性和艺术性；针对不同的人群需求，建立相应的空间服务设施标准，使空间服务设施更趋人性化、多样化。

1.4.8　历史建筑保护与发展

针对既有院区总体风貌不统一、历史建筑老化等问题，结合需求和目标分析，制定历史建筑保护与发展方案。通过总体风貌控制规划、历史要素保护、公共设施控制规划、市政设施更新、历史建筑保护与再利用，全面保护院区历史风貌，提升历史建筑性能。

分析既有院区建筑风貌特色，在此基础上从建筑高度、形制、色彩、材料等方面，对院区改建、扩建等工程提出控制要求；明确既有院区内各种建筑的类型，按照价值、现状特点，提出分类保护的方案措施；明确既有院区内需要保护的内容，如传统格局、建筑、道路等，并提出相应的保护方案；在尊重历史风貌的前提下，进行升级改造；根据残损、价值现状，选择适宜的修复方法和技术，制定合理的保护方案。在此基础上结合原有功能、空间特点、建筑形式、文化特色等，因地制宜设置相应的功能。

1.4.9　管理水平提升

针对项目管理缺失、人员结构不合理、精细化管理水平不高等问题，结合需求和目标分析，制定管理水平提升方案，通过医院改扩建项目的前期开发管理、建造实施阶段的项目管理、医院建设投入设施的管理，实现改造规划的全过程管理，全面提升既有院区及其建筑管理水平。

前期的开发管理应根据项目特点，合理选择项目组织结构模式，构建系统高效的组织结构，为项目开展奠定良好基础。项目实施前，应科学划分改造实施阶段，制定管理理念、策略、内容，运用科学的技术、模式、方法，合理把控项目的质量、成本和进度。项目实施中，应加强运维管理体系制定与制度建设，运用现代管理理论和方法，为临床一线提供有效、安全、及时、经济的运维保障服务。项目实施后，一方面应以最新的技术开展规划、建设和维护管理的工作；另一方面应创新管理方法与技术，健全管理体系和工作方法，实现既有院区及建筑管理的精细化和信息化。此外在管理全过程中，还要充分运用先进的理念、技术、方法，实现改造运维等全过程管理的精细化、标准化、信息化，有效实现工程项目管理的目标。

1.5　各方面关系思考

1.5.1　各方面改造与医院需求

医院综合性能提升改造规划旨在解决医院面临的突出矛盾和问题，提升基础设施性能，满足城市发展的需求。因此，各方面性能提升改造既要着眼于解决单一方面亟待优化的问题，满足当下医院的需求，又要有前瞻性，秉持全面、可持续的发展理念，利用先进技术，提高改造的先进性和系统性，满足医院未来发展的需求，并为后期优化提升留有余地。

1.5.2　各方面改造之间的关系

综合性能提升改造涉及面广，内容复杂多样，任何单一方面的改造，都会对其他方面造成影响，所以在改造规划时，应统筹考虑、协调安排。

1）应以功能布局优化为中心，通过功能需求引导各方面性能的提升改造。如对建筑进行改造时，可先开展功能布局改造，根据建筑现状功能或未来功能需求，确定设备设施、安全性能、人文环境等改造的技术、内容、形式和标准。

2）应统筹考虑各方面性能提升改造的需求，通过时间空间合理安排、技术方案充分比选，保证各方面改造工作的顺利开展。如抗震加固节能综合改造时，既要考虑医疗功能的需求，降低对医院功能运行的影响；又要兼顾设备设施更新需求，为后期设备的更新预留空间；还要满足历史建筑保护的需求，保证改造不会破坏院区历史风貌。

3）应加强各方面性能提升改造的配合和融通，通过集成改造、数据共享，加强改造的综合性。如在电气与智能化集成系统改造时，可将水暖与动力设备系统、交通管理系统、人文环境标识系统都纳入集成改造的范畴，并实施数据共享，实现各系统间的互联互通。

1.5.3　各方面改造内部关系

各方面性能提升改造时，应充分处理好内部的关系。

在功能空间优化时，处理好功能分区、感染控制、流线设计三者关系，深入分析各部分功能需求，整理出综合的逻辑关系，满足功能优化的多样需求。

在安全性能提升时，处理好地震、风灾、火灾等不同灾害防范要求的关系，在上述灾害单一方面改造时，兼顾其他方面的改造需求，提高改造的综合效益。

在设备设施改造时，处理好先进技术与传统管理方式的关系，建立与新技术相匹配的管理体系；处理好适老化改造与调适的关系，综合对比"换新"与"调适"的经济性；处理好节能与安全运行的关系，选择适用、可靠的技术和设备，兼顾节能效益；处理好智慧医疗与患者隐私之间的关系，在数据获取共享时兼顾患者隐私数据的保密。

在交通系统提升改造时，处理好静态供给与医院停车需求及交通组成的关系，动态组织与医院整体功能布局、周边交通组织的关系，地面停车场、立体停车库与地下停车库利用模式的关系，静态与动态引导标识的关系，内部员工与患者停车需求的关系等。

在人文环境品质提升改造时，处理好不同文化融合和需求的关系：注意不同艺术视觉表现形式与医院整体形象统一的关系，注意协调不同病人、医护人员对视觉环境需求的关系，注意协调医患对环境需求与医院自身规定要求的关系。

在绿化景观环境品质提升改造时，处理好道路、室内外等不同景观系统的协调关系，处理好景观空间布局与建筑、道路等周边环境的协调关系，处理好不同植被景观的搭配关系。

在历史建筑保护时，处理好保护与发展的关系。将价值保护、风貌保护始终贯穿于优化改造的全过程，对于改扩建建筑，要始终保持风貌的协调统一。

在管理水平提升时，处理好质量、成本与进度三者管理之间既对立又统一的关系。综合各方面条件，在保障质量的前提下，实现成本和进度的最优化。

第2章　前期策划与总体规划

自 20 世纪 90 年代始，由于新功能和新需求的变化，医院基础设施一直处于被动的改扩建中，缺乏系统、全面的前期定位和规划梳理工作，同时后期维护更新的工作没有及时跟进，基础设施普遍老化。随着医疗体制的革新、医疗技术的迭代、疾病谱的扩展、城市人口的激增，医院功能空间又出现了更多的新需求，医院实际需求与现有设施不匹配，既有医院运行不堪重负、医疗资源无法有效发挥、医疗品质无法满足人民群众的期待，这一现状与新时期城市功能定位总体要求存在较大差距，相关策划规划问题研究迫在眉睫。

2.1　医院发展问题与解析

2.1.1　现状问题

纵观西方医疗建筑的发展历史，建筑模式的更新发展一般都是源于医学模式、建筑技术和医疗设备的更新。

西方医疗建筑模式经历了三个阶段（图 2-1）。从 1850 年到 1910 年，英国护士南丁格尔创建"廊"连接的条形单元，称为南丁格尔病房，这是第一代医院建筑。由于新技术的产生和医疗设备的发展，1960 年出现了采用空调系统的密集型大平面建筑，以及因发明电梯而出现的高层医院，代表性的医院是美国约翰·霍普金斯设计的第二代医院。密集型大平面医院模式很快被其他形式取而代之，因为人们认为这样的建筑环境犹如治病的机器，缺少人情味。1965 年到 1980 年期间，欧洲国家提出了"以患者为中心"的医院建设理念，创建了庭院式、树枝型、网络型的低层医院，即第三代医院。除了模式转变，在设计理念上，西方医院也发生了显著的变化，从注重"工作效率和医疗技术"转变为"以患者为中心"。

纵观我国医院建设的发展过程，大致经历了六个阶段（图 2-2）。第一阶段是中华人民共和国成立前以西医为主导的教会医院与坐堂先生的中医馆，中华人民共和国成立后新建医院以苏联模式为主流，基本上是以中轴线的模式为主导，比较符合当时的医疗服务需求。第二阶段由于社会经济发展不稳定，基本处于停滞阶段。第三阶段是恢复发展阶段，这一时期社会经济迅速复苏，对于医院功能空间的需求较为旺盛，但由于没有总体规划，很多新功能空间设施"见缝插针"，为后续既有医院发展建设留下了

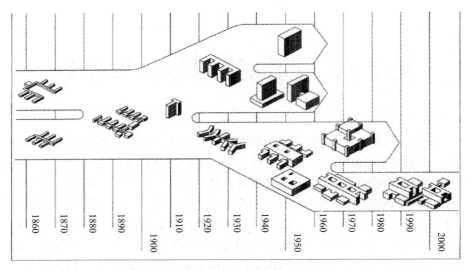

图 2-1　西方医院建筑模式发展 19 世纪～21 世纪

后患。第四阶段是追求标志性，由于过分地追求高度或标志性，导致了新的矛盾：高耗能、拥堵（高层电梯数量永远不够）及不安全。第五阶段是从追求高度，走向追求规模，从 2000 床到 10,000 床，医院规模迅速扩张，部分医院开始出现大量空床的现象。第六阶段是反思阶段，政府、城市、医院开始理性和科学地反思医院建设的发展规律。

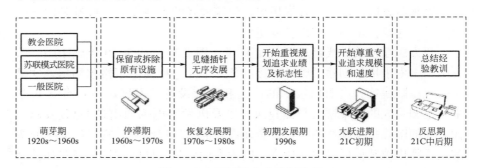

图 2-2　中国医院各个发展阶段

出现以上种种问题，主要是由以下几方面原因造成：①过多关注建筑立面和标志性，而忽视医疗建筑的本质；②过多关注建设的速度和规模，而忽视建筑的品质和内涵；③轻视医疗建筑理论研究，忽略建设流程及环节；④忽略医院建筑的专业性及特殊性。对此，我们需要从根源上挖掘和解决这些问题，才能真正实现"建设国内一流，与国际接轨的医院"的目标。

2.1.2　问题解析

纵观医院建设所存在的种种问题和教训，究其原因可以归结为如下四个层面：

1. 观念认知

改革开放以来，我国卫生服务体系建设取得长足发展，政府对医疗机构的硬件设施建设投入力度不断增大，卫生服务的硬件设施条件得到明显改善。仅 2009～2011 三年间，中央财政就投入 670 多亿元改善医疗服务体系的硬件设施。经过三年的努力，我国医疗服务机构的基础设施条件得到明显改善，其在医疗服务供给体系中的地位和作用得到进一步的体现和发挥；医疗机构综合服务能力明显增强，医院专业科室设置不断健全，服务流程继续优化，质量安全进一步提升。然而，就全国医疗机构的建设状况看，医院在设计和建设中仍然存在不少问题，如医院总体规划和建筑单体设计专业性不足、基建投资与运行成本之间不协调、医院近期与长远发展结合考虑不足、人性化服务缺失、配套设施不健全等。

这些问题多是由建设者认知观念的欠缺所导致。随着社会的发展，国内不乏拥有国际化视野的建设群体，但这一阶段国际经验和理论体系引入有限，偏重实用，对西方经验有时缺乏独立判断。从国家-政府-建设-参与个体流程中，由于认识的不到位，理解得不深入，实践上的不科学，导致医院建成后，与实际的医患需求存在一定的差距。

相比之下，在医院建设的理念和理论研究方面，西方发达国家的工作和成果值得学习借鉴。如英国实行全民医疗体制，中央政府负担医院运营和建设，"自上而下"积极推动医院设计研究和实验项目建设，以 1955 年研究报告《医院功能与设计研究》（NPHT，1955）的出版为起点，在英国形成了面向社会需求的医院理论研究与实际建设的良性互动。通过实验项目检验研究成果，并将成功经验有组织推广，构筑医院建设和社会需求之间的桥梁，成为英国医院建设发展的传统模式。同时，英国社会普遍存在的科学精神，重视建设决策的实证研究，随着研究数量种类的增多，积累的成果逐渐构成系统性知识网络。

2. 政策和法规

我国在医疗建筑的研究投入与发达国家相比差距较大，目前尚未形成一支具有国际水准的医院建设研究队伍，这与中国庞大的医疗建设量不相称。由于专业人员的缺乏，目前医院建设相关的法规和标准体系亟待健全。现行的医院建设和标准在内容结构、编制方法和机制、使用的效果等方面，与美国现行的《美国医疗设施建设及设备安装指南》相比仍存在差距。

将我国现行的标准（表 2-1）和《美国医疗设施建设及设备安装指南》（表 2-2）作对比分析，可以看出我国建设标准存在内容缺项、量化部分薄弱等需改进之处。

我国综合医院建设标准（含条文说明）定量条文比例　　　　表 2-1

	总条款数(条)	定量条款(条)	定性条款(条)
第一章	18	1	17

续表

	总条款数（条）	定量条款（条）	定性条款（条）
第二章	12	3	9
第三章	18	9	9
第四章	12	6	6
第五章	30	0	30
第六章	4	0	4
第七章	6	1	5
总计	100	20	80

美国医院建设标准定量条文比例　　　　　　　　　表 2-2

	总条款数（条）	定量条款（条）	定性条款（条）
第一章	334	15	319
第二章	1594	254	1340
第三章	887	83	804
第四章	528	113	415
第五章	203	21	182
第六章	0	0	0
总计	3546	486	3060

3. 程序和操作

在医院建设管理流程上，由于建设工期较短，医院前期所有的注意力大多集中在手续和速度上，对于医院建设环节和质量的关注度相对不足。

在医疗建筑建设程序及环节方面，我国医疗建设的体制、方法和程序上不完善，尤其是医院建设的全过程缺失三个环节：前期策划-医疗工艺-使用后评估（图 2-3）。由于前期策划内容的缺失，施工中修改图纸的现象普遍，医院建筑系统最基本的功能不达标。由于医疗工艺缺失，医院建设环节基本沿承原有民用建筑的建设方法和程序，不符合医疗建筑的建设特点。而后评估的缺乏，导致医院建设整体质量停滞不前。

在医疗建筑建设量及周期方面，国内大多数医院的建设周期从立项开始到使用仅为 3～5 年的时间，国外医院建设周期多为 8～10 年时间，建设周期的不足可能会导致后期变动成本的增加。

在建筑师与医院方的跨专业沟通方面，设计师与医院方的沟通存在漏洞，设计师在设计阶段收集使用需求时，得到的信息不全面和不对称；同时，设计过程中医院领导过度重视立面效果，造成平面功能设计不合理的现象。

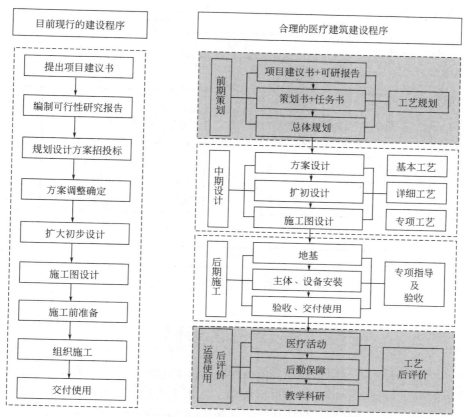

图 2-3　中国医院现行建设程序与合理的医院建设程序

4. 监督和把控

医院建筑的投入反映了国家民生工程的大计大策，需要公共资金投入，而目前由于缺乏多层面的监督和把控，造成了一定的市场混乱。目前医院建设前期大部分精力都被资金申请牵制，后期由于工期较紧，难免在工程环节和质量上出现一些问题，对于工程的监管，仅有政府在投资和规模上的控制，而对于建立健全管理监督机制和质量控制机制的工作重视不够，导致其建设品质、后续使用效果不如人意。例如，医院原本可通过提高医疗服务效率和管理水平减少手术室间数，但在没有约束力（不考虑成本回收、运营成本等）情况下，医院可能会以尽量多的手术间数来争取更多的建设资金，而对于改进医疗服务和提高管理效率的动力不足。

从宏观上讲，医院建设约束力的机制缺失，是我国医院建筑非理性发展的根源。多国医院建筑实践证明，医院建筑评估和医院建筑设计质量评价是约束医院建设的有力工具，是推动现代医院建筑理性化发展的必要基础。而这两类评估，尤其是医院建筑评估，在我国长期的医院建设中尚未正式开展。因此，迫切需要建立健全监督和把控工作机制，从立项之初到医院建成运行，构建完整的工作环节和闭环回路，形成良性的"马太效应"，只有这样医院建设才能走上良性循环发展之路（图 2-4）。

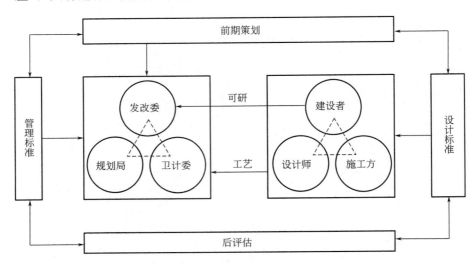

图 2-4　医院建筑建设完整的工作环节

2.2　高质量医院发展的建设环节

由于医院发展历史悠久，建设规模大，上述问题都在区域医院有集中的体现。医院在建设和管理全过程中，基本上沿用公共建筑的建设方法，没有建立科学的认知，导致建设方法和程序与医疗建设的特性不符。由于缺乏前期策划工作，导致设计图纸无法体现出医疗需求的全面性和系统性；由于缺乏医疗工艺设计，导致设计图纸无法体现出医疗需求的针对性和设计深度；由于缺乏医疗设施使用后评价，导致医院无法在循证的基础上进行升级建设。在不同医院建设中，这样的问题一直在重复出现，使建成后的社会效益和经济效益大打折扣，这些问题困扰着医院的建设，也深深影响着医院的发展。

医院在快速发展中，由于不重视医院建设的前期策划和总体规划，致使医院建成后，不同功能使用面积分配与实际需求有一定的差距；医院功能单元布局与现实使用流程不匹配；一些刚建成的医院建筑就出现了功能流程不合理、功能空间缺失、功能联系断裂的现象；根源上，则多是因为总体规划功能分区和交通流线组织存在诸多不合理之处，同时方案确定时又缺失医疗工艺的深化设计。

综上所述，针对未来城市发展需求及医疗和建设发展规划等方面的矛盾与问题，区域医院既有院区应首先开展前期策划和总体规划工作；其次，在使用后评价的基础上进行全面梳理，找出问题的症结，做好既有医院疏解和新医院定位工作；最后，明确既有医院和新医院各自学科设置、医疗服务等定位及协同关系，在疏解的同时提升既有院区的环境品质和空间品质，通过疏解达到医院设施综合性能的全面提升。

2.3　前期策划

在北京医院全面疏解的工作中，需明确医院发展战略规划，即顶层设计，在医院顶层设计的基础上，进行前期策划工作，做到"三个明确""三个做好"：明确疏解后老院区的功能定位，做好全院功能定位；明确疏解后主要功能系统的需求，做好老院区的医疗规划和建设规划；明确新院区的功能定位，做好新院区建设指导纲要。

前期策划内容主要包括医疗规划和建设规划，其中医疗规划包括：总体功能定位、学科设置、医疗服务量和医疗服务能力规划、大型设备配置、人员编制、科研教学规划定位等。建设规划包括建设规划理念和目标、建设规划总论、现状设施主要功能和空间系统、建筑设施功能和空间后评价、疏解提升方案（总体规划和建筑布局），除此之外还包括专项设计和周转计划。

2.3.1　医疗规划

医疗规划是根据既有院区现状需求和总体功能定位，制定的医疗事业未来发展工作指南，涵盖医疗功能定位、学科设置、医疗服务能力及教学与科研规划等内容。

1. 医疗功能定位

医疗功能定位包括既有院区及新院区的医疗功能定位、临床服务能力定位、辅助临床定位和辐射能力等，是未来至少十年内医疗事业发展的工作指南。

2. 学科设置

既有院区学科设置时应科学合理分析该地区医疗资源，充分挖掘医院特色学科和重点发展学科，形成医院支柱、特色和医院学科品牌，弥补区域资源不足。对此，需要梳理和规划学科设置一览表，应包含既有医院原有学科设置一览表、既有医院疏解后学科设置一览表、新建医院学科设置一览表（特色医疗学科中心设置），还应重点突出重点学科和特色学科以及新增学科等。

3. 医疗服务能力

通过对既有院区医疗服务人群及服务半径进行分析，明确患者类型及区域比例。在三级诊疗医改背景及医疗学科的不断发展下，分析未来既有院区和新院区服务患者类型、服务半径以及患者区域构成比例等。

4. 医疗服务量和空间量预测分析

医疗服务量的预测是根据现有服务能力数据和发展，预测未来床位数、门诊量和急诊量等。通过部门负责人访谈，明确影响过去和未来空间变化的相关因素，同时根据国家和地区的方针政策变化趋势，调整预测结果。

在确定了各功能部门的预测工作负荷后，进行各个功能单元的预测量化分析，确定功能单元的建筑空间总量，在此基础上，量化分析并细化到各个房间。医院的重要空间是指医疗服务需要的关键功能性房间、大型医疗设备占用的房间、重要的人流集散空间和后勤支持空间。在空间预测时，应着重考虑上述重要空间，并列出重要空间和关键医疗设备一览表。

5. 大型设备

医院医疗设备量，需根据医疗设备目前使用情况（应开机工作日、日检查人次、月收入、月消耗、月净收入），科学合理分析未来医疗设备使用频次，进而科学配置医疗设备量，实现大型设备配置规范化、合理化，避免资源浪费。

6. 人员编制

明确医院医生、护士、医技人员数量及总量，明确专业技术正高级职称人员、副高级职称人员、中级职称人员数量，为后续专业人员业务的提升和人才队伍的建设提供依据。

7. 科研教学和国际交流内容

做好未来科研项目数量和科研教学发展规划，明确重点建设的学科、平台和基地；明确本科生、研究生、住院医师及导师与管理人员的数量、比例，建设本科、研究生和继续教育合理衔接的医学教育体系；发挥学系平台作用，努力增加学位点和研究生导师数量；强化医生培训和考核平台建设；发挥人才在对外交流与合作工作中的主导作用，扩大对外交流与合作的深度、广度和影响力；加强与国际高水平组织机构的联系与合作，推进国际人才培养和科研合作。

在此基础上，进行医疗功能的疏解规划，将医院非核心医疗功能、非必要床位、非必要学科、非必要诊疗量疏解分散到新建院区，降低既有院区医疗资源密度和运行负荷。

2.3.2　建设规划

1. 明确和建立主要建筑功能和空间系统

国家医疗建筑标准是建设的最低门槛，是控制医院建设规模和各个功能分区面积配比的依据，对医院建设有直接的影响。北京区域医院具有自身的独特性，如果将国家标准作为北京医院的建设标准，会出现种种不合理的结果和现象。

国家标准在测算医院规模时，将医院分成基本内容和单列项进行测算。在空间的分类上，门诊部、住院部、急诊部中包含有多重空间，既有公共空间，也有医疗功能空间，而单列项中的大型医疗设备用房在空间分类上也属于医技空间。这种分类方式，一方面增加了医院规模测算的实际操作难度；另一方面随着部分发展空间在医院中所占比例增加，这种分类方式已经对实际操作造成了影响，比如因为医院街是串联整个门诊、急诊、住院、医技的交通核心，近年来其面积逐渐增加，在医疗功能空间中所占比重增大，这会对门诊、急诊、住院、医技等空间的实际测算造成干扰。随着信息化和大数据时代的到来，医院信息中心面积增加迅猛。在一个 1000 床位左右的大型综合医院中，信息中心的面积就达到 2000m² 左右，而在空间分类中却归属于行政管理，会造成行政管理面积超标，在实际工作中不得不想办法将这部分空间重新归类。为此建议使用"医疗主要建筑功能和空间系统"概念，就是将建筑面积按需分配，按功能系统分配。面积的分配可以从系统-单元-功能区-房间次序，按层级的方法进行分配。这样从需求出发而不是简单照搬国家标准的形式，不仅有助于面积分配的客观性和未来医院发展的可扩性、机变性，而且有助于建筑师的平面设计工作和院方管理者的全局观（表 2-3）。

2. 建立和明确既有建筑主要功能和空间建筑系统

通过对既有院区的调研，从系统的角度出发，可将医院划分为主要功能和空间建筑系统，做到空间与建筑功能的对应，空间与系统的对应，并绘制出现状主要功能和空间建筑系统一览图。若医院存在二期或者新建院区，应通过一览图表示出现有院区与二期或者新建院区之间的关系。图 2-5、图 2-6 是北京某医院的主要功能和空间系统。

国家标准的分类体系与主要功能和空间体系结构对比　　表 2-3

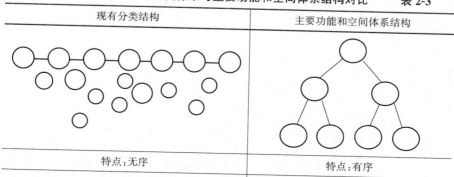

现有分类结构	主要功能和空间体系结构
特点:无序	特点:有序
医院主要部门和单列项的分类结构呈现无序性排列。以门诊部为例,其空间中既包含有保障医疗的门诊功能单元。同时还有为患者提供生活服务的公共空间和交通空间。这种划分模式会使设计者在医院前期设计时,无法掌握医院真正的医疗空间需求	医院主要建筑功能和空间系统从系统的角度出发,呈现有序化发展,同时根据医院的功能分类进行空间系统划分,做到空间与建筑功能相对应。其所反映的是医院最基本的医疗功能空间需求,避免设计师设计的空间不满足使用需求

1）建立既有建筑主要功能和空间建筑系统

2）建立新建建筑七大功能和空间建筑系统

通过七大功能和空间系统的梳理工作，各级管理人员和部门可直观了解医院的人财物、医疗服务的设置和服务能力、医疗功能和空间的分配。

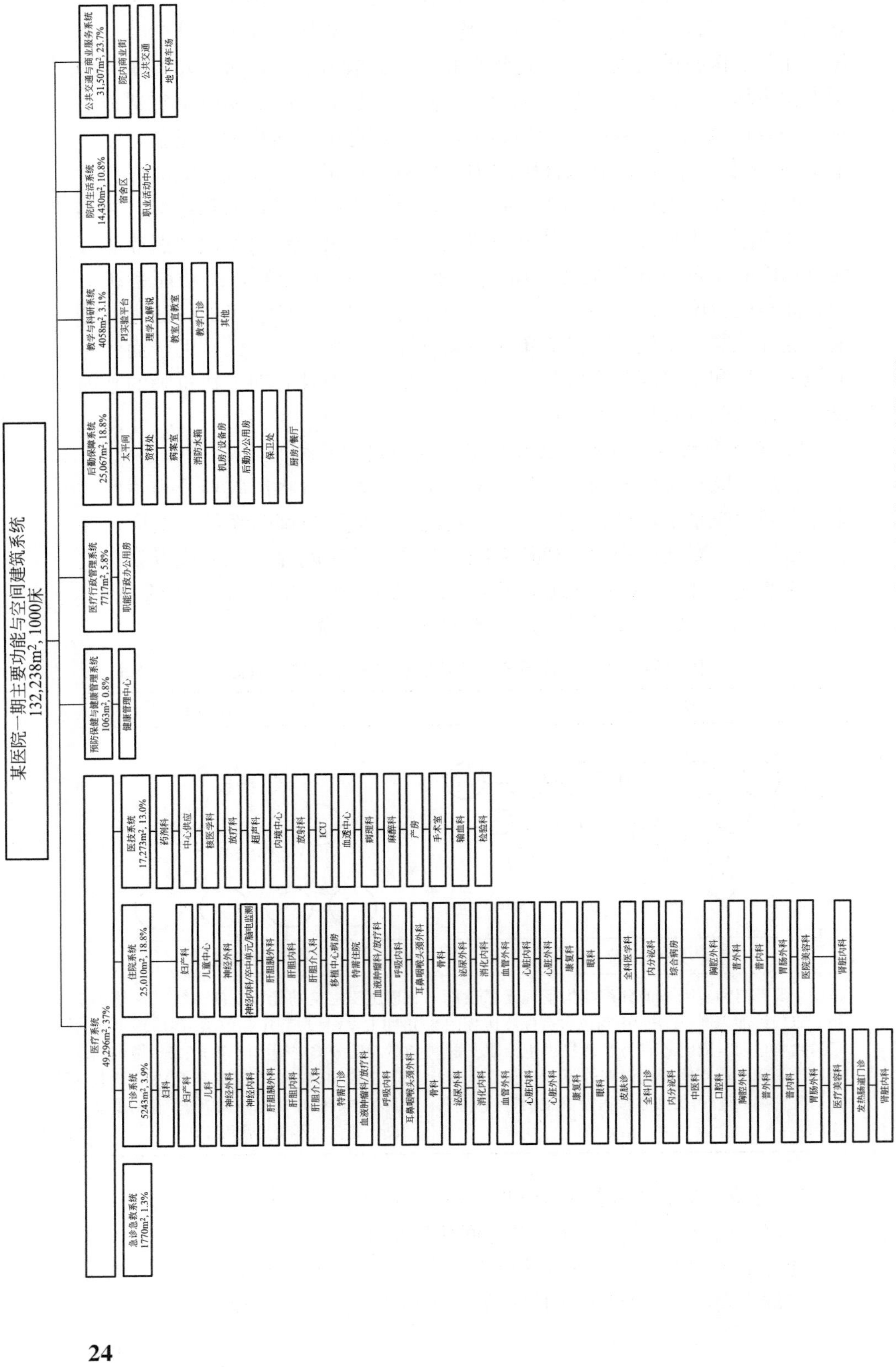

某医院一期主要功能与空间建筑系统 132,238m², 1000床

- 急诊急救系统 1770m², 1.3%

- 医疗系统 49,296m², 37%
  - 门诊系统 5243m², 3.9%
    - 妇科
    - 妇产科
    - 儿科
    - 神经外科
    - 神经内科
    - 肝胆胰外科
    - 肝胆内科
    - 肝胆介入科
    - 特需门诊
    - 血液肿瘤科/放疗科
    - 呼吸内科
    - 耳鼻咽喉头颈外科
    - 骨科
    - 泌尿外科
    - 消化内科
    - 血液外科
    - 心胸外科
    - 心脏内科
    - 康复科
    - 眼科
    - 皮肤科
    - 全科门诊
    - 内分泌科
    - 中医科
    - 口腔科
    - 胸腔外科
    - 普外科
    - 普内科
    - 胃肠外科
    - 医疗美容科
    - 变态反应门诊
    - 脊髓内科
  - 住院系统 25,010m², 18.8%
    - 妇产科
    - 儿童中心
    - 神经外科
    - 神经内科/空中单元脑电监测
    - 肝胆胰外科
    - 肝胆内科
    - 肝胆介入科
    - 移植中心心脏科
    - 特需住院
    - 血液肿瘤科/放疗科
    - 呼吸内科
    - 耳鼻咽喉头颈外科
    - 骨科
    - 泌尿外科
    - 消化内科
    - 血液外科
    - 心胸外科
    - 心脏内科
    - 康复科
    - 眼科
    - 皮肤科
    - 全科医学科
    - 内分泌科
    - 综合病房
    - 胸腔外科
    - 普外科
    - 普内科
    - 胃肠外科
    - 医院美容科
    - 脊髓内科
  - 医技系统 17,273m², 13.0%
    - 药剂科
    - 中心供应
    - 核医学科
    - 放疗科
    - 超声科
    - 内镜中心
    - 放射中心
    - ICU
    - 血透中心
    - 病理科
    - 麻醉科
    - 产房
    - 手术室
    - 输血科
    - 检验科

- 预防保健与健康管理系统 1063m², 0.8%
  - 健康管理中心

- 医疗行政管理系统 7717m², 5.8%
  - 职能行政办公用房

- 后勤保障系统 25,067m², 18.8%
  - 太平间
  - 器材库
  - 辅助室
  - 消防水箱
  - 机房/设备房
  - 后勤办公用房
  - 保卫处
  - 厨房/餐厅

- 教学与科研系统 4058m², 3.1%
  - P1实验室平台
  - 理学及解剖室
  - 教室/宣教室
  - 教学门诊
  - 其他

- 院内生活系统 14,430m², 10.8%
  - 宿舍区
  - 职业活动中心

- 公共交通与商业服务系统 31,507m², 23.7%
  - 院内商业街
  - 公共交通
  - 地下停车场

图 2-5 一期现状主要功能和空间建筑系统

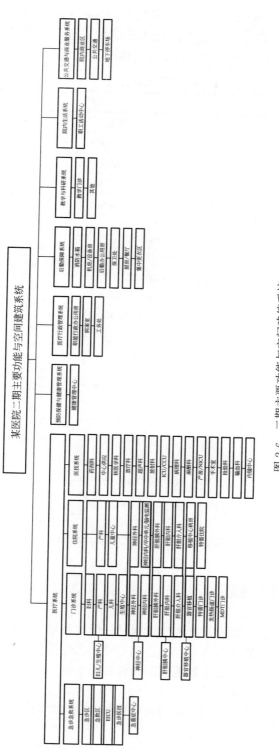

图 2-6 二期主要功能与空间建筑系统

3）平台科室分布情况：针对区域医院原地改扩建的情况，根据疏解规划方案，按照医院发展规划和使用需求定位对各科室平台进行面积分配。表2-4为某医院平台科室的面积分配情况。

平台科室分配情况　　　　表 2-4

分布位点		科室名称		面积（m²）
平台科室集中布置	一期	内镜中心		1500
	二期	病理科		4620
		检验科		2850
		产房		1150
		输血科		300
平台科室分布	一、二期分布	放疗科	一期	1474
			二期	2337
		核医学科	一期	812
			二期	3190
		手术室（包括日间手术）	一期	3642
			二期	4640
		中心供应	一期	989
			二期	2813
		重症监护	一期	2934
			二期	4640
		放射科	一期	1700
			二期	2243
		超声科（功能检查）	一期	1015
			二期	1444
		药剂科	一期	100
			二期	3196

2.4 总体规划

既有院区在完成医疗规划和建设规划、形成策划书和任务书后，还要进一步制定总体改造规划方案。改造规划要一次性规划，分期实施，力争做到不停诊不停业；充分有效地利用和整合现有资源，根据自身情况，分步骤有计划做好医院综合性能提升周转计划。

针对市属医院既有院区功能布局所存在的普遍性问题，医院在总体规划时应遵从如下原则：

合理利用土地——城市土地资源十分宝贵，疏解的一项很重要的原则即结合医院功能需求和既有院区空间梳理，确定拆除和保留的建筑，对于

26

既有院区无产权建筑、高危建筑、临时修建的简易建筑、功能闲置且无保留价值的建筑、不满足现代医疗条件和设备需求的建筑、严重影响医疗流程或交通流线的建筑进行拆除。在此基础上开展"增白留绿"和见缝插绿的增绿计划及车位增加计划，做到最大化的利用土地资源，最大化的整合、提升和优化现有设施的外部交通组织和环境品质。

合理功能分区——市属医院既有院区功能分区较为分散，造成患者就医及医护工作效率较低，且造成功能流线的穿套、功能分区混杂等问题。按照患者、医护人员的需求和科学的工艺设计原理对现有设施进行梳理、合并、重置和优化等手法，尽可能做到科学合理的功能分区。

既有医院的改造首先需要调整功能的区域或是整合分散的功能区域，院区功能分区时应首先根据地区主导风向考虑"污染区、半污染区、洁净区"三大功能区域，然后再根据三大功能区域合理布置门（急）诊楼、住院楼、传染楼、行政办公楼等建筑位置；其次，明确各功能组团之间联系的密切程度，联系密切的应同层或临层布置，如手术室——重症监护室功能组团。功能分区是总体规划最重要的内容，如果功能分区不合理，自然会造成流线的混乱和交通的无序状态。

合理设计流线——既要做到人车分行以消除安全隐患，提高通行效率，又要洁污分离，使垃圾运送、尸体运送与清洁物品运送、使用者流线不重合或交叉，防止交叉感染，降低心理影响。道路设计应能快速、便捷地联系医院入口与各部门入口，不迂回弯曲，道路宽度应满足使用要求，不造成交通拥堵。（功能、流程、流线问题具体在"第 3 章 功能空间优化"中详细论述）

合理配置绿地占比——对既有院区建筑功能和空间进行分析与梳理后，确定拆除建筑，实施"留白增绿""腾退还绿""减量增绿""见缝插绿"增绿计划，提升既有院区绿化环境。

2.5　实施路线

在既有院区医疗规划的基础之上落实既有院区建设规划。既有院区建设规划的实施主要包含以下关键内容（图 2-7）：

1）应对医院进行实地调研，测绘并填补缺失图纸，将图纸内容与现状功能和空间一一对应，掌握现状功能布局和空间面积，为分析现有问题及未来规划拿到第一手资料并建立既有医院建筑数字化信息系统。这是最基本和最重要的第一手资料，也是所有后续工作的基础资料和论证决策依据。

2）建立七大功能和空间建筑系统，将现有全部的功能空间进行归类和系统化。从系统的角度出发，可以看到医院的各个系统的功能组成；可以看到各个功能单元的面积，为各系统的功能单元的缺失或增补、功能单元面积的调配提供科学的方法和依据。为医院未来有序化发展，开展医院功能分类的空间系统划分，做到空间与建筑功能相对应，反映医院最基本的医疗功能空间需求。

3）借鉴后评估的内容和方法，对既有院区总体规划、建筑功能和空间进行全面和系统评估。评估的过程是梳理问题的过程，评估结果将为下一步的疏解提升方案提供依据，为全面解决方案提供强有力的支撑。这是既有医院疏解提升必不可少的重要步骤和工作内容。具体需要开展医院院长、各部门管理者、各个功能科室使用者的现场访谈；在建筑功能和空间七大系统的基础上，针对每个系统及其所组成的功能单元逐一梳理和评价；将梳理出的所有问题进行分类和分级，并划分为一级问题、二级问题甚至三级问题，其中一、二级问题常常是瓶颈问题。

4）基于前期策划工作的梳理，完成医疗、建设、改造等规划。再针对区域医院现存的各方面问题，进一步开展专项的改造工作规划，如功能空间优化、安全性能提升、设备设施运行保障系统性能提升、交通系统性能提升、人文环境品质提升、绿化景观环境品质提升、历史建筑保护等工作。

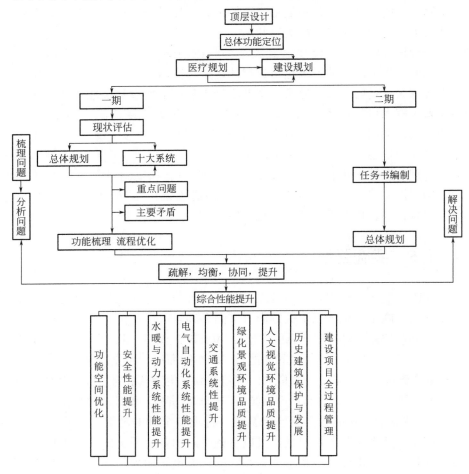

图 2-7　前期策划及总体规划工作路径（综合性能提升）

2.6　结语

没有任何一类建筑比医院建筑更为复杂，因此建立系统的观念和认识，并利用系统的方法开展医院建设领域的实践活动，就显得非常必要和突出。医院建筑的系统性体现在医院是一个有机肌体；医院建筑的复杂性体现在医院是一个多重系统相互关联的体系；医院建筑的特殊性体现在医院建筑是一个承载着有"魂"的载体；医院建筑的多变性体现在医院建筑是具有活力的生命体。

从事医院院区和建筑的建设工作，环节不可缺失，尤其是重要的环节：前期策划和总体规划。

兵马未动，粮草先行。北京区域医院的疏解任务，一定需要在前期策划和总体规划的基础上，按照科学的方法和步骤，有计划地逐步落实。通过医院前期策划与总体规划工作的落实，提高决策的科学性、全面性和准确性，并为各个分项工作的落实提供依据和参考，只有这样才会使既有医院的综合性能得以提升，又可使医院的社会效益和经济效益达到最大化。

第3章 功能空间优化

由于医院建设普遍缺少科学的前期策划，导致大部分院区存在着不同程度的功能流线问题，具体表现为"散、混、缺、平、危"，即功能分区分散、交通流线不合理、主要功能空间缺失、功能空间特色内涵缺失、部分建筑结构存在安全隐患。医院部分建筑功能、空间和流线已不能满足新时代人民群众对于更高医疗品质的需求。同时，区域医院主要院区大部分都集中于中心城区，普遍面临着用地紧张、改造空间不合理、超负荷运行等现状问题。新冠肺炎疫情的暴发给这些医院带来了一系列的冲击，使上述问题愈加突出，如流线不合理、功能布局分散、人车不流畅、流程冗余、手续繁琐，加剧了医院建筑内部功能流线问题，阻碍了医院建筑性能的提升，亟待开展专项的系统工作，针对重点部门、重点科室、重点空间进行功能流线的提质优化。

3.1 医院功能空间现状问题

区域医院现状问题主要集中在建筑功能、空间、流线等方面，其自身固有的问题大体可归为"散、混、缺、平、危"五点，加之新冠肺炎疫情的叠加影响，形成第六点突出问题"疫"。

3.1.1 "散"

区域医院在建设前期缺少规划，但建成后医院外部环境不断变革、内部使用需求不断变化，建成两三年后就开始扩建；既有院区中，大部分院区是建院早于 1986 年的老医院，多数院区都已经过改造。医院在改造过程中往往根据需求和空间现状，进行"见缝插针"式的扩建，改造后的功能分区分散、空间不合用现象普遍，具体表现为：功能单元在院区内布局分散，功能杂乱。例如病房、医技、后勤等功能用房分散布置，造成管理效率低、患者就医不方便、运营管理成本高及交通组织秩序差（图 3-1）。如某医院当初建院时不设急诊，20 世纪 90 年代后要求设急诊，于是 1997~1998 年把老门诊楼首层部分空间（原针灸科）改造为急诊部，但改造后流程不理想，存在功能分散、就诊流程过长、缺乏足够的建筑空间、局部流程不合理等问题。

3.1.2 "混"

"混"主要指人流、车流和物流等混杂。这一问题主要来源于两方面，

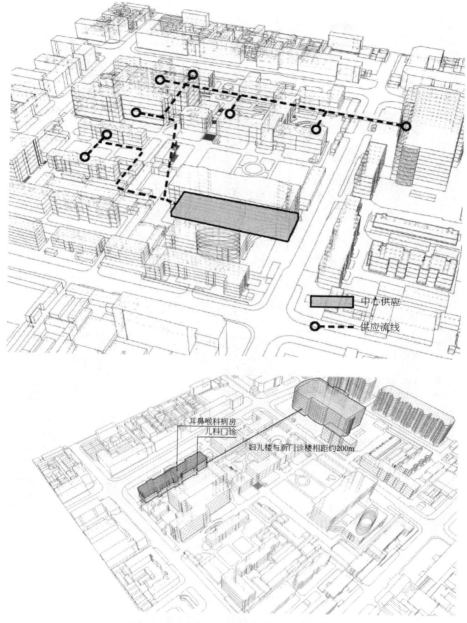

图 3-1　某医院医技楼总平面及分析图

一方面是因为上述功能分区分散，缺乏明确和合理的交通流线组织规划设计，未有效地规定线路、入口、楼电梯位置等。既有院区在这方面突出表现为各种流线冲突、洁物流线交叉、运输设备老化等问题（图 3-2）。

另一方面则主要是因为建筑内部缺乏明确和合理的功能流程设计。区域医院在快速发展时期，部分医院不重视前期策划和总体规划，方案确定时缺失医疗流程深度思考和医疗工艺的深化设计，医院建成后不同医院功

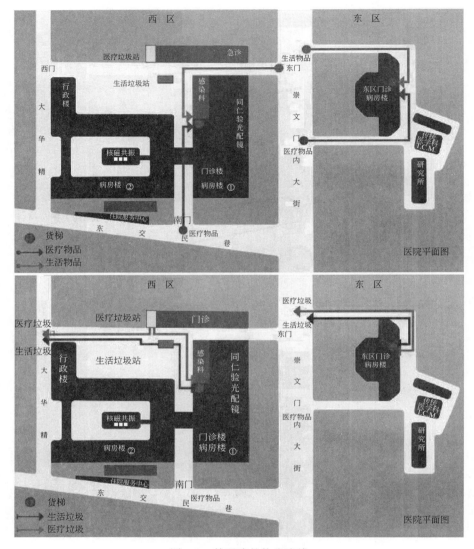

图 3-2　某医院的物流流线

能布局与使用流程不匹配，功能流程紊乱、功能联系断裂。

　　同时，部分医院还存在着因相关医疗功能科室服务量不同造成的患者在"家-医院"之间的往返问题，即一些医技服务量与门诊开检查单子的量不匹配，患者当天看完门诊后预约不到当天的医技检查，需要预约排队、改天再来，之后再拿到检查结果后才能再次找门诊医生完成诊断。

3.1.3　"缺"

　　"缺"主要指功能单元、功能房间面积和辅助性房间不足。区域医院很多院区建设年代较早，在建设之初，基本上以满足建筑功能为主要设计标准，空间面积设计标准较低，对于患者身心需求、疗愈需求关注较少，相关空间预留、基础设施人性化设计不足，与当下医患需求存在着较大的差距，具体表现为：护理单元面积的不足和主要功能房间缺失；医护空间狭小，没有足够的休息设施；无障碍交通、卫生间等设置不足；空间疗愈性设计缺乏，没有充分考虑医患的私密性、安全性等要求。

除此之外，许多医院还存在后勤空间不足问题，因为医院的建设和改造过程中，后勤工作群体参与度低（如保洁人员、安保人员等），设计人员在项目建成后无回访机制，造成医院建筑生活空间缺失，使用体验不佳（图 3-3）。普遍存在卫生员室、医废垃圾暂存间、快速消毒空间等后勤专用空间面积不够或缺失现象，为医院运营维护带来不便。

图 3-3　某医院在室外及楼梯内晾晒的衣物

3.1.4　"平"

"平"主要是指医院建筑空间特色性不足，无法充分体现出医院精神文化。每个医院都具有一定的特色发展学科和功能用房，尤其是专科医院特色科室突出。有些医院具有悠久的历史，同时还存留一些具有特色风格的建筑。但在后来的改扩建中，专科的特色、重点学科的特色和建筑文化的特色没有充分体现出来。其中很大一部分原因是空间的受限，无法满足医院个性化和特色化的要求。对于这一问题，将在"第 10 章　历史建筑保护与发展"进行具体论述。

3.1.5　"危"

"危"主要是指医院大部分老旧建筑存在一定的安全隐患和基础设施老化，不能满足现阶段医院的使用功能需求，在地震、风灾、火灾、内涝等灾害发生时，会带来一定的安全隐患。尤其是，部分建筑已经接近或超过 50 年的设计基准期，防震减灾能力不能满足抗震设防需求，需要进行专业评估，然后进行加固改造。对于这一问题，将在下一章进行具体论述。

3.1.6 "疫"

"疫"主要是指区域医院在应对新冠肺炎疫情等传染病方面存在的短板和不足。新冠肺炎疫情的暴发给医院带来重要影响，既有院区目前都针对疫情做出了空间调整，并采取了许多应急措施来加强疫情防控。但调查中仍发现一些问题，如：部分综合医院一般设置有发热门诊及传染病房，但规模小，配置低，只能应对"平时"常规传染病诊疗工作。多数综合医院不具备突发传染病的收治能力，不能满足"平疫结合"的要求；一旦大规模烈性传染病暴发，发热门诊及传染病房迅速人满为患，缺乏弹性的拓展空间，特别是老院区，院内建筑布局固定，不能发挥出综合医院较强的应急救治能力（图3-4）。

图 3-4 某医院简陋的发热门诊方舱 CT 室

1）目前既有医院建筑的科室设置为分散性布局，门诊、医技、住院等部门常分布在医院建筑的不同楼层，平面布置混乱。患者从就诊到各种医技检查常需跑遍医院的多个位置，导致院内感染的风险增加；线上就医流程不完善；采用线上约诊和线下检查诊断时，部分就诊程序仍有路径多次折返，增加了患者就诊中交叉感染的风险。

2）很多院区发热门诊存在漏筛风险，院前筛查区与发热门诊也缺少足够的分诊、过渡、隔离、临时观察等功能空间；门诊、住院部、医技部等建筑出入口过多，入口空间形态和毗邻功能用房配置尚有功能缺失，缺少缓冲、等候、登记、备品、临时隔离等空间；疫情中增设的隔离栏杆、等候与登记空间等简陋拥挤，存在一定的交叉感染风险。

3）部分普通门诊科室缺少医护人员专用更衣、洗消间，疫情期间不利于医护人员安全防护；门诊和医技单元的医患分区和分通道组织不足；对于人流大量集中的门诊与医技部诊疗单元，或者有潜在风险的诊疗区域，设备、设施、室内环境存在防疫漏洞；疫情高危科室内部应急隔离抢

救措施、移动 CT/DR 等检查设备不足；快速手消、无接触感应门、智能
衣柜等感控消毒设备缺乏。

3.2 国内外可资借鉴的理念

在优质医疗资源紧缺、医院外部环境不断变革、新冠肺炎疫情影响等
情况下，对于医院建筑而言，可资借鉴的改造设计理念有三级功能布局、
弹性设计、康复环境设计以及适用于全龄病患的普适设计。

1. 医院建筑三级功能布局

医院建筑三级功能布局是指医院功能区、功能圈及功能组团三个层级
中的建筑空间组合方式。其理论是将原有的总体规划布局、医疗区布局、
医疗部门布局和重点科室布局的布局理论的所有内容进行解构，并通过新
的逻辑、按使用者行为特征进行重新建构的布局理论，立足点在于提高医
院建筑使用效率和环境质量。

2. 弹性设计

当前国际盛行的"弹性设计"观念源自功能主义主导下的医疗建筑演
进史。在医学模式和疾病谱变化、社会经济发展、医疗保障制度变革、人
口的数量增长和年龄结构变化、医疗技术与设备的迅速发展与更迭等因素
作用下，医疗机构的功能需求永处变化中，从而要求建筑具有将功能变动
影响降至最小的弹性设计。国际上，医院建筑通过设置设备间层和伺服系
统，或采用无方向性矩形柱网、易于接建的开放端式设计和"重心式"医
院模式等，来解决医院发展必然需要的建筑灵活使用需求。

此外，从房地产角度而言，大型的、"量体裁衣"式或以医学功能为
单一目的建筑物，比小型的、宽松式或多用途建筑物市场价值要低得多。
为保证设施的地产价值，业主需要医疗建筑在容纳医学功能外可以不经改
动使用作其他功能，因此采用宽松面积标准、通用化变为医院建筑弹性设
计的新手法。这种弹性设计对于功能空间紧张的医院来说，是一种有效的
应对方法，可有效缓解医院功能布局不合理、流线紊乱的问题。

3. 康复环境设计

当代医院建筑设计，首先注重"用户"（包括病人、探视者和医务人
员）的环境体验，寻找利于病人康复的元素予以强调；其次注重病人的诊
疗体验，围绕"以病人为中心"的新式医疗服务进行环境设计。中国医院
建筑设计，更需要从用户需求出发，改善传统医疗机构的刻板印象、增强
医院建筑环境的辨识度。

4. 普适性设计

普适性设计是面向所有人，如推婴儿车者、使用助行器者、年老体衰
者等，营造没有障碍的建筑环境，而非仅仅主要面向使用轮椅的行动不便
人士。即在设计中，应该综合考虑所有人所具有的各种不同的认知能力与

体能特征，构筑具有多种选择方式的使用界面或使用条件，从而向社会提供任何人都能使用，且任何人都能以自己的方式来使用的优良设计。普适性设计的基本原则包括：使用公平，使用方法灵活，简单易用，提供多类感官信息，允许容错使用，使用起来毫不费力，产品体量和空间利用合理有效。这种普适性设计是一种提升医院人性化设计的有效方法，区域医院在建筑改造过程中，可基于这种理念开展楼梯、道路、卫生间等空间的设计，以解决既有医院的现状问题。

5. 平疫结合设计

平疫结合是疫情下医院配置医疗资源的有效方式。2022年2月，国家卫生健康委发布《〈综合医院建筑设计规范〉（局部修订征求意见稿）》提出，综合医院应根据承担的疫情防控任务，充分利用现有资源，合理设置"平疫结合"区内的各项功能。其中平疫结合具体指根据区域卫生规划要求，在承担相关疫情救治任务的医院院区内设置地平时开展常规临床医疗工作，当发生重大疫情时，经过快速调整、改造，可开展疫情临床医疗救治工作的特定区域。平疫结合区总平面设计应相对独立，同时与医院其他功能区域保持必要的联系；在疫情期间设置独立的出入口，出入口附近设置救护车辆及人员洗消场地；附近预留场地及机电系统接口，以满足疫情发生时快速扩展的需要。平疫结合医疗设施作为应对烈性传染病的重要场所，需要在设计上具有相对弹性，并能够在应对突发疫情时快速转换为应急医疗设施。其要点包括：总体功能布局，通道流线布设和病区功能变换。

3.3 功能空间优化方案

区域医院功能空间的问题错综复杂，具有多元性和叠加性。由于医院建设普遍缺乏前期策划和总体策划，导致对功能空间的全盘思考不够，加之后期无序扩建，导致建筑功能空间分散，空间流线无序。突如其来的疫情使得这些问题更加突出、复杂。

对此，需要针对前述六个方面的问题，开展建筑功能空间优化的专项工作，进行功能空间的重组改造、优化诊疗流线、提升空间品质；同时，兼顾防疫感控要求，开展防疫安全的专项工作，建立并完善医院牢固的传染病防线，最终实现院区功能空间的优化提升。

3.3.1 基本思路

3.3.1.1 优化原则

针对区域医院既有院区功能空间所存在的普遍性问题，医院功能空间优化应遵从以下原则：

1. 功能集中分区

各医疗相关功能尽量集中布置，尽量缩短患者就医流线，以便管理与使用；结合感染控制要求，从控制感染途径角度，规划各类功能布局和医疗流程。

2. 流线便捷高效

在人流方面，应保证最短时间最短距离完成诊疗；保证不同人流的分散、内外流线清晰有序，最大限度防止交叉。在物流层面，应保证物品流通高效、有序，考虑使用物流传输系统等设备，实现物流存储的标准化、模数化、系列化及物流传输自动化、机械化、智能化。

3. 空间特色鲜明

增强补齐主要功能空间和用房面积，统筹区域划分，满足医疗服务需求；同时应尽可能突出空间特色，满足不同患者需求，尤其注重重点和特色科室功能需求。

4. 安全防疫

结合传染病防疫的需求，进一步弥补医院防疫漏洞与不足，提升医院防控安全水平和平疫结合规划水平，构筑高效合理的安全防疫体系。

3.3.1.2 实施路径

区域医院在建筑性能优化时，要结合前期规划的功能疏解和建筑减量，开展院区功能现状的评估分析，找出功能现状问题。通过功能布局现状调研问题，确定功能布局优化需求和目标。在此基础上结合既有院区医疗和建设规划要求，从功能布局优化、流线优化、流程优化、空间品质优化、防疫专项的角度，实施功能空间的优化提升。

3.3.1.3 标准依据

具体改造设计可参考现行《综合医院建筑设计规范》GB 51039—2014、《传染病医院建设标准》建标 173—2016、《妇幼保健机构医用设备配备标准》WS/T 793—2022、《儿童医院建设标准》建标 174—2016、《医院洁净手术部建筑技术规范》GB 50333—2013、《医院洁净手术部污染控制规范》DB 11/T 408—2016、《医疗机构消毒技术规范》WS/T 367—2012、《急诊科建设与管理指南（试行）》等规范标准。

3.3.2 功能布局优化

针对区域医院既有院区功能布局"散"的问题，在评估既有医疗功能设施运营现状基础上，锁定医疗功能核心问题，运用医院建筑三级功能布局理念，从总体功能布局、科室布局等方面，解决功能分区分散问题。

待医院疏解完成之后，通过调整院区总体医疗功能布局，解决功能分区不合理问题。进一步重新整合门诊科室分区，理清医技科室与门诊患者及住院患者之间关系的密切程度、医技科室之间业务联系的密切程度等，对分散科室进行重新规划布局，使相同功能相关科室集中布置，使功能分区紧凑明确，缩短患者诊疗流线，减少流线交叉，提高医院工作效率。同时，根据功能需求分散设置一些检查用房，可通过在分散楼栋之间搭建空中连廊或结合医院寻路设计先进理念建立"绿色空中通廊"的方式，缩短病人就医行程。

此外，针对区域医院门诊、住院、医技等科室存在的一些具体问题，建议采取针对性的改造优化方法。

3.3.2.1　门诊功能布局优化设计

区域医院既有院区部分门诊部存在空间较为局促、流线多且交叉的问题。规划改造中，可疏解或优化部分科室，重新整合门诊科室分区，重新梳理患者及医护流线，充分体现人性化设计理念。

在门急诊和医技部分，可以通过将一些成本较低的医疗检查设施用房分散设置，并与联系紧密的门急诊诊区相邻设置，以缩短病人就医行程，便于病人快速找到就医目的地。积极采用移动监测和诊断设备，如移动DR、移动B超、移动CT，减少患者移动。

3.3.2.2　医技功能布局优化设计

既有院区医技科室存在布局相对分散、诊疗效率较低的问题。部分医技科室存在洁污流线交叉、医患通道未分开设置的问题。规划改造中，应理清医技科室与门诊患者及住院患者之间关系的密切程度、医技科室之间业务联系的密切程度，并处理好医技科室内部通道关系、洁污关系等。

1. 手术中心功能布局优化设计

手术中心布局应临近重症监护病房，应与中心供应和住院部有直接通道。手术中心可以分为洁净区和污染区。洁净区包含医护办公区域，医护手术准备区域、手术区，以及无菌物品与无菌器械等清洁物品的存放保管区等。污染区包含换床区域、术后器械处理间、污物间等区域。手术中心口部应设计四个出入口，其中三个主出入口（医护人员、患者、污物回收），一个次出入口（传染性患者）。

2. 中心检验功能布局优化设计

中心检验布局时，首先，应考虑满足门诊患者需求；其次，应考虑中心检验与病理科、手术室以及研究所实验室的便捷联系。中心检验内部布局应包含污染区、半污染区以及洁净区三个部分，污染区包含微生物实验室、HIV检测室、PCR检测区等污染性较高的功能区，还应包含高温消毒灭菌等污物处置室和医疗废水处置间；半污染区包含临时检验、生化检验、免疫检验等可在同一大空间区域流水线式操作的功能区；洁净区包含医护人员的办公区和洁净物品。在口部设置上应考虑污染区单设污物出口，医护工作者应有自己的独立出入口。

3. 血液透析中心功能布局优化

血液透析中心功能分区上分为洁净区和污染区，洁净区包括透析治疗区、隔离透析治疗区、医护辅助区、医生生活休息区，污染区包括污洗间、生活污物间、医疗污物间等。口部设置上应至少设置三个出入口。分别为患者出入口、污物进出口和医护人员出入口。通道设置上应至少设计三条通道：一条医护人员通道，可兼做洁净物品通道、后勤人员通道和 VIP 患者通道；一条患者通道；一条污染物通道。

3.3.2.3 住院功能布局优化设计

住院部功能布局优化时应与中心手术、影像中心、功能检查、中心检验等科室联系方便，患者及医护人员流线方便快捷；重点考虑外科护理单元与中心手术、影像中心的关系，产科护理单元与产房（分娩中心）、中心检验、功能检查的关系；同时，也应考虑护理单元内部设置足够的医护办公空间，医护办公空间应该设置自然通风和采光。

在条件允许情况下，门诊、急诊、医技和住院部尽量改用医患分区及医患分流的双通道布局；将医务工作人员办公休息区域贴邻于诊疗用房独立设置，将医务工作人员通道与患者通道分开设置，并设置各自独立的垂直交通体系，在首层设置各自独立的对外出入口。

3.3.3 流线流程优化

针对区域医院人流、车流和物流"混"的问题，需要从流线优化设计和流程优化设计两方面着手。

其中，流线的优化设计需要分门别类，结合具体的人流、物流、车流等问题现状开展。实地调查、详细记录和分析评估既有医院各类流线，结合医疗功能需求、运营管理、安防管理需求、院感管理需求等，在采取信息化技术基础上，对人车流线、洁污流线、医患流线、各类物品流线、内外部人流流线等展开优化设计；达到各类流线组织清晰合理，便利短捷，并避免交叉感染等目的。（车流将在"第 7 章 交通系统性能提升"中具体论述）

3.3.3.1 人流优化设计

在流线设计中应注意提高效率，使病人在最短时间、最短距离中完成诊疗，并最大限度地防止交叉感染。按照院区人流流线特点，可以分为室外公共空间人流流线和室内空间人流流线。

1. 室外公共空间人流流线

1）医院入口人车分流：建筑入口的停车空间应与患者流量较大入口空间区分开，独立设置，以确保人行空间安全，车行空间通畅。

2）传染与非传染分开：感染控制应从院区功能布局和流线设计层面严格区分设置；重点功能单元应从功能分区、通道设置、口部设置层面严格考虑控制，力图保证不同患者不受到二次感染加重病情；单独设置传染病患者通道，并对传染病患者活动范围进行严格限定。

3）住院部、门诊部保持一定独立性：住院部病房需要保持相对安静，应严格控制门诊人流对住院病人的影响，使门诊和住院病人避免相互打扰。

2. 室内空间人流流线

室内空间流线组织应做到集中与分散相结合，保证功能集中布置的同时，合理有效地分散各科室流线而不混乱，防止交叉干扰。

1）传染与非传染患者分流：各有其活动范围，挂号、收费、取药及有患者参与公共空间均需明确分隔，传染科各功能应独立设置。

2）儿童与成人患者分流：各有其活动范围，努力实现独立设置儿童门诊入口，使挂号、收费、取药等空间具有独立性。

3）体检门诊与其他病区分流：体检门诊应与普通门诊、传染门诊、急诊门诊、儿童门诊功能区分开，保证体检人群的相对独立。

4）特殊流线处理：外宾、高干门诊及残疾人门诊，均应从地面层入口区分，可与普通门诊入口合用，但应有专用电梯上至楼层。

5）走廊、候诊区域的流线衔接尽量做到路程短捷、空间明亮、尺度适宜、标识清楚、就诊方便，以便医院实施管理。

3.3.3.2 物流优化设计

医院物流系统规划布局需统筹兼顾功能关系和人、车、物三大流线组织，应遵循以下原则：

1. 功能布局紧凑

医院诊疗区域主要功能区应靠近布置，并将医院功能相近的科室呈组团化布置。同时，理清物流系统与建筑空间关系，物流联系紧密的重点科室应在水平或处置建筑空间上建立紧密联系（图3-5）。

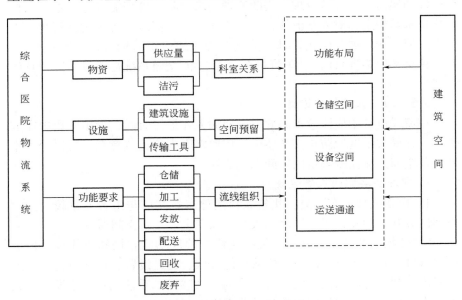

图 3-5　综合医院物流系统与建筑空间关系

2. 洁污分区分流

医院所需运送货物应分类，洁污物品与污物进行不同级别区分，尽量使洁污功能区相对分区设置，并保证物品在存放、发放、回收过程中洁污流线不交叉感染，避免物品传递路线迂回复杂。

3. 路径便捷

合理规划医院功能分区，使联系较多的部门在水平或垂直方向联系方便，避免物品传递路线迂回复杂，节约物品运输时间，保证物流运输高效运行。

4. 利用物流传输系统等设备及理念

实现物流存储的标准化、模数化、系列化以及物流传输的自动化、机械化、智能化。

5. 物流传输系统设备的选型依据和原则

物流传输系统设备选型，应根据医院建筑结构、功能布局、运量效率等整体分析，配备合适的洁物和污物物流系统。一般 600 张床位以上的大型或超大型医院，应采用以周转箱为载体的中型箱式物流传输系统作为物流主干通道；辅以气动物流传输系统解决小件急件物品的快速传输；生活垃圾、污衣被服、医疗垃圾通过回收处理系统自动化传输和回收处理；局部采用搬运和仓储机器人进行接驳搬运，实现全供应链的闭环复合型物流传输系统。

3.3.3.3 流程优化

解决医院人流、车流和物流"混"的问题，还需要对院区不合理的流程进行优化设计。

具体需要开展流程的优化再分析，完善诊疗流程中的信息采集、信息反馈等环节；基于实际流程梳理，改进流程体系中不合理之处，避免患者往复；简化不必要环节和手续。通过提升部分医技科室的服务量，匹配门诊服务量，减少病人不必要往返。通过分时段就诊、改造就医流程等手段，减少门诊同时段出现的人流量，避免诊区拥挤。

结合信息化建设，开展在线预约、诊前问诊、院外候诊、就诊提醒、多途径检查预约、用药指导、上移动支付、无纸化诊疗等，形成院内院外有序衔接、线上线下互为补充诊疗流程体系，减少人员聚集和非必要交叉流动。允许在线开展部分常见病、慢性病复诊，实现线上问诊、线上支付、线上查验、线上续方、线上反馈、送药到家等服务，形成线上与线下诊疗业务无缝集成，减少轻症、慢症患者来院次数。同时，利用患者服务中心（呼叫中心），通过网络、电话等多方式在线解决患者咨询，提高患者医院就诊的有效性。

3.3.4 功能空间优化

对既有院区主要功能单元、面积和疗愈环境"缺"的问题，需要在"功能布局优化"的基础上，从医院功能空间重组和空间品质优化角度着手解决。

3.3.4.1 功能空间重组

按照功能空间属性，可将各层平面划分为五种类型的功能区域：疏解腾退区域、固定不变区域、功能置换区域、延伸增补区域、原位优化区域。

疏解腾退区域：主要是指疏解后腾出的空间，对于这部分空间，应赋予其他功能或用于增补缺失的功能；同时，还可以借鉴"弹性设计"理念，改造成小型的、宽松式或多用途建筑空间，来满足医院未来发展的灵活使用需求。

固定不变区域：主要是指卫生间、楼电梯、管道井和设备用房等区域，对于这部分空间，在功能布局优化中可保持固定不变。

功能置换区域：主要是指错位的功能区域，对于这部分空间，需要对有些功能单元的位置进行置换。

延伸增补区域：主要是指面积不足的主要功能单元和用房，对于这部分空间，需要进行功能的延伸和空间的补充，以提升院区空间功能和品质。

原位优化区域：主要是指原地不动的功能单元，对于这部分空间，需要进行功能分区、流程、环境方面的提升和优化，合理划分功能、重新建立或延伸功能流程、增补功能空间和优化环境。

3.3.4.2 空间品质优化

针对既有院区疗愈环境缺失问题，其解决办法首先是突出公共空间和诊疗空间特色，尤其是重点和特色科室功能空间，根据医护人员使用者的差异，采用不同的通风、采光、室内装修风格，提升空间环境品质；优化改进非核心功能空间品质，如办公、候诊、卫生、设备、停车等，增加空间面积，改善通风、采光等条件。

在此基础上，借鉴"康复环境设计和普适设计"的理念，开展无障碍和疗愈专项设计，提升建筑空间无障碍水平和疗愈环境品质。

1. 无障碍设计

医院建筑无障碍设计应根据实际情况，因地制宜确定医院无障碍辅助系统设计，为使用者提供最大可能的方便，具体应从以下五个方面进行考虑。

1）系统性：医院无障碍设计包含不同系统设计内容，应全盘考虑以满足医院病患群体的各方面需求和空间流线行为，最终设置合理、连续的无障碍辅助系统。

2）细节性：细节是医院无障碍辅助系统是否合理的关键因素，应从动作、生理、心理等各方面考虑空间细节，合理设计门诊、医技、住院等空间形态、布局、尺寸、采光、色彩、材料等方面内容，营造舒适的诊疗环境。

3）差异性：充分考虑老弱病残孕等特殊患者需要，设置无性别卫生间、哺乳室和婴儿整理台等。医院空间中使用无障碍辅助系统的人群具有多样性，应体现对人群差异性的尊重和接受多样生活的态度。

4）沟通性：医院无障碍辅助系统设计不是把特殊需要的人群进行独立划分，而是把便利提供给所需要的人群，应在无障碍提示和信息系统中、空间的文化表现上、空间设备上进行考虑。

5）安全性：对于医院而言，所有的设施设备都必须要考虑安全的环境，医院无障碍辅助系统是为了减少障碍，而减少障碍的前提是解决安全性问题。

2. 疗愈环境优化设计

营造和美化室内外疗愈环境有助于改善就医者和从医者心理状态，具体营造应从舒适性、私密性、安全性、绿色生态环境四个方面进行考虑。

1）舒适性：室内装修色彩应根据使用者的不同而采用不同的装修风格，如儿科色调采用对比色，更为活泼跳跃；妇科色调采用粉紫色系，更为柔软、甜美。（具体内容将在"第 9 章 人文视觉环境品质提升"中进一步论述）

2）私密性：患者治疗过程中，应保证个人信息的私密性。例如在病房内，病床附近应设置帘子，将患者区域与病房其他区域隔离开。

3）安全性：室内外安全性能越高，患者行动就越发地方便随意，康复也更为有利。应在患者经常能接触的设施上增添防护措施，如安全防撞扶手、拐角处安全缓冲空间、家具细部处理等。

4）绿色生态环境：自然环境对患者康复有一定的促进作用，应积极将自然环境合理地引入到医院建筑空间中，可在室外种植疗愈景观，通过视觉、听觉、嗅觉、味觉、触觉等感官上使患者心理与生理同步恢复愈合。（具体内容将在"第 8 章 绿化景观环境品质提升"中进一步论述）

3.3.5 防疫专项

针对医院应对"疫"方面的问题，医院建筑的设计或改造需充分考虑"平疫结合"和"平疫转换"，在场地位置、空间布局、流线设计、通风性与密封性、污染分区、污物处理、设施设备等方面采取措施。

1. 功能空间

基于疫情防控需求，对综合医院而言，最急迫的是根据防疫需求对现有空间功能进行改造优化。对于有场地条件的院区，可以增建感染楼，或增加独立的传染病区或预留临时应急传染病区的建设空间；应急用地在非疫情时期可作为应急避难场所。北京地区增建的感染与发热门诊，应按照《北京市发热门诊设置指南（2020 版）》【京卫医〔2020〕49 号】要求改造或设计；应含检验、放射、药房等相关辅助科室，备足留观室及隔离病房。传染病房按三区两缓冲、医患双通道要求设置，并设独立医疗废物转运通道与电梯。

对于场地条件紧张的院区，可以基于现有医院发热感染门诊进行完善优化，加强筛查设施建设，增配移动式检查设备、配套防护与检测设备，感染科室开展双通道设计改造，增加室内外空间，保证"一医一室一患"。

结合医院防疫需求，可以将呼吸科病区改造成集中收治区，用以收治新冠疑似或其他呼吸道传染病的术后、产后及其他重症患者（不便在发热门诊留观或隔离）；隔离病区应与其他病区保持安全距离，建设与管理应按照《传染病医院建设标准》建标 173—2016 相关条目实施。

充分利用现有门诊、医技等空间进行改造优化，考虑应急医疗设施空间，增加医疗建筑的弹性和防疫基础设施的鲁棒性。考虑新增功能单元的"平疫结合"。在医院其他功能单元配置必要的隔离、过渡空间，住院病区入口处设置 2～3 间过渡病房，临时收治呼吸道传染病疑似患者或病情不明确患者；每个病区设置 1～2 个隔离病房，由专人护理，配置独立卫生间和负压空调系统，作为呼吸道传染病的隔离收治病房；急诊备1～2间通风较好的单间用以收治疑似呼吸道传染病的急、重症患者；ICU 在科室出入口附近或独立区域设立负压单间病房，用以收治病情严重、不适合转运、需要使用呼吸机等设备的重大呼吸道传染病患者。

2. 流程流线

根据防控的现实需求，对门诊患者的就医流程进行梳理再造。增加留观室及隔离病房，严格负压病房、正负压切换手术室的过滤系统安装，在条件允许下增加电梯、新风系统。

在预约挂号时，完成门诊病人信息采集与流行病学调查，现场进行轨迹核查，避免大量患者聚集。患者初次预检筛查宜在户外院门区域开展，减少医院建筑室内感控风险。预检分诊时，可通过增设帐篷、护栏、遮阳、临时建筑等提供必要检疫空间，有流行病学史的患者由医务人员直接引导至发热门诊。同时，医院医疗用房出入口不宜过多，以控制人力和物力成本。

合理设置大型影像类设备机房空间位置，保证平时门急诊和发热门诊共享，疫时设备物理隔离，划归发热门诊专用。对于位置固定无法共享的影像设备，增加移动类设备数量，如移动 DR、移动 CT、床旁超声、血常规、心电图、B超等；同时，增加必要的移动智能消毒机器人、智能物流等智能辅助设备和系统，减少病人移动。

3. 防疫设备

结合防疫需求，补充完善相应的防疫设备。升级改造全院空调系统，做到分区控制，每个病区有部分房间可单室控制，特殊区域负压控制。在公共区域加装紫外线消毒装置，分区域设置开关或采用智能开关，统一管理，在安全时段进行消毒。

隔离病房门口设防护服穿脱视频。手术室、门诊等区域加装智能衣柜，规范更换衣流程，减少交叉感染；在隔离病房的半污染区配备电脑，以供医护人员随时录入医嘱。在人员活动密集、传染风险高的区域安装非接触式水龙头、感应式快速手消，各区域增配人机共存消毒机；结合医院条件，加强自动门的推广应用。电脑键盘、呼吸机等精密仪器表面贴膜、手机带手机套，便于随时消毒而不损伤精密仪器或设备；室内装修材料的选择要考虑抗菌、保洁要求。

3.4　案例关键内容阐释

"散、混、缺、平、危"功能空间问题在区域医院中普遍存在，是既有院区性能和运行效率提升的主要障碍。本节将结合具体案例解析，分析"散、混、缺、平、危"问题解决的方法，进一步阐述上述性能提升的思路。

3.4.1 总体规划提升案例

通过实例逐一说明所存在的问题及提升优化原则。

1. "散"

某医院各功能单元布置分散（图3-6），如医疗功能和空间建筑系统在医院内共分布有三处，住院功能和空间建筑系统与医疗就医空间体系割裂，造成患者就医不便，医疗效率低下，运营管理成本较高。该医院疏解后，对功能空间进行重新布局，使同类型功能空间集中布置，最终达到缩短患者诊疗流线、减少流线交叉、提高工作效率的目的。

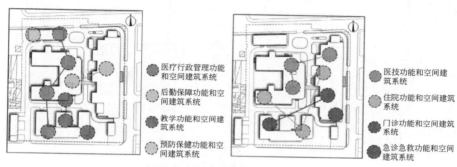

图3-6 某医院功能分区分散

2. "混"

某医院透析中心内部流程设计不合理，导致人流流线、物流流线交叉（普通患者流线、传染病患者流线和污物流线交叉）（图3-7）。由于血液透析中心受空间限制，未来医院计划在新建院区设置规范化大型血液透析中心，同时服务于两院区患者，原位置改造成为DSA。

3. "缺"

某医院门诊医技楼由于受空间限制，导致某些科室业务无法开展，如该医院急诊急救区只设有外科急诊、内科急诊、妇产科急诊，缺少儿科急诊、五官科急诊、急诊检验、急诊药房等业务用房，而急救室受空间限制，兼导尿、灌肠、抽血等功能，极易发生交叉感染（图3-8）。针对上述情况，将急诊急救区在其他疏解腾空区域进行重新布置，满足当前及未来业务发展要求。

4. "平"

某专科医院住院部由于空间的受限，患者特色化诊疗空间缺失，尚不能体现该医院特色（图3-9）。通过该类型专科医院进行调研总结，对住院部护理单元功能房间设置提出房间清单、医疗工艺及面积。待该医院疏解后对护理单元进行不停诊、不停业改造，将特色化诊疗空间融入护理单元内部，真正体现该医院特色化。

该医院护理单元特色化诊疗空间：

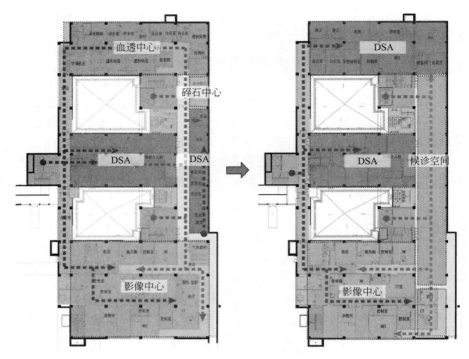

图 3-7　某医院功能空间人流混杂

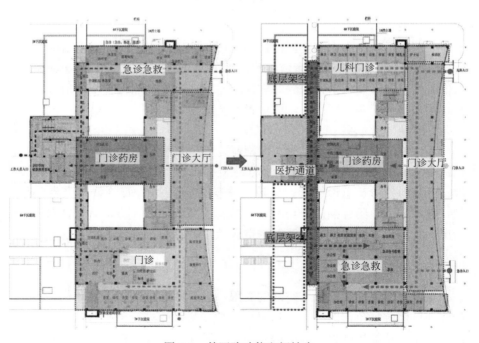

图 3-8　某医院功能空间缺失

1）心理治疗：每个病区至少两间个别心理治疗室，至少一间团体心理治疗室，应分为团体治疗室（10 人）、家庭治疗室（5 人）和个别治疗室。

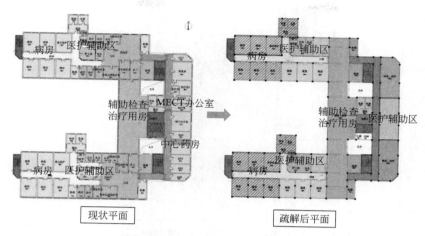

图 3-9　某医院护理单元特色不足

2）检查、治疗：检查用房 20m²/间，不低于 4 间，如心理测量室；治疗相关用房，20m²/间，不低于 4 间。

3）康复训练（书画、手工、音乐、认知、生活职业技能、跳操、小剧场、儿童小教室、感统训练室等）：200m²，分"动"和"静"，"动"即运动（肢体训练）1 间，"静"即泥塑、扎染 2 间，书画 2 间，音乐治疗 1 间（按理想情况，每个病区一个音乐治疗室）。

4）设置重症监护室，4 人/间，设置两间（计入一个护理单元总床位 40 床）。

5）2 间约束室。

6）单独宣泄室（橡皮屋）1 间，配备橡皮人、器具。

7）设置抢救室 1 间。

8）生活技能（居家环境、购物环境）和职业技能康复区，20～30m²。

9）探视室、餐厅、配餐室、盥洗室（含浴室）等。

10）设置示教室和小教室（特指儿科病区）。

5．"危"

针对既有院区部分建筑较为老旧，且部分建筑建设使用年限超过 60 年，即院区危房问题，应邀请相关专业团队首先对老旧建筑进行评估，再根据建筑类别分别采用不同形式的抗震、隔震、减震技术加以改造。

3.4.2　功能空间优化方案案例

既有医院在疏解工作前，首先根据前期策划和总体规划的目标为导向和依据，需要将建筑各层平面进行定性归类，划分为五大功能区域：疏解腾退区域、固定不变区域、功能置换区域、延伸增补区域、原位优化区域。以下是某医院的具体疏解设计方案（表 3-1）。

某医院疏解方案   表 3-1

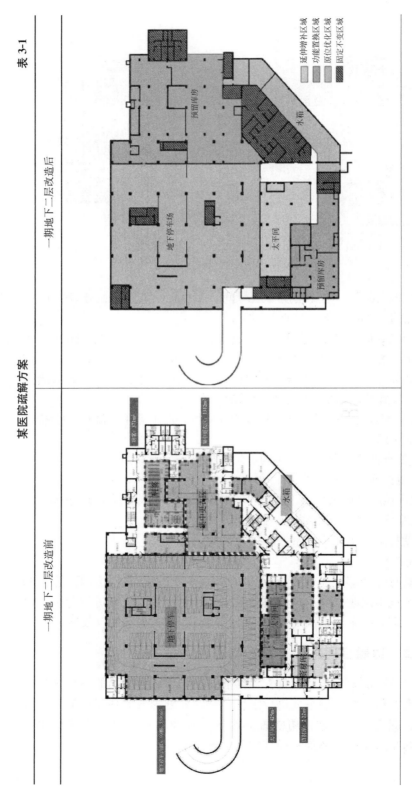

一期地下二层改造前   一期地下二层改造后

图例：
延伸增补区域
功能置换区域
原位优化区域
固定不变区域

1. 地下二层未通暖气,较为阴冷,病案、集中更衣和资材库移走,作为预留库房进行功能置换（也可考虑将此处扩大为停车场）；
2. 太平间延伸增补

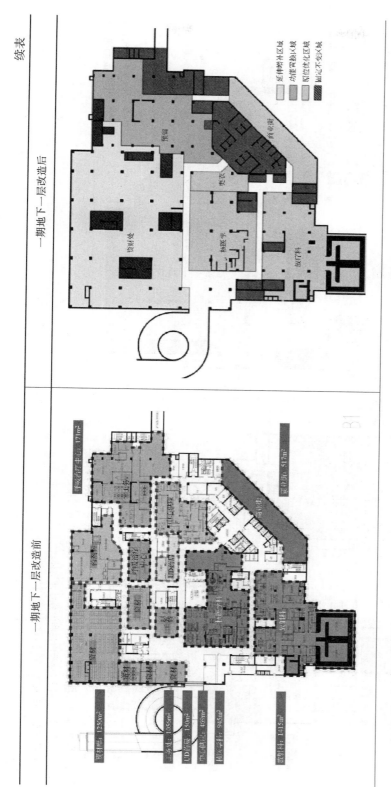

续表

一期地下一层改造后

一期地下一层改造前

1. 药剂科、呼吸治疗中心移走,资材处延伸增补;

2. 工务处移走,中心供应延伸增补;

3. 核医学科、放疗科原位优化,在二期进行扩大

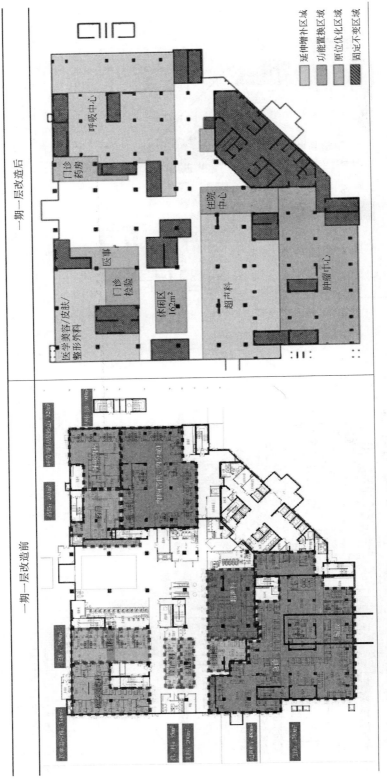

一期一层改造前

一期一层改造后

图例：
- 延伸增补区域
- 功能置换区域
- 原位优化区域
- 固定不变区域

一期一层改造后标注：门诊药房、呼吸中心、医学美容/皮肤整形外科、医事、门诊检验、休闲区162m²、超声科、住院中心、肿瘤中心

1. 急诊移至二期，超声科延伸增补，肿瘤中心移入，进行功能置换；
2. 一期药局面积缩小，呼吸内科和内科延伸增补；
3. 妇科移至二期，皮肤科移入，进行功能置换

续表

一期二层改造前

一期二层改造后

延伸增补区域
功能置换区域
原位优化区域
固定不变区域

内镜中心

休闲区

消化中心

外科

放射科

1. 消化中延伸增补;
2. 放射科科和外科区域原位优化

续表

一期三层改造后

一期三层改造前

1. 口腔科、ICU原位优化；

2. 康复中心、中医养生、眼科功能置换、移位扩大；

3. 耳鼻喉头颈外科原位扩大

续表

1. 手术室、ICU 原位优化；手术室分为中心手术和日间手术区，提高手术效率，并在本层设置日间病房；

2. 妇产区移至二期

续表

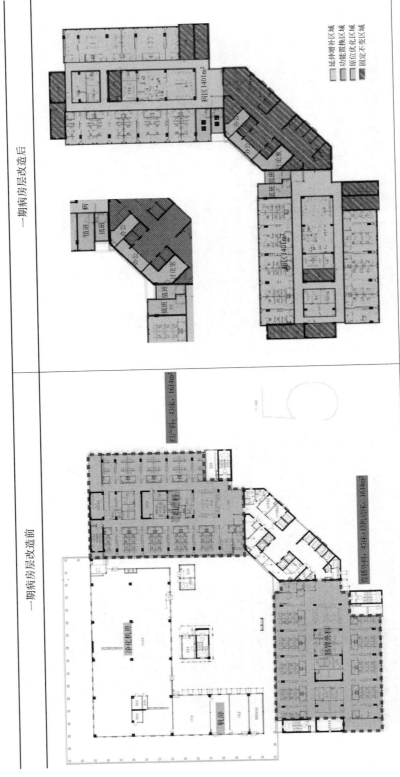

一期病房层改造前 | 一期病房层改造后

1. 将核心筒回廊区域功能房间流解，功能置换为病房区的讨论室及办公室；
2. 取消一间病房，划分为两处值班室，功能置换，为病房区医护人员增加辅助面积

图例：
延伸增补区域
功能置换区域
原位优化区域
固定不变区域

54

3.5　结语

区域医院大部分既有院区建设年代久远，在建设之初尚无前期策划和总体规划的意识，对医院功能定位、诊疗需求、诊疗流程和未来发展等缺少规划，加之后期社会需求变化，医院无规划地增、扩建，导致了医院越建越乱的现象。而新冠肺炎疫情的冲击，加剧了医院功能、流线、空间的问题，进一步制约着区域医院的发展运行，其具体问题可归为"散""混""缺""平""危""疫"六个方面问题，这些问题涉及医院建筑的功能、流线、空间、结构、感控等多个方面。对于这些问题，可在借鉴国内外"医院建筑三级功能布局""弹性设计""康复环境设计""普适性设计""平疫结合"等设计理念的基础上，从功能布局优化、流线流程优化、功能空间优化、防疫专项四个方面着手。

针对"散"的问题，需要从医院功能布局优化的角度着手，运用医院建筑三级功能布局理念，从总体功能和科室布局两个层面，结合不同功能科室的紧密关系分析，进行功能的重构，解决功能分区分散问题。同时，还需要针对门诊、住院、急诊、医技等部门具体功能需求特性，进行专项的优化设计。针对"混"的问题，需要从流线和流程优化设计两方面着手。基于室内、室外人流特点，理清人车、感控、不同年龄人群、不同就诊人群等流线的线路；通过功能布局、洁污分区、路径规划、设备系统更新等，理清物流流线的线路；通过流程简化再造、匹配门诊服务量、分时段就诊、信息化建设等，优化设计不合理流程。针对"缺"的问题，需要在"功能布局优化"的基础上，从医院功能空间重组和空间品质优化角度着手解决。功能空间重组需针对疏解腾退区域、固定不变区域、功能置换区域、延伸增补区域、原位优化区域开展优化。空间品质优化需重点优化公共空间和诊疗空间品质，兼顾非核心功能空间品质，并进一步开展无障碍和疗愈专项设计，提升建筑空间无障碍水平和疗愈环境品质。针对"危"和"平"的问题，需结合安全性能提升和历史建筑保护发展，开展专项的优化提升工作。针对"疫"的问题，需充分考虑"平疫结合"和"平疫转换"，在场地位置、空间布局、流线设计、通风性与密封性、污染分区、污物处理、设施设备等方面采取措施。

第4章　安全性能提升

医院是城市生命线工程的重要组成部分，承担着医疗救治和应急医疗救援的关键职能。在发生重大灾害时，医院能否提供足够的医疗救治服务，将极大地影响城市系统的安全和社会的稳定。医院建筑是医院提供医疗救治和应急救援服务的重要载体，其防灾减灾能力决定着医院能否在灾时和灾后发挥应急救援、救死扶伤的功能。

当前北京区域医院的大部分医疗建筑已经接近或超过50年的设计基准期，20世纪80年代以前的建筑均存在普遍的老化现象，20世纪90年代的建筑不能满足现阶段医院的使用功能需求。这部分建筑在安全、耐久、节能、舒适性等方面，已不能满足医疗服务需求，在较大的地震、风灾、火灾、内涝等灾害发生时，将存在发生较大风险灾害的可能。为此，对于多灾种（包括地震、风灾、火灾、内涝等）的防范应予更多的关注和重视。

特别是位于高烈度区的北京，地震灾害防御任重道远。《北京市"十四五"时期防震减灾规划》明确要求"到2035年，围绕初步建成国际一流的和谐宜居之都发展目标，北京地震安全城市韧性水平大幅提升，基本具备抗御大震巨震能力，城市建筑抗倒塌能力和城市功能快速恢复能力与同等地震风险的发达国家大城市同步"。区域医院作为重大基础性民生工程，是震后应急救灾和维护社会稳定的重要支撑，医院重要的建筑，如门诊楼、医技楼、病房楼等，必须努力实现"三保护"的设防目标，做到"大震下的安全安心"，保证地震后医院功能不中断或快速恢复。

4.1　北京医院灾害风险和安全现状

4.1.1　灾害风险

在各类自然灾害中，对医院建筑打击最大、最突然的是地震灾害。地震的发生具有随机性和破坏性。2008年汶川地震中，灾区超过1.1万所医疗机构遭到地震不同程度的破坏[①]，处于震中的绵竹、什邡地区大部分医疗机构丧失能力。

---

① 郭小东，李晓宁，王志涛.针对地震灾害的综合医院救灾安全性评价及减灾策略［J］.工业建筑，2016，46（6）：21-24，89.

洪涝灾害是洪水灾害和城市内涝的统称，是所有自然灾害中最常见的灾害[①]。近年来，受全球气候变化的影响，极端降水事件发生概率大大增加[②]，不仅使河网经流地区的洪水灾害风险增大，也造成城市雨洪径流量远超过城市排涝系统的设计标准，引发城市内涝灾害[③]。一旦医院建筑处于洪涝淹没区，很容易导致地下建筑部分积水甚至淹没，容易致使设备间故障、水电网瘫痪、科室失能等，影响医疗秩序正常进行。2021 年 7 月河南省特大暴雨洪涝灾害，使郑州、新乡等重灾区多家医院受灾严重，部分医院功能直接停摆。

风灾是指暴风或台风过境时，强风造成的灾害。风灾对建筑的破坏是从外向内的，先是屋顶、门、窗、围护结构等外部破坏，然后才到建筑主体结构部分[④]。现代的建筑设计，建设和装修大量使用玻璃材料，包括玻璃幕墙、中庭天幕、连廊顶棚到玻璃围栏等，在强风过境时，容易造成医院建筑外立面的悬挂物或玻璃墙面、顶棚等破坏、坠落，造成人员伤亡或财产损失。

火灾是各类灾害中最常见的危害公共安全的灾害之一。医院建筑是最复杂的民用建筑，其内部组成和使用功能决定了它的火灾风险远高于其他民用建筑。赵志全等[⑤]对 2000～2017 年全国医院的火灾事件进行了统计分析，在此期间全国医院共发生火灾 7288 起，造成 88 人死亡、120 人受伤，受灾建筑面积达 12 万 m^2，其中由于电气起火引发的医院火灾事件，占总数的 40% 以上。

4.1.2 安全现状

在应对这些自然灾害方面，医院院区及其建筑存在着明显的短板。在应对地震灾害方面，既有院区多数建于 20 世纪，受制于医院建筑的长期服役状态，很多老旧建筑多年来缺少系统的结构评估与维护，结构安全隐患大、抗震设防低、消防设施不完善、地震与火灾风险极高。2014 年前北京市系统组织了既有建筑的安全性鉴定和抗震鉴定工作，重点对 2002 年前建成的市属医院建筑（101.0386 万 m^2）进行了安全性和抗震鉴定。鉴定结果表明，绝大部分（约 89.51 万 m^2）的建筑物存在安全或抗震隐患，不符合抗震设防要求，其中问题严重的 C 类、D 类建筑有 26 万 m^2。对于不满足抗震要求的门诊楼、医技楼和病房楼而言，一旦发生地震，整

① 涂家畅. 上海市住宅、商业、办公和工厂建筑的极端风暴洪水风险分析 [D]. 上海：上海师范大学，2020.

② 王璐阳. 上海复合风暴洪水灾害模拟 [D]. 上海：上海师范大学，2019.

③ 乔典福. 海绵城市背景下南昌市防洪排涝规划对策研究 [D]. 广州：广东工业大学，2016.

④ 万金红，陈武，张葆蔚，等. 2014 年超强台风"威马逊"灾害特征与社会致灾机制分析 [J]. 灾害学，2016，31（3）：78-83.

⑤ 赵志全，马捷. 2000—2017 年全国医院火灾形势分析 [J]. 今日消防，2021，6（2）：98-101.

个医院的医疗救护能力将丧失，无法起到灾后应急医疗救助服务的作用，将会带来不可估量的损失[①]。此外既有院区"见缝插针"式的改扩建挤占了应有的地震应急疏散空间，许多医院甚至缺少完善的、适合本院的地震应急预案，更缺乏有效的定期地震应急演练。

在应对风灾方面，北京既有医院建筑大部分建设年代久远，建筑主体结构多为混凝土框架结构，这些房屋的主体大多能抵抗过境强风的影响，但大风或强风极易造成屋檐、屋脊、外墙立面、山墙的顶边和女儿墙的破坏。同时，既有院区部分建筑存在私搭乱建现象，彩钢棚、临时板房、临时指示标牌等临时构筑物在大风下极易倒塌伤人。

在应对火灾方面，既有医院存在大量老旧建筑，由于建设时间早，没有合理的消防安全规范设计，常存在电网老化、耐火性弱等问题，楼内的装饰、装修材料的可燃性不符合现代防火耐火标准，火灾隐患大。同时，在发展过程中存在频繁改扩建、新老建筑混杂、医疗功能分区不合理、内部平面布置不清晰，走道迂回曲折、安全疏散路线复杂、整体消防通道宽度和消防设施不足、保障系统不流畅等问题；且大部分老旧建筑缺少火灾预警系统和喷淋系统，现有消火栓系统和应急照明系统未及时更新及完善，楼梯与通道狭窄，造成消防扑救难度大，给院区应对火灾的工作带来了严重考验。

在应对内涝方面，既有医院存在着较多内涝风险，很多历史院区排水系统建于20世纪五六十年代，排水管道大多依据当时社会规划标准，排水系统老化，已无法满足当下排水的新需求，同时很多院区内道路硬化普遍、绿化系统不足等，缺少天然渗水区，导致积水无处下渗，在短时间大暴雨的情况下，极易形成院区内涝灾害。

除了上述问题外，既有医院在应对灾害方面，还存在一些共性问题，主要是医院需要有足够的应急疏散场地，供人员疏散逃生或作为紧急救治场地。另外，一些院区没有制定针对灾害的专项预案，建筑防灾的监管机制亟待加强。

总的来说，既有医院建筑在抗风、防火和防涝存在的安全隐患，均可以通过合理规划、正常维护建造、严格管理和增设设备以减小或避免。但抗震安全隐患则需要对结构进行一定程度的改造才能得到有效提升，因此，本书将针对地震灾害，重点介绍相关国内外在抗震领域经验、防灾思路、相关技术和模拟设计分析。

4.2　医院建筑抗震发展趋势

地震特别是大震发生时，可能导致：医院建筑主体结构出现破坏；医

院建筑的非结构构件发生坠落或倒损，造成人员伤亡和设备损坏；水电暖等网络发生结构性破坏；建筑内外交通系统中断，影响人员逃生、疏散和救援；消防设施与系统被破坏进而出现次生灾害等。针对地震灾害，目前最有效的措施是提高医院建筑自身的抗震能力，其中减隔震技术已被实践证明是行之有效的先进技术。

近年来，建筑隔震技术在国内外医院建筑的建设中得到了较广泛的应用，且经受了强震考验，实现了"建筑、结构、设施设备三保护"，这里选取国内外经过强震检验的代表性医院建筑进行阐述。

4.2.1　美国1994年北岭地震

1994年1月17日凌晨4时31分，美国洛杉矶地区发生里氏6.7级地震，震中位于市中心西北200多公里的圣费尔南多谷的北岭地区。在持续30s的地震中，约有1.1万间房屋倒塌，距离地震震中30km范围内高速公路、高层建筑等发生毁坏或倒塌，煤气管道、自来水管道爆裂，通信中断，火灾四起，造成了直接和间接死亡58人，受伤600余人，经济损失高达300多亿美元。

在此次地震中，有31座医院受到严重破坏，9座医院发生局部破坏。其中有四座采用基础隔震技术的建筑经受了地震考验，包括三座采用叠层橡胶隔震技术的建筑，一座采用粘弹性阻尼器＋螺旋形弹簧系统技术的建筑[1][2]。

采用隔震技术的南加州大学医院位于洛杉矶市中心，距震中东南36km。该医院是地下1层、地上7层的隔震结构，隔震层采用了81个天然橡胶支座和68个铅芯橡胶隔震支座。地震中观测到的水平最大加速度为：地基上$0.49g$，隔震构件下部$0.37g$，建筑屋面$0.21g$，也就是说，衰减系数为1.8，1～7层仅为$0.10g\sim0.15g$。在这次地震及其余震中，建筑内部6～8英尺高度的花瓶等没有一个被震落，各种机器均未损坏，医院使用功能得到有效保护（图4-1），成为震后的防灾中心，起到了十分重要的作用。这充分证实了隔震效果[3]。

而附近另一幢采用抗震结构的奥利夫医院建筑则完全不同。该医院建筑为地上6层，距离震中东北方向15km，地基上的水平最大加速度为$0.91g$，1层为$0.82g$，屋面达$2.31g$，放大倍数为2.8。在$1g$以上的地震力作用下，剪力墙产生了剪切裂缝，办公设备、医疗器械及家具等翻倒损坏（图4-2）。由于加速度过大，顶层水管破裂，各层均发生浸水，建筑物已不能使用，完全丧失了医院功能。

---

① 唐家祥，刘再华．建筑结构基础隔震［M］．武汉：华中理工大学出版社，1993.

② Skinner R I，Robinson W H，Meverry G H. 工程隔震概论［M］．谢礼立，周雍年，赵兴权译．北京：地震出版社，1996.

③ 苏经宇，曾德民，田杰．隔震建筑概论［M］．北京：冶金工业出版社，2012.

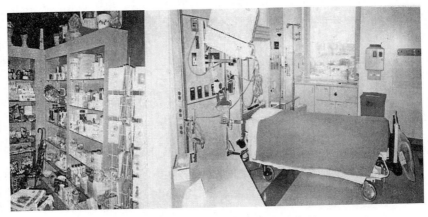

图 4-1 地震后的南加州大学医院状况

图 4-2 地震后的奥利夫医院

4.2.2 日本 3·11 东北地区大地震

东日本大地震（日本政府命名）于 2011 年 3 月 11 日 14 时 46 分发生，在日本东北方向，震级为 M9.0 级，震源深度为 24km，震源地点为日本海三陆冲，北纬 38°62′，东经 142°56′，震害波及日本全国。按照日本对地震烈度的划分，分别取震度 1、2、3、4、5 弱（5−）、5 强（5＋）、6 弱（6−）、6 强（6＋）、7 度，此次震度达到 6 弱（6−）[①]。此次地震断层面非常大，长 450km、宽 200km，超过了预想的宫城县冲地震的断层面。在东日本很大的范围内有连续长时间的强震，周期为 1.0s 以下的短周期的震动反应强烈，多次发生大规模的余震；同时在远震地区，长周期地震动对长周期建筑的影响较明显。

此次地震中，日本多家医院均发挥了防灾据点和震后救援的作用。

---

① 中日联合考察团，周福霖，崔鸿超，安部重孝，吕西林，孙玉平，李振宝，李爱群，冯德民，李英民，薛松涛，包联进．东日本大地震灾害考察报告 [J]．建筑结构．2012（4）：2，12-17.

1. 日本宫城县立儿童医院

本医院于 2003 年 8 月竣工[①]，是地上四层的钢筋混凝土隔震结构，建筑高度为 26.18m，用地面积 39,226.7m²，建筑面积 18,870.8m²。这次地震及其余震中，建筑结构未受到破坏，医疗器械及家具（图 4-3）等均未损坏，医院功能正常运行。

图 4-3　宫城县立儿童医院院长办公室

2. 石卷红十字医院

本医院占地面积 73,815m²，建筑面积 32,487m²，地上 7 层，地下 1 层，建筑高度为 26.2m[②]，钢结构隔震工程，于 2006 年 2 月竣工。地震后，建筑物上部结构没有受到大的损伤，正常接诊患者，共接诊 1,251 名受伤人员，起到了灾后应急救援的作用。隔震层现状良好（图 4-4），隔震层最大位移约 26cm，震后残余位移为 1cm，医疗器械及家具等均未损坏，医院功能得到有效保护。因柜子门未锁住，部分书籍资料发生掉落（图 4-5）。此外，地震后医院应急救灾设备设施完好，保证了医院灾后医疗救治的能力，达到了医院救死扶伤、灾后安全岛的目标。

图 4-4　震后隔震层　　　　图 4-5　震后室内情况

---

　　① 井上智史. 宫城县立儿童医院与东海大学医学部附属八王子医院 [J]. 城市建筑，2006：43
　　② 瀬川宽，SEGAWA Yutaka. 从灾后应急处理反思防灾医院建筑的设计——以日本石卷红十字医院为例 [J]. 中国医院建筑与装备，2015，16 (11)：56-58.

4.2.3 中国 2013 年芦山地震

北京时间 2013 年 4 月 20 日 8 时 02 分，我国四川省芦山县发生强烈地震（以下称为芦山地震），其面波震级为 Ms7.0 级，震中位于北纬 30.3°，东经 103.0°，震源深度 10.2km。2013 年 4 月 25 日中国地震局发布了芦山地震的烈度图，此次地震的最大烈度为Ⅸ度，等震线长轴呈北东走向分布，Ⅵ度区及以上总面积为 18,682km²。截至 2013 年 4 月 26 日，地震已造成 196 人死亡，21 人失踪，11,470 人受伤。芦山地震是继 2008 年汶川特大地震之后，发生在四川龙门断裂带上的又一次大震[1]。

芦山县人民医院新建门诊综合楼于 2008 年汶川地震后开始建设，2012 年 5 月建成，2013 年 1 月投入使用。正式投入使用不足 5 个月即经历了此次强地震考验。新门诊大楼为 7 层框架结构，高度为 20.1m，抗震设防烈度为 7 度，设计基本加速度为 0.15g；采用基础隔震技术，共布置隔震支座 83 个，其中铅芯橡胶支座为 34 个，普通橡胶隔震支座为 49 个。医院所在地核定地震烈度为 8 度，震后新门诊大楼安然无恙，除极少数的外漆脱落，一层楼梯间柱与填充墙之间有轻微裂缝外，整栋大楼主要结构构件完好无损，室内走廊完好如初，内部设备未出现掉落或倒覆现象，未有明显震害的迹象，地震结束后很快恢复工作，充分发挥了震后应急医疗救援的功能（图 4-6、图 4-7）。

图 4-6　医院新门诊楼震后状况

与该新门诊综合楼相邻的老门诊楼为普通抗震的框架结构建筑，震后主体结构损坏较小，但室内装修吊顶发生大面积脱落、部分填充墙开裂，使得震后无法立即恢复使用（图 4-8），建筑抗震效果明显低于使用隔震技术的新门诊综合楼。

---

① 黄旭涛. 芦山地震近场地震动特征［D］. 哈尔滨：中国地震局工程力学研究所，2014.

图 4-7　新门诊楼震后内部

图 4-8　医院老门诊楼震后内部

从实际震后效果来看，隔震建筑的抗震效果不仅能够满足"大震不倒"的基本目标，而且可以起到保护室内装修、贵重医疗设备的作用。因此，对于人员密集场所（如医院、学校等）的建筑采用隔震技术，可以保证建筑在大震发生后，经过简单修复或不需修复即可重新投入使用，这对于政府部门组织灾后救援、人员安置、救死扶伤等均具有非常重要的意义。因此，减隔震加固技术应用于既有医疗建筑抗震性能提升是必然趋势。

4.3　抗震安全性能提升

目前，国内外对既有建筑的结构加固改造进行了大量的研究，其中抗震加固技术主要包括传统的抗震加固技术、基础隔震技术和消能减震技术[①]。

4.3.1 传统抗震加固

传统抗震加固主要包括增设构件加固法、结构构件外包加强层加固法、增强结构构件整体性加固法。

其中，增设构件加固法主要是通过在既有结构构件外部增设结构件，提高建筑物的整体抗震能力。常见的做法有：增设墙体加固法，增设构造柱、圈梁加固法等。这些方法是在加固改造过程中增设结构受力构件，进而改变建筑空间布局，施工周期较长，影响房屋使用。结构构件外包加强层加固法主要是在结构构件外面增设加强层，以提高结构构件的变形性能、抗震能力和整体性能；常见的做法有：钢筋混凝土面层加固法，钢构套加固法和粘钢板（碳纤维）加固法等。此类加固方法的不足之处在于施工周期较长，影响建筑的正常使用，对加固建筑周边的环境有较大影响。增强结构构件整体性加固法主要用于构件的结构性缺陷或裂缝的加固维修、恢复或改善，一般需配合其他加固方法共同使用；常用的有灌注水泥浆液和灌注环氧树脂浆液。

抗震加固技术在大震下以结构的局部破坏为代价，来消耗地震能量，保证建筑整体的安全性。对于门诊楼、医技楼和病房楼等重要医疗建筑而言，采用传统的抗震加固方法，不仅较大程度影响上述建筑的使用空间以及医疗功能，而且对其整体抗震能力的提高幅度有限，震后修复难度大、代价高，无法实现大震"三保护"的作用。因此，对于预防保健、后勤保障等医院附属功能建筑，可优先考虑经济因素，全停业改造，采取加固局部构件、增设抗震墙、增大梁柱断面等传统抗震加固措施，保证建筑结构的安全性。

4.3.2 隔震加固

建筑隔震是指在建筑物的上部结构底部设置由隔震支座和阻尼器等部件组成的隔震层，以延长整个结构体系的自振周期，增大结构阻尼，减少输入上部结构的地震能量，最终达到预期的防震要求。建筑隔震技术是通过隔震层发生的大变形消耗地震能量，进而减少上部结构的地震作用，减轻地震对建筑结构的破坏程度，使建筑物只发生轻微水平运动和变形。近年来，随着我国隔震技术的不断发展，国际上已有较多应用实例，表4-1列出了几个典型案例[②]。同时通过"医院建筑抗震发展趋势"也可以看出

---

① 薛彦涛，范苏榕.传统抗震加固技术与抗震加固新技术的介绍［J］.抗震防震工程设计专栏，2006（8）19-22.

② 徐忠根，周福霖，孔玲.国内外建筑隔震改造加固概述［J］.华南建筑学院西院学报，1999，7（2）：15-16.

隔震技术的优越性。

对比而言，隔震技术仅需要对建筑结构的特定部位采取隔震措施，便能实现大震"三保护"的作用。其主要优点包括：能够明显提高抗震能力，有效减少上部结构的地震响应；抗震加固改造期间，不影响上部结构的正常使用；能够保护结构本身，又能保护建筑的内部装修及设施；对于采用隔震技术加固的重要建筑物，其加固成本一般低于常规抗震加固方法，具有较好的经济、社会和环境效益。因此，对于急诊楼、门诊楼、医技楼和住院楼等需要 24h 全天候功能不中断的重要医院建筑，应采用实现"三保护"的隔震技术进行建设和加固改造。

既有建筑采用隔震加固工程实例　　　　　　　　　表 4-1

序号	名称	时间	结构类型	层数	隔震支座类型
1	美国金刚石研究中心	1990 年	钢筋混凝土	8	铅芯橡胶隔震支座
2	美国旧金山海军总部	1990 年	木	4	摩擦型隔震支座
3	美国长滩医院	1994 年	钢筋混凝土	12	铅芯橡胶隔震支座
4	美国奥克兰政府大厦	1994 年	混合结构	18	铅芯橡胶隔震支座
5	美国加州法院	1994 年	混合结构	5	摩擦型隔震支座
6	美国 UCLA 大厦	1994 年	钢筋混凝土	6	铅芯橡胶隔震支座

4.3.3　减震加固

建筑结构消能减震技术是把结构的某些非承重构件（如支撑、剪力墙、连接件等）设计成消能杆件，或在结构的某部位（层间空间、节点、联结缝等）装设消能装置。在风或小地震时，消能杆件或消能装置具有足够的初始刚度，处于弹性状态，结构仍具有足够的侧向刚度以满足使用要求。当出现中强地震时，随着结构侧向变形的增大，消能构件或消能装置率先进入非弹性状态，产生较大阻尼，大量消耗输入结构的地震能量，使主体结构避免出现明显的非弹性状态，并且迅速衰减结构的地震反应（位移、速度、加速度等），从而保护主体结构及构件在强震中完好，确保主体结构在强地震中的安全。

减震加固技术更适用于钢筋混凝土框架结构，在框架结构中采用减震技术，其减震装置的布置相对灵活，对建筑的使用功能影响较小，加固改造涉及专业分工少，施工成本相对较低。但与隔震技术相比，减震技术对于地震作用和地震响应的降低程度远不如隔震技术。与传统的抗震加固方法相比，减震技术的主要优点包括：能有效地减小结构的地震反应，达到保护主体结构的目的，加固效果较好；易于安装，施工周期短，对既有建筑物的干扰较少，通过合理设计，可以在建筑物不中断使用的情况下进行施工；具有较好的经济、社会和环境效益。

4.3.4　综合效益

建筑结构的抗震、隔震和减震加固技术，可通过以下方面进行综合效益分析。

安全性方面：采用传统抗震加固方法，当发生相当于基本烈度的地震作用时，建筑结构可能进入非弹性破坏状态。而在同等地震作用下，采用隔震技术的建筑，其上部结构处于弹性工作状态；采用消能减震技术的建筑，减震装置可以迅速消耗地震能量，达到保护主体结构和构件免遭破坏的目标。

减震效果方面：通过振动台模拟地震的试验结果以及美国、日本的隔震建筑在地震中的强震记录得知，隔震建筑的结构加速度反应只相当于常规基础固定结构加速度反应的 $1/10\sim1/3$，比传统抗震结构降低 $40\%\sim60\%$。例如，南京市的江南大酒店采用了隔震技术进行加固，经仿真分析，与传统抗震结构相比，层间剪力减小 $48\%\sim66\%$，层间位移减小 $48\%\sim64\%$；南京五台山体育馆采用减震技术进行加固，经仿真分析，与抗震结构相比，在罕遇地震作用下，柱底剪力和柱端弯矩减小 30% 以上。可见，同传统抗震加固方法相比，隔震和消能减震技术的减震效果是非常明显的。

经济性方面：传统抗震加固方法通过增强原结构的刚度与强度，使结构在大震时进入非弹性状态后仍具有较大的延性，以产生足够的塑性变形来抵抗地震作用，这就需要通过增大构件截面尺寸、粘钢板等措施来满足刚度和强度的需求，将造成较大的经济投入，且构件一旦破坏，震后修复工作量和修复难度较大。对于隔震加固技术，大震时传递到上部结构的地震作用大幅度减小，从而使上部结构可以保持原状，仅在隔震层位置进行加固改造，降低了加固造价，且其震后只需对隔震装置进行必要的检查和更换，上部结构完好，具有巨大的社会效益和经济效益。对于减震加固技术，也是不改变原结构构件，主要在减震装置安装节点采取适当加强措施，保证原结构在大震下不致破坏，震后对减震装置进行必要的检查和更换。隔震结构和减震结构的经济性主要体现在混凝土用量、钢筋/钢材用量以及隔震减震装置造价三个方面，有工程案例表明，减震结构增加的钢筋/钢材用量的造价与隔震结构增加的混凝土、钢筋/钢材用量的造价接近，故隔震和减震方案造价的差别主要体现在隔震支座和阻尼器产品的造价上。

改造模式方面：传统抗震加固技术、隔震加固技术和减震加固技术三种技术，由于工作原理不同，对于建筑加固改造的影响也不尽相同。传统抗震加固需要对建筑主要结构进行湿作业，一般需要建筑完全停业，才能实施改造；隔震加固需要在建筑物底部设置隔震层，底层需要腾空用于施工作业场地，但上部建筑可继续使用，即可实现上部不停业、底层停业的改造模式；减震加固需要增设减震构件、加强部分结构构件节点，在合理组织下，采用减震构件工厂制作、现场装配安装，可实现不停业或部分停业的改造模式。

综上所述，相比传统抗震加固技术，隔震减震技术优势突出，可实现医院建筑"三保护"的设防目标，即保护结构安全、保护医院建筑非结构构件（如填充墙体、天花板）和装修完好，保护重要设备完好。其中，隔震加固的技术优势最突出，适用于急诊、门诊、住院、医技楼等以医患为中心的重要医院建筑；减震加固的技术优势次之；隔震、减震加固的综合效益均优于传统抗震加固改造。对于预防保健、后勤保障等功能一般的附属建筑，则可根据经济条件，采用传统抗震加固措施进行加固。基于上述技术优势特点分析（表 4-2），在具体改造技术选择时，还应进行多方案的比较分析，在结构防震减灾能力、对医疗建筑运营及周边环境的影响、改造工期、经济效益、社会效益、环境效益等几方面之间找到最佳平衡点并确定最优方案。

除上述技术措施外，在院区改造时，同样还要注意：改扩建的建筑结构宜选用规则的建筑形体，平面均匀对称、结构布局竖向连续。屋顶非结构构件包括女儿墙、广告牌、雨棚等，均应进行大震下构件锚固的抗震承载力验算。医院建筑内部的家具、设备、设施等应进行大震下抗震锚固或倾覆验算。医院建筑的幕墙应符合在设防烈度地震作用及其组合荷载作用下的面板不破损和幕墙框架杆件无残余变形，在罕遇地震作用下应进行弹塑性变形验算。在幕墙与主体结构的连接部位，应当采取加强措施，以避免地震作用造成连接部分的损坏。

技术特点对比 　　　　　　　　　　　　　　表 4-2

改造模式	医院工作状态	安全性能提升	综合效益
传统抗震改造	完全停业	可实现"大震不倒"，但大震时可能出现结构破损、设备停用、装饰破坏	经济投入较大、工期长、社会效益差，综合效益较差
减震加固改造	局部停业或不停业	"建筑、结构、设备设施"保护良好，震后简单修复即可恢复使用	经济投入较小、工期最短、社会效益好，综合效益优良
隔震加固改造	一层停业	"建筑、结构、设备设施"保护优良，震后不需修复	经济投入合理、工期较短、社会效益好，综合效益优

4.4　其他灾种安全性能提升

4.4.1　防火安全性能提升

对于院区整体的防火安全性能提升，根据道路规划，结合现状需求，考虑综合救援和次生灾害防御的要求，对消防道路、消防供水和消防通信等提出规划指引，疏通拓宽消防通道，完善消防设施。

对于建筑单体的防火安全性能提升，应遵循国家的有关方针政策，针对医院建筑及其火灾特点，从全局出发，统筹兼顾，做到安全适用、技术先进、经济合理。一是调查建筑墙体及装饰装修材料耐火性能，对不满足消防要求的，及时升级改造；二是根据消防设施现状问题，更新完善现有消火栓系统、应急照明系统、安全疏散设施等；三是根据建筑功能和需求，升级或加装防烟排烟、火灾自动报警、自动喷淋灭火等主动防护系统，特别是对于急诊、门诊、住院、医技等重要建筑。

此外，老旧医疗建筑防火改造，应根据医疗建筑的功能和特点，参照高层建筑防火要求和国外规范中避难层（间）的设计要求，从以下方面进行考虑[①]。

1）设置避难楼层：根据医院建筑高度，三层以上的骨折、危重病房宜设置就地避难病房。

2）增加消防水喉、正压送风系统以及增加应急广播和警示或提示标识。

3）延长火灾事故照明时间，提高照度。

4）增加辅助逃生设施：有条件时应在避难病房内设避难滑袋，设置通向相邻建筑的避难桥等辅助疏散工具、设施等。

4.4.2　防风安全性能提升

对于医院建筑抗风安全，由于大多数老旧医疗建筑建设年代久远，应特别注意山墙的顶边和女儿墙的破坏，以及外墙立面脱落和标识牌掉落等情况，可结合建筑抗震加固改造进行完善。

同时，对于医院院区部分建筑的私搭乱建现象，比如屋顶架设彩钢棚，门诊楼旁增设临时板房，以及增设各种指示标牌等，在大风或强风下的安全性应予以重视并解决。

4.4.3　水灾（内涝）安全性能提升

对于水灾（内涝）的防范，要结合院区其他方面的改造进行综合完善。一是加强防灾宣传和培训，落实防洪抗涝储备和应急预案；二是要根据区域管网特点，更新、健全院区老化的排水系统，提高设计标准，并适当提高建筑工程与城市道路的高差，防止道路洪水侵害医院建筑；三是采用海绵医院的建设理念，结合院区道路改造，采用一定比例的透水砖路代替院区内的全硬化路面，增加透水性地面，提高地面渗透率；四是要以

---

① 孟凡亭，黄振兴，徐剑颖. 医院病房楼建筑火灾就地安全避难防火设计的探讨［A］. 第十届中国科协年会论文集（一）［C］. 2008，1083-1086.

"疏、引、排、渗"为改造目标,结合绿化系统优化,增加绿化基础设施,在地面、屋顶等地增设下凹式绿地、雨水花园、蓄水池等城市蓄水设施,通过分散式方法消化降水,减轻排水管网压力,增强医院的内涝防治能力。

4.4.4 整体防灾规划

除上述措施外,医院建设还应遵循"平灾结合,坚守安全底线,突出灾后功能保障"的原则,以地震灾害防御为主,综合考虑火灾等其他灾害和突发事件影响。要整合应急通道和绿地,连接应急服务设施,形成安全廊道。要以防灾设施为支撑,整合应急服务设施周边公共服务场所和设施,形成防灾分区的安全据点。

在此基础上,制定自然灾害和其他突发事件的人员疏散方案,并且定期演练,必要时能够迅速、有序、安全地将患者、员工、外来访者等人员疏散到安全地带。医院建筑的疏散通道,应设定最大灾害效应下保障通行的规划控制要求;疏散通道低洼地段,应提出排水等内涝防治设施设置要求和防灾措施,保障内涝灾害时通行或快速恢复;疏散主通道、疏散次通道,不得设置路内停车场地;避难场所应与应急医疗救护、应急物资储备分发等应急服务设施布局相协调,形成安全、有效的防灾空间格局;紧急避难场所应满足就地疏散避难的需要;固定避难场所应以院区为主,满足就近疏散避难的需要。

4.5 抗震加固技术应用模拟分析

为充分对比抗震、隔震和减震加固三种技术方案,本节以某医院住院楼为例,分析上述三种技术对其日常运营和抗震防灾能力的影响。

4.5.1 案例简介

某医院住院楼建于 1954 年,为多层框架结构,地上 4 层,无地下室,1、2 层层高 3.9m,3、4 层层高 3.6m,总建筑高度 15m。梁、柱混凝土 C25,楼面板、屋面板混凝土 C20。楼层平面最宽 37.86m、最窄 7m,最长 53.76m。首层平面布置如图 4-9 所示。

根据《建筑抗震设计规范》GB 50011—2010(2016 年版)、《中国地震动参数区划图》GB 18306—2015,该地区抗震设防烈度为 8 度(0.2g),场地类别为Ⅲ类场地,设计地震分组为第二组。抗震设计按乙类建筑设防。

该建筑的抗震鉴定报告结果显示:该建筑结构平面布置不规则;部分框架梁端箍筋加密区箍筋间距大于 150mm,部分框架梁无箍筋加密区,不满足抗震需求;部分框架柱截面小于 400mm,箍筋加密区间距大于

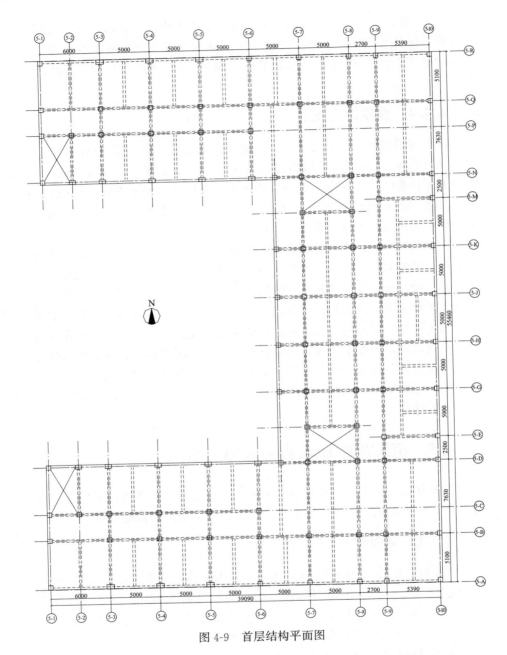

图 4-9　首层结构平面图

100mm，不满足抗震需求。经综合考虑，判定该建筑不符合抗震鉴定要求，需要进行加固或采取其他相应措施。

4.5.2　抗震墙技术加固

采用常规抗震加固方法：增设抗震墙方法对原结构进行抗震性能提升，共添加 28 片钢筋混凝土抗震墙，墙厚 200mm。

根据本工程场地类别和地震分组，选择了 RGB 波、TRB1 波和 RSN1158 波作为地震动输入进行时程分析，其中 TRB1 波和 RSN1158 波为天然波，RGB 波为根据三类场地模拟的人工波，地震波反应谱与规范反应谱的比较如图 4-10 所示。

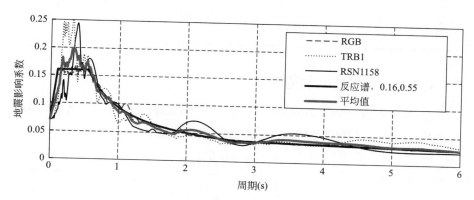

图 4-10　加速度反应谱比较

对添加抗震墙的结构进行小震反应谱分析，加固后结构的层间位移角列入表 4-3，可见添加抗震墙以后，结构层间位移角减小到满足抗震规范弹性层间位移角限值 1/550。

添加抗震墙后层间位移角变化　　表 4-3

层号	X 方向层间位移角		Y 方向层间位移角	
	加固前	加固后	加固前	加固后
1	1/662	1/1842	1/543	1/2126
2	1/515	1/1187	1/415	1/1337
3	1/747	1/1288	1/598	1/1336
4	1/1577	1/1785	1/1226	1/1607

添加抗震墙后，部分梁柱的计算配筋大于现有配筋，所以还需对不满足抗震要求的梁柱进行加固，本节采用增大截面法进行加固。

采用 YJK 的动力弹塑性分析模块，对添加抗震墙的结构进行罕遇地震下的弹塑性时程分析，选取如图 4-11 所示的三条波作为输入地震动，峰值加速度 400cm/s^2。弹塑性分析的层间位移角见表 4-4，可见抗震墙加固后，结构在大震下层间位移角小于规范限制 1/100，满足抗震性能要求。

加固后大震下结构层间位移角　　表 4-4

楼层	RGB		TRB1		RSN1158	
	X 向	Y 向	X 向	Y 向	X 向	Y 向
4	1/318	1/292	1/309	1/296	1/229	1/196

续表

楼层	RGB		TRB1		RSN1158	
	X 向	Y 向	X 向	Y 向	X 向	Y 向
3	1/238	1/243	1/221	1/243	1/167	1/156
2	1/228	1/237	1/202	1/248	1/155	1/157
1	1/374	1/376	1/318	1/406	1/253	1/253

4.5.3 减震技术加固

在 ETABS 原结构模型的基础上，增设 14 个金属剪切阻尼器，模拟消能减震加固后的结构。阻尼器参数见表 4-5。阻尼器采用 Plastic（wen）单元模拟。

金属剪切阻尼器参数 表 4-5

型号	屈服承载力(kN)	屈服位移(mm)	高度(mm)	宽度(mm)	数量(个)
1	360	3	400	200	14

4.5.3.1 减震效果分析

输入上述相同的三条地震波 RGB 波、TRB1 波和 RSN1158 波进行小震时程分析，原结构模型和减震模型小震下的层间位移角对比如图 4-11所示，原结构的层间位移角超过规范规定的限值 1/550，加装阻尼器后，层间位移角大大减小，并且在三条地震波的作用下都能满足规范要求。

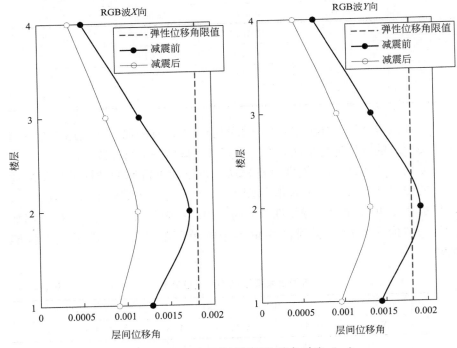

图 4-11　结构减震前后层间位移角对比（一）

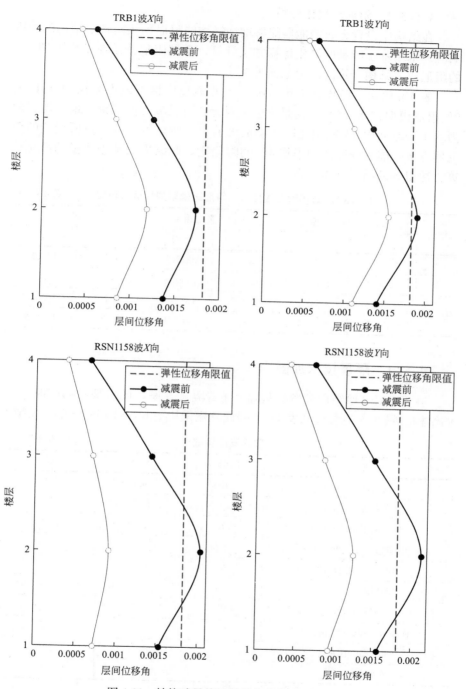

图 4-11　结构减震前后层间位移角对比（二）

减震后结构的层间剪力最小降低 14.4％，结构底部剪力最小降低 20.8％。消能器的设置有效减小了结构基底剪力，从而起到保护底层柱的作用。

4.5.3.2　附加阻尼比分析

在结构中设置金属消能器能够增加结构的阻尼，从而减小结构的地震响应。采用基于能量的简化计算方法计算，金属阻尼器给原结构附加 4％的阻尼比，结构计算的总阻尼比为 9％。

表 4-6 给出了结构在 8 度（0.2g）小震反应谱下减震结构和 YJK 的 9％阻尼模型在 X 和 Y 方向最大剪力对比，可见减震模型楼层最大地震剪力均小于原结构 9％阻尼比时楼层最大剪力。所以可以认为按所配置的阻尼器方案，能够给原结构附加 4％的阻尼比，此结果和基于能量的简化计算方法得到的结果基本一致。

ETABS 减震模型和 YJK-9％阻尼比模型的层剪力对比　　表 4-6

楼层	ETABS 减震模型		YJK-9％阻尼模型		ETABS/YJK	
	X	Y	X	Y	X	Y
4	2676.6	2640.8	2235.18	2235.15	119.75％	118.15％
3	5959.4	5966.5	5127.7	5115.46	116.22％	116.64％
2	8382.6	8352.1	7372.77	7352.12	113.70％	113.60％
1	9493.3	9488.9	8453.98	8424.46	112.29％	112.64％

4.5.4　隔震技术加固

在 ETABS 原结构模型的基础上布置隔震支座，模拟基础隔震加固后的结构。隔震支座参数见表 4-7。隔震支座采用 rubber Isolator 单元模拟。

隔震支座参数　　表 4-7

型号	LRB400	LNR400	LRB500
有效直径（mm）	400	400	500
支座高度（mm）	137.5	137.5	159.5
竖向刚度（kN/mm）	1250	1150	1700
100％等效水平刚度（kN/m）	1090	670	1450
100％等效阻尼比	30％	7％	30％
屈服后刚度（kN/m）	580	—	770
屈服力（kN）	42	—	70
橡胶剪切模量（N/mm²）	0.4	0.4	0.4
250％等效阻尼比	0.25	0.05	0.25
布置数量（个）	67	13	23

添加隔震支座后结构的偏心率计算结果见表 4-8，可见结构在两个方向最大偏心率均远小于 3％，隔震支座布置合理。采用 RITZ 向量法计算出隔震体系的动力特性，前六阶周期见表 4-9，从表中可以看出，隔震体系的周期较原结构增大很多，基本周期由原来的 0.735s 延长至 1.917s。

结构偏心率计算结果 表 4-8

项目	X 方向	Y 方向
质心(m)	47.835	43.045
刚心(m)	47.808	42.934
偏心距(m)	0.027	0.110
弹力半径(m)	23.019	23.019
偏心率(%)	0.12%	0.48%

隔震结构与非隔震结构周期对比 (s) 表 4-9

原结构周期	0.735	0.672	0.646	0.223	0.205	0.197
隔震结构周期	1.917	1.893	1.852	0.056	0.051	0.05

隔震支座在重力荷载作用下的长期面压最大值为 10.23MPa,小于规范规定的 12MPa 限值,说明隔震层具有足够的稳定性和安全性。隔震层的恢复力为 8,632kN,隔震层铅芯支座水平屈服力的总和为 4,424kN,隔震层恢复力/铅芯支座屈服力总和为 1.95,大于 1.4,满足规范要求。

4.5.4.1 隔震效果分析

输入上述相同的三条地震波:RGB 波、TRB1 波和 RSN1158 波进行时程分析,地震波反应谱在主要周期对应的时间点处与反应谱之间的偏差列入表 4-10,可见三条地震波在统计意义上与规范谱一致,结果可靠,可用于工程分析。

主要周期点地震波谱与反应谱的差值 表 4-10

周期		RGB	TRB1	RSN1158	平均
非隔震第一周期	0.735s	2.92%	−3.74%	−7.51%	−2.78%
隔震第一周期	1.917s	9.36%	−16.24%	20.34%	4.49%

根据规范要求,多层结构减震系数为弹性计算所得的隔震与非隔震层间剪力的最大比值。比较隔震结构与非隔震结构在设防地震作用下的响应结果,表 4-11、表 4-12 分别给出了 X 向、Y 向隔震结构与非隔震结构的地震剪力对比结果,可以清楚地看出隔震系统的显著隔震效果。

隔震与非隔震结构 X 向地震剪力对比 表 4-11

楼层	RGB-X			TRB1-X			RSN1158-X		
	隔震前(kN)	隔震后(kN)	比值	隔震前(kN)	隔震后(kN)	比值	隔震前(kN)	隔震后(kN)	比值
4	5954.51	813.14	0.14	6107.01	861.36	0.14	6030.82	983.19	0.16
3	14537.66	2157.26	0.15	13372.52	2285.28	0.15	14814.96	2608.19	0.15
2	21321.88	3593.50	0.17	18944.28	3806.87	0.17	21448.59	4344.34	0.17
1	24073.93	5038.07	0.21	22919.32	5337.29	0.21	24208.29	6090.57	0.21

隔震与非隔震结构 Y 向地震剪力对比 表 4-12

楼层	RGB-Y			TRB1-Y			RSN1158-Y		
	隔震前 (kN)	隔震后 (kN)	比值	隔震前 (kN)	隔震后 (kN)	比值	隔震前 (kN)	隔震后 (kN)	比值
4	4747.7	654.83	0.14	6000.07	863.16	0.14	4132.92	986.19	0.24
3	10827.02	1737.42	0.16	14077.58	2290.1	0.16	10359.18	2616.53	0.25
2	15558.75	2894.43	0.19	18536.75	3815.25	0.21	15709.86	4359.07	0.28
1	18893.02	4058.15	0.21	17969.09	5349.25	0.30	18212.63	6111.71	0.34

从表 4-11 和表 4-12 可以看出，在隔震结构的地震响应中，X 向地震剪力、Y 向地震剪力最大值为非隔震的 0.34 倍，这表明所设计的隔震系统具有良好的隔震效果。在罕遇地震下结构的层间位移角见表 4-13、表 4-14，可见隔震后，上部结构的层间位移角大幅度减小。

罕遇地震下 X 向隔震前后层间位移角对比 表 4-13

楼层	RGB-X		TR1-X		RSN1158-X	
	隔震前	隔震后	隔震前	隔震后	隔震前	隔震后
4	1/341	1/1512	1/364	1/2296	1/309	1/1490
3	1/154	1/685	1/184	1/1018	1/146	1/657
2	1/103	1/405	1/137	1/598	1/98	1/385
1	1/102	1/290	1/130	1/426	1/98	1/275

罕遇地震下 Y 向隔震前后层间位移角对比 表 4-14

楼层	RGB-X		TR1-X		RSN1158-X	
	隔震前	隔震后	隔震前	隔震后	隔震前	隔震后
4	1/264	1/1162	1/236	1/1390	1/302	1/1156
3	1/130	1/540	1/122	1/653	1/148	1/537
2	1/90	1/320	1/93	1/389	1/102	1/318
1	1/92	1/227	1/100	1/277	1/105	1/226

4.5.4.2 地震响应分析

1. 大震位移

根据规范要求，隔震结构应进行罕遇地震下的支座位移验算。隔震层质心处位移见表 4-15，隔震层角点处位移见表 4-16，对角点位移和质心处位移的 1.15 倍取包络，上部结构按弹性计算的隔震层最大位移为206mm，小于其有效直径的 0.55 倍和各橡胶层总厚度 3 倍两者的较小值220mm，满足要求。

罕遇地震下隔震层质心处支座位移（mm）　　　表 4-15

RGB-X	RGB-Y	TRB1-X	TRB-Y	RSN1158-X	RSN1158-Y
172	175	144	143	175	176

罕遇地震下隔震层角点处支座位移（mm）　　　表 4-16

RGB-X	RGB-Y	TRB1-X	TRB-Y	RSN1158-X	RSN1158-Y
179	175	151	144	176	176

2. 极值面压

隔震支座在罕遇地震下承受的最大压应力为 15.19MPa，满足要求。

隔震支座罕遇地震作用下，支座未出现拉应力，满足要求。

4.5.5　加固效果比较

通过以上分析可知，设置抗震墙、金属剪切阻尼器和基础隔震层后，原结构的层间位移角最大值与原结构对比见表 4-17，采用三种加固方案均能将结构多遇地震下的层间位移角调整到小于规范限值 1/550。

多遇地震下层间位移角最大值对比　　　表 4-17

楼层	原结构	抗震墙加固	金属阻尼器加固	基础隔震加固
4	1/1373	1/1785	1/2424	1/4488
3	1/662	1/1288	1/1153	1/1951
2	1/470	1/1187	1/799	1/1139
1	1/638	1/1842	1/1063	1/810

采用金属剪切阻尼器具有较好的阻尼性能，可给结构附加一定的阻尼比，从而降低结构的地震响应，根据前文计算，提取 RSN1158 波多遇地震水平下各加固方案 X 方向剪力值见表 4-18，对比可知，增加金属剪切阻尼器可以将结构的层间剪力降低约 25%，较大幅度降低主体结构所承受的地震剪力，从而提高原结构的抗震性能。采用添加抗震墙的加固方案，结构所承受的楼层剪力增长约 19.3%～24.9%。

多遇地震下层间剪力对比　　　表 4-18

楼层	原结构（kN）	抗震墙		金属阻尼器	
		剪力值(kN)	增长	剪力值(kN)	增长
4	2701	3597.3	24.92%	2067.9	−23.4%
3	6562.8	8385.6	21.74%	4896.1	−25.4%
2	9390.9	11656.6	19.44%	6767.3	−27.9%
1	10473.1	12977.7	19.30%	7738.8	−26.1%

采取基础隔震方案加固时，经分析可知，减震系数最大值为 0.336，根据规范，上部结构的受力可按降低一度进行设计，隔震结构的抗震性能显著提升。

4.6 结语

医院建筑安全性能提升，应坚持"安全第一、预防为主"的原则，以建筑的抗震能力提升为主，兼顾多灾种综合防范。结合现状需求和性能目标以及技术经济指标分析，在保障安全运行的前提下，制订安全性能提升方案，推进改造规划工作的开展。最终，通过地震、风、火、水（内涝）等灾害的综合防范，全面提升既有院区及其建筑的安全性能。

1. 地震防范

根据建筑的类别，建议采取不同的技术方案。减隔震技术在既有医院建筑及新建医院建筑的应用值得在我国地震多发地区推广，像医院这类种具有重要功能的建筑，其内部装修、设备造价也是相当可观的。特别是对于规模较大的医院，医疗设备的总造价可能高过建筑物本身。因此，要根据建筑的类别，采取不同的技术方案。对于急诊、门诊楼、医技楼和住院楼等以医患为中心需要 24h 全天候功能不中断的重要核心建筑，应采用先进安全的隔震技术或减震技术进行建设和加固改造；对于日常正常使用的行政、办公、教学、科研等功能建筑，应采用减震技术或抗震技术进行建设和加固改造；对于预防保健、后勤保障等附属功能建筑，则可优先考虑经济因素，全停业改造，采取加固局部构件、增设抗震墙、增大梁柱断面等传统抗震加固技术。

2. 风灾防范

重点排查山墙顶边、女儿墙、外墙立面、屋顶瓦面、简易用房、院区广告牌、标识牌等安全隐患，及时处置或加固改造。

3. 火灾防范

要加强日常消防安全管理。实施消防安全责任制，责任分区细化到楼层房间；开展日常防火检查，重点检查消防器材、电器、电线、消防通道等状况，及时处理涉及消防安全的重大问题；加强消防安全培训，提高医院工作人员消防安全意识和应对能力。

4. 内涝防范

结合既有院区的改造进行统筹安排。一是根据区域管网特点，更新、健全既有院区老化的排水系统，提高设计标准；二是结合既有院区道路改造，减少硬化地面，增加透水性地面，提高地面渗透率；三是结合绿化系统优化，在地面、屋顶等地增设下凹式绿地、雨水花园、蓄水池等城市蓄水设施，通过分散式方法消化降水，减轻排水管网压力。

5.整体防灾规划

结合各种灾种的共性需求，编制抗震防灾规划，合理划分防灾分区，配置防灾资源，构建有效的防灾设施体系。在此基础上，进一步编制应急预案，合理规划疏散通道、避难场所，形成安全、有效的防灾空间格局。

第5章　水暖与动力系统性能提升

对于公共建筑而言，提升能效、降低能耗的问题，不仅是贯彻党中央、国务院关于加强生态文明建设及京津冀协同发展战略决策的必然需求，还是落实《中共中央国务院关于进一步加强城市规划建设管理工作的若干意见》的必然途径。北京市现存超过 1 亿 m^2 的非节能公共建筑，这些建筑约占全市城镇公共建筑总面积的 53%，节能工作面临着巨大挑战。公共建筑耗能中仅电耗一项就约占全社会终端能耗的 13%，医院建筑作为能源消耗的重点公共建筑，具有巨大节能潜力[①]。

医院建筑是具有复杂功能、广泛影响的综合建筑。医院建筑能耗约为一般公共建筑的 1.6～2 倍[②]，属于典型高耗能公共建筑，其中医院机电系统能耗费用通常占医院后勤运营成本的 50% 以上，空调能耗与供热能耗（热水、蒸汽）占医院建筑总能耗的 60% 左右[③]。因此，如何在保证健康、高效的前提下，降低机电系统运行能耗，就成为新一轮医院建设和既有医院改造的重点方向之一。

5.1　北京医院能耗现状与需求

5.1.1　能耗现状分析

通过前期调研分析表明，超过八成的北京既有医院处于饱和甚至超负荷运行状态，半数以上医院有拟建或在建项目，医院建筑能耗将随着经营规模和服务升级而逐年增长[④]。

近年来，市属医院能源消耗总量呈上升趋势，其中与医院门诊量、先进医疗设备的增加有密切关系；能耗的年平均增长率约为 3.8%。市属医院总能耗主要包括电力、天然气、热力、水量。将各类能源折算成标准煤

---

① 北京市住房和城乡建设委员会，北京市发展和改革委员会，北京市规划和国土资源规划管理委员会，北京市财政局．《北京市公共建筑能效提升行动计划（2016～2018 年）》（京建发〔2016〕325 号），2016-09-01.

② 王江标，涂光备，光俊杰，潘蓓蓓．医院空调系统的节能措施［J］．煤气与热力，2006（3）：69-72.

③ 崔俊奎，秦颖颖，王瑞祥，李维，张微，李雪薇．北京某医院节能改造效果后评价［J］．建筑科学，2017，33（6）：79-84.

④ 清华大学建筑节能研究中心．中国建筑节能年度发展研究报告 2018［M］．北京：中国建筑工业出版社，2018.

后发现，占比最高的三项能耗分别是电力、天然气和热力；能耗费用占比最高的四项分别是电费、天然气费、水费和热力费。建筑总能耗为 $130 \sim 165kWh/m^2$，总电耗为 $80 \sim 120kWh/m^2$，医院建筑的耗电量与其他能耗的比值约为 6：4。

据 2021 年统计数据，北京市共有卫生机构 11,727 个，其中医院 733 个，北京医疗机构总诊疗量达 24,252.6 万人次。北京市医疗建筑规模大，单位面积耗电量大，应作为节能改造的重点领域。

5.1.2　医院建筑用能问题

由于医院建筑功能的多样性，运行过程中会产生诸多问题。医院建筑用能的特点包括：全年不间断运行，不间断供热、供冷和供蒸汽，集中冷热源供应系统半径大。除了常规公共建筑所具有的暖通动力设备外，医院建筑还有诸多特殊系统与设备，以维持有特殊洁净等级要求的医用科室与环境；同时，还有医学专用诊疗设备全年处于恒温恒湿环境，需要精密空调等设备的控制。这种用能的特殊需求，导致了医院建筑能耗偏高、供能保障设备复杂多样等问题。

目前既有医院大多数建筑采取的是风机盘管加新风的空调方式，能够使每个房间的空气仅在各自的房间内循环，不同房间即使统一输送经过处理的室外新风，也不会存在相互之间的串风，从而可有效避免全空气系统引起的交叉感染与传染等问题。但由于既有医院始建年代久远、后期反复扩建改造、医疗环境需求多样，致使医院供热空调系统复杂多样，管理维护困难，能耗偏高（表 5-1）。同时，这些空调系统还存在着一系列的问题，如很多空调系统未采取或仅采取部分节能措施；大多数的系统未设自控功能，仅靠人工进行调控；或虽有自控，但功能少，精度差，还需人工干预；普通舒适性空调新风处理标准低，空气质量差。

调研统计医院供热空调系统形式对比情况　　　　　　　表 5-1

空调系统形式	某综合医院 A	某综合医院 B	某综合医院 C
风机盘管＋新风	新门诊楼、住院部（新风机组＋锅炉房）	门诊楼、急诊楼（水冷机组＋市政热力）	新门诊楼、住院楼（溴化锂机组）
VRV＋散热器	旧门诊楼	老病房楼病房	过渡季手术室备用
全空气净化空调系统＋风冷热泵机组	住院部四楼手术室（冬季锅炉房供热）	特殊楼层（门诊四层、急诊九层）（冬季热力站供热）	手术室
分体式空调＋散热器	教学楼、办公楼	老病房楼附属房间	—
精密空调	放射科机房	放射科机房	放射科机房

医院建筑还需要全年连续供热、供冷和供蒸汽，以保证手术室、病房洗浴、消毒灭菌、后勤供应等不同需求。医院用热系统包括供暖系统、生活热水系统与用于医疗器材、敷料、被单、被套等的蒸汽消毒，以及食堂炊事用的热水和蒸汽等，其中用热占比最大的生活热水是低品位热能，蒸汽是高品位热能。目前既有医院供热系统中，多利用大部分的高品位热能转换成生活热水，降低了蒸汽锅炉可利用的能源品位和系统效率。同时，各项用热需求在参数、用量、时间上各不相同，各用热用户、用热分项的品位不同，统一供应各项用热必然导致系统整体效率低下和能源的较大浪费。此外，北京区域医院供水设备普遍老旧，供水效率低、能耗高（图5-1）；多数用水设备未采取或仅采取部分节水措施；生活热水热源未采用可再生能源，且缺乏自控措施。

图 5-1　某综合医院地下机房腐蚀水泵

既有医院建设周期长，建筑分布较为分散，导致集中冷热源供应系统半径增加，输送能耗损失较大，其中集中生活热水的主要问题是管道系统的散热损失，而循环管的散热损失也较突出。同时，既有医院水暖与动力设备及管线普遍老化（图5-2），保温层破损，管线能耗损失较多。由于末端生活用水时段不集中，24h都有可能需要，使用情况又为断断续续，如果统一设锅炉房与设蓄热水箱，即使不是集中蒸汽锅炉，而是采用热水锅炉，问题也同样严重，这种损失能达到总热量的一半。

图 5-2　某综合医院锈蚀管线

手术室超净空调系统的任务是控制室内的温度、湿度，控制细菌、尘埃、有害气体的浓度以及气流的分布，同时保证室内人员所需的新风量，维持室内外合理的压力梯度。为了保持超净环境，创造理想无菌的手术环境，往往需要高效过滤和大循环的风量，这一风量远远大于调节室内温度、湿度所需要的风量，所以这部分能耗在既有医院空调系统能耗中尤为突出。通常，超净空调系统需要统一对回风和新风混合后的全部风量进行冷却除湿，并进行再热达到送风状态，这样会存在大量的冷热抵消，导致能耗偏高。

　　能源管理中的基础工作为能耗计量、统计分析，重点是根据医院自身情况建立适合医院的能耗统计分析模型，并监测耗能单元，通过能耗数据挖掘节能潜力。随着近些年来既有医院大型医疗设备与大型中央空调系统的引进，医院的能源消耗也随之上涨，传统的管理模式已无法满足医院节能减排的需求。因此，还需要强化能源管理工作，减少能源浪费，提升能源的利用效率。而能耗分项计量系统的完善可以实现不同能源类型、建筑、楼层、科室、用能系统、设备、时间等多维度能耗的实时在线监测及统计分析。通过系统建设，可以促进后勤管理精细化，为医院全面预算管理提供有力保障，为医院后勤信息化建设积累宝贵经验。目前大部分医院尚未实现对于电、气和水等能耗数据的在线监测、采集、处理和分析，无法通过成本核算进行内部优化和精细化管理；同时，存在设备系统图纸资料缺失、能耗统计不全面、水暖动力设备改造的局部性等问题。

5.2　医院建筑节能实践经验

　　医院建设项目伴随我国医疗事业的进步而不断发展，但其建筑的施工和管理过程却大多处于高污染和高消耗的状态，大部分既有医院建筑所采取的设计和运行模式也逐渐出现不足，这也是区域医院面临的主要问题之一。为促进医院的生态化可持续发展，亟须发展绿色医院建筑。绿色医院建筑是绿色医院重要的组成部分，指的是在医院建筑的全寿命周期内，最大程度节省地、能、水、材等资源，同时能够保护环境和减少污染，并为使用者提供健康、适用的使用空间，能够与自然和谐共生的医院建筑，这也是为了医院建筑发展的重点方向。以下以医院节能改造项目为例，阐述绿色医院理念在改造中的应用，以为区域医院的改造提供参考借鉴。

5.2.1　国内医院节能实践

5.2.1.1　某综合性三级甲等医院

　　某综合性三级甲等医院顺应绿色医院建筑的"四节一环保"的理念，坚持"绿色、和谐、向上、科技、建设、保障"的价值观，在医院综合业务量逐年攀升情况下，积极采取应对措施，保证业务量密度能耗和能源资源费用占比逐年下降，节能成效和成绩显著。

　　医院通过数据分析指导节能工作，在诊断能耗、发掘节能潜力的同时，逐渐完善能源资源计量工作。在每年投入资金建立自动计量系统的情况下，建成多项电表、进户水表、锅炉天然气进户表等子系统，并逐步建立起涵盖院区电、水、冷热、燃气以及蒸汽量等数据的能耗监管系统。

作为医院的用电大户，空调系统的电耗约占医院总电耗的四成，因而成为医院节能工作的重点。在节能措施方面，医院在冷冻机房加设板式换热器、在循环泵系统上加装变频控制；在过渡季和冬季，利用自然冷源代替冷水机组，给冷水降温；通过板换换热，将降温后的冷水输送至房间，以满足其制冷需求。原制冷机组做备用，满足末端制冷需求，可使年节能率达到 65％以上。在空调动力系统方面，医院利用新型高效节能水泵更换原有冷水泵，优化了冷水系统，降低输配能耗，可实现冷水循环系统的最佳运行工况，使年节电率达到 29％以上。

在医用气体系统方面，通过安装液氧系统取代制氧机组供氧，形成"液氧为主、制氧机为辅、汇流排应急"的供氧模式，不仅能够提高供氧，而且将节省大额电费。在可再生能源的利用方面，医院建筑通过联合应用储水式太阳能系统和辅助加热装置，连续且稳定地供应生活热水。在照明系统方面，通过更换 LED 型节能灯具，以替代传统的高耗能灯具，使年节能率达 57.5％。在供暖系统方面，基于实际运行数据建立数学模型，根据气温控制供暖量，并加装烟气余热和蒸汽冷凝水回收装置，提高供暖效率、降低能耗。

5.2.1.2 某专科医院

该医院应用的能源主要是电力和天然气。电力供给医院内所有建筑的供暖系统、空调通风系统、照明系统、特殊用能系统以及综合服务系统；天然气应用在供暖系统、特殊用能系统和餐饮服务系统。供暖系统运行时间为供暖季（11 月～3 月），空调通风系统运行时间为制冷季（5 月～9 月），照明系统、特殊用能系统、综合服务系统全年运行。

改造前对医院建筑进行能源审计，经调研，全年能耗换算后为 6664.3t 标准煤，天然气耗量为 3,357,219m³，耗电量为 6,337,835kWh（图 5-3、图 5-4）。综上分析，将改造重点放在暖通空调方向的节能。

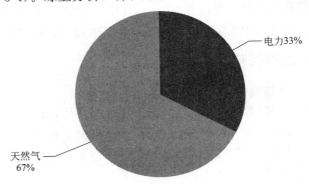

图 5-3　医院能源消耗结构图

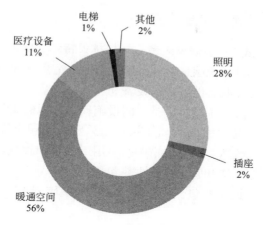

图 5-4　电力消耗结构图

1. 气候补偿系统

在建筑物设计期间，按照该建筑的最大负荷，选择其供暖系统中的设备，但在实际运营中，由于室外空气温度比设计温度高，会导致建筑物出现较短时间的最大热负荷。针对这一现象，气候补偿器根据室外空气温度的变化来调整电动调节阀开度而修正供回水混合比例，改变换热站二次网的供水温度来使其供热量得到动态调节。

改造前后采暖季燃气消耗分别为 228.8 万 m^3 和 204.6 万 m^3，节能率为 10.6%。

2. 增大单台冷机的供冷面积

当机组负荷率处于 50%~90% 范围内，离心式制冷机组具有最高的能效比，能够保证最高的利用率。当制冷剂的负荷率长期低于 50% 时，不仅会导致机组的能效比降低，而且会使单位冷量耗电量增加，使机组产生喘振现象而影响正常工作。

针对上述问题，通过 DN250 管道连接门诊楼和诊断楼空调系统的分水器、集水器，同时清洗制冷主机。门诊楼于 5 月、6 月、9 月使用 1 台冷机，满足门诊楼、诊断楼供冷。

将改造前后 5 月、6 月、9 月份的诊断楼与门诊楼的能源消耗情况进行对比，得出改造后的节能量（表 5-2）。这里未考虑室外气象参数对改造前后能耗的影响。

改造后的节能量　　　　　　　　　　　　　　　　　表 5-2

	节电量 （万 kWh）	折合标 煤量(t)	减少 CO_2 排放量(t)	单位建筑面积节电量 （kWh/m^2）
增大制冷机 供冷面积	20.8	2,045,866	125.6	13.8
制冷主机清洗	2.9	3.58	17.6	13.8

5.2.2 国外医院节能实践

5.2.2.1 模式1：小规模改造——柏林贝特尔（Bethel）医院

小规模改造是目前德国最常见的医院节能改造更新模式，主要是利用较低投资，改造升级既有医院机电设备和管线。

柏林贝特尔医院位于柏林，是一间设施较为老旧的小型社区医院，床位仅有250床。豪赫蒂夫（HochTief）能源管理公司全面负责医院的水暖、动力设备节能改造，所采取措施基本用于设备和管线，小范围影响医院环境。这些节能改造和管理措施主要包括：

1) 所有能源供应外包给燃气公司以减少碳排放（4年内减少碳排28%）。

2) 改造供暖设备及管道。

3) 优化并减少水泵，减少电能消耗，混合水和空气来降低用水量。

4) 更换LED照明灯具，减少电能消耗。

5) 通过智能监控系统实时控制主要能耗设备，使其处于高效运行状态。

6) 专职技术人员定期现场检查评估，以便动态改进。

该医院完成上述改造后，获得了德国节能医院奖，这种低投入、易实现、高收益的改造模式适用于大部分既有中小型医院的小规模改造。

5.2.2.2 模式2：扩建能源中心——柏林UKE医院

柏林UKE医院坐落在Klinicum大学校园里，是一所具有120年历史的老牌医院，为了实现节能改造的目的，医院扩建了一个服务整个医院的能源中心。

能源中心将主要设备置于新楼地下室内，并在地面修建新的供电供暖站。由能源中心综合提供电能、暖气、蒸汽，通过监测系统实时观察主要水暖、动力设备运行状态，使其达到能耗最优化要求。设置余热回收装置于通风系统的废气排放口，提升热能利用效率；同时在新楼屋顶安装1400m² 的太阳能光伏发电板，供给约1%的电能。院方通过热量图检查了窗户的密闭性，改造气密性不达标的窗户；另外，在大楼二层设计了医院街及多个小型内天井，以获得自然的采光通风，并评估所有的照明灯具，将灯具替换为节能的LED灯具。

通过扩建能源中心，利用新型设备集中供应电能、暖气、蒸汽等能源，并采用智能监控系统，这种改造模式适用于无法进行大规模改造的老式大医院，该医院的成功改造，为类似情况的老旧医院提供了另一种成功节能改造方案。

5.2.2.3 挪威奥斯陆Akershus大学医院

该医院是欧洲最现代的医院之一，医院建筑面积13,700m²，共5层，应用可持续、循环利用和绿色发展三大理念对医院建筑进行节能改造。

可持续理念：根据可持续发展的改造理念，医院因地制宜，利用当地资源、地热为医院提供 85% 的热能，占全部能耗的四成以上。在设计方面，医院缩短各部门之间的距离，并大范围应用机器人等现代科技，使医务人员工作时的通行时间得到大幅度降低，从而可以更多地为病人服务。

循环利用能源：该理念是综合利用地热交换系统和具有储热功能的岩床来储存太阳辐射、人体、机器设备、降温和通风设备等产生的多余热能于地下 200m 深处的 350 个热能井中。充分循环利用多余热能及其他能源，可使新医院与之前医院每年约 20GWh 能耗相比，降低能耗近五成。

健康材料：医院全部使用不会对室内环境产生不良影响的健康环保型材料。医院还依据因地制宜的理念，大量使用当地木材和石材等材料，在创造归属感的同时保护了环境。医院还在建造阶段，着重垃圾减量化问题并大量使用可回收材料，以减少改造时的能耗。

5.3　性能提升方案

通过"北京医院能耗现状与需求"分析可以看出，区域医院医疗建筑能耗庞大、能源利用率低，且能耗呈逐渐递增趋势，节能潜力大；同时，水暖与动力系统老旧，缺乏自控和节能手段，运行能耗高，舒适性差，安全性不足。医院空调系统、供热系统、供水系统、能耗计量系统等均存在能耗比高、安全性和舒适性不足等问题，亟待对现有水暖、动力设备进行改造，综合提升医院水暖动力系统的性能。

根据《公共建筑节能设计标准》GB 50189—2015 和《北京市绿色建筑适用技术推广目录（2016）》的要求，结合区域医院既有建筑的情况，医院建筑水暖与动力系统改造应考虑：空调冷热源的节能改造；空调排风系统的能量回收与利用；空调风管、水管和水泵的节能改造；变频技术的应用；给水和排水系统的节水措施；消防系统的完善；管理的集中控制和能耗计量；节能管理的运维。

5.3.1　空调供暖冷热源

5.3.1.1　冷热源系统选择

当院区暖通空调系统未采用或仅采用部分节能措施时，应根据院区的条件，合理利用可再生能源，作为空调供暖系统的冷热源；同时，不宜采用电热设备和器件作为直接供暖和空气调节系统的热源。

1. 地（水）源热泵系统（图 5-5）

该系统以岩土、地下水、地表水为低温热源，利用地热能交换系统、水源热泵机组，提取地下的低温热能，用于冬季室内供热和生活热水，夏季可把室内热量转移到地下，达到制冷目的；适用条件：位于郊区或有较大场地的医院。

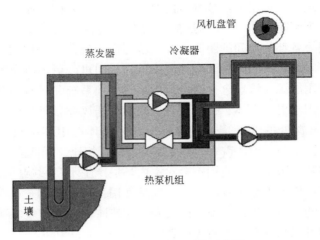

图 5-5　土壤源热泵系统示意图

2. 空气源热泵系统

以空气作为冷热源，采用喷气增焓、智能除霜等辅助技术，从室外空气中提取冷量和热量，保持室内舒适的环境温度，并提供生活热水；适用条件：医院单体建筑的空调供暖和住院部的生活热水供应，室外机可设于建筑楼顶和建筑室外地面上。

3. 建筑一体化太阳能热水系统

利用室外太阳能集热装置（构件化）加热水箱和储存生活热水，并用空气源热泵系统作为辅助热源；适用条件：建筑楼顶和外墙有较大面积的医院。

4. 联合能源系统（分布式能源系统）

该系统可将院区的空调采暖负荷分解为基础负荷、调节负荷和调峰负荷。综合采用多种设备和不同的运行方式，将传统能源、清洁能源、可再生能源和其他新能源的成熟技术，科学有机地整合在一个能源系统中，使能源利用率达到最大化。典型的技术方案是以热泵为中心的联合能源系统，可利用的能源种类有浅层地热、市政燃气、市政电力等；相应的设备有地源热泵机组、直燃机机组、燃气锅炉、离心式制冷机以及燃气发电机组、双效烟气余热溴冷机、蓄能装置等；适用条件：位于郊区或有较大场地的医院。

5.3.1.2　现有冷热源设备的节能改造

医院冷热源系统不适应医院用能情况时，考虑对冷热源设备及系统形式进行整体改造，淘汰老旧低效、高耗能设备，改造时具体可参考以下技术设备。

1. 蒸发冷却式冷水机组

以水和空气作为介质，利用水的蒸发带走气态制冷剂的冷凝热，减少冷却水循环能耗，提高制冷系统的综合能效制冷性能系数；该设备比传统水冷机组节能 15％以上，比风冷机组节能 30％以上；同时设备的冷凝热可以回收，用于加热生活热水，冬季还可以用热泵供热；适用条件：可设置于建筑室外，但要求室外有较大空间；也可以设于制冷机房内，但要求机房内有良好的通风环境。

2．低氮冷凝式锅炉

可回收锅炉排烟中的湿热和水蒸气中的气化潜热，使锅炉热效率达到 100％以上，节能效益显著；燃烧器采用低氮燃料，氮氧化物排放量符合环保要求；适用条件：适应于燃油燃气锅炉房改造。

3．变流量冷却塔

在原有空调冷却塔内增设稳压器和变流量喷嘴，使冷却塔流量在 30％～100％范围内实现均匀补水，可降低能耗，提高冷却效率；适用条件：采用冷却塔冷却的中央空调系统。

4．中央空调全自动清洗系统

采用物理方法，利用特制球每天自动清洗中央空调冷凝器，使冷凝器处于无垢的清洁状态，既保证换热效果，又可节省能耗。

5．燃气锅炉烟气余热回收系统（图 5-6）

燃气锅炉烟气余热回收系统是通过增设换热装置，增大燃气锅炉的尾部烟气受热面，降低锅炉排烟温度，将高温烟气的热能回收。燃气锅炉烟气余热回收系统由热管节能器、水箱、循环水泵、控制系统等组成，通过锅炉排烟出口的热管节能器回收烟气余热，具体是利用余热加热冷水，再将冷水送入软化水箱，系统可全自动化运行，通过采集烟温来控制循环水泵的启停，实现水泵启停与锅炉的运行同步，确保水箱运行温度在 40～60℃。

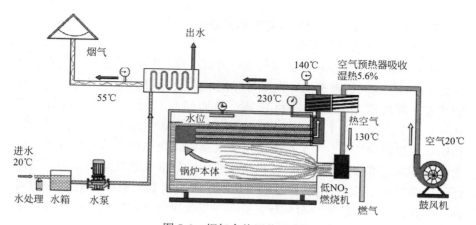

图 5-6　烟气余热回收示意图

燃气锅炉的排烟温度可达 120～250℃，烟气中还有大量余热没能得到有效利用，便被直接排放到大气中，不仅浪费了能源，而且加剧了环境污染。通过增设烟气余热回收装置，可使回收热量排烟温度降至 50～

80℃，提高锅炉效率的 3%～6%，同时可以保证烟气冷凝水能够有效地排出，减少了 CO_2、CO、NO_2 的排放，达到节能、降耗、减排及保护锅炉的目的。同时，在烟气余热回收装置中得到的热量，还可以用于预热锅炉系统或生活热水的补水。

6. 冷水机组冷凝热回收系统（图 5-7）

空调冷水机组在制冷时，产生大量的冷凝热，以往处理手段是通过冷却塔释放到大气中。冷凝热回收是指在机组压缩机出口和冷凝器进口，加设并联或串联两种热回收装置，回收冷凝热量。该系统不仅能够满足制冷需求，而且能利用冷凝热加热生活热水。在减少冷凝热污染的同时，有效利用该部分热量来提升机组的整体效率。

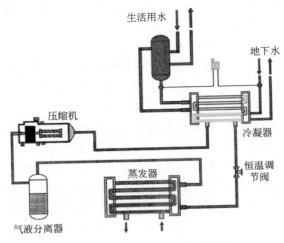

图 5-7　空调冷凝热回收示意图

5.3.1.3　主机、输配系统与末端变频

1. 离心式冷水机组变频

离心式冷水机组变频指的是导流叶片调节和变频控制技术。当机组负荷处于 70%～100% 范围内，在保持导流叶片全开的情况下，使用变频控制装置来降低压缩机的电动机转速，继而卸载机组；当机组负荷低于70% 时，关闭导流叶片；当负荷低于 50% 时，适量增加压缩机的转速，以防喘振现象的产生。安装变频器可扩大离心式冷水机组的运行范围，或大幅提高机组部分负荷性能，使机组始终保持节能高效的运行状态；同时还可以降低机组启动电流，减少机组频繁启停次数，延长设备的使用寿命。变频改造适于长期负荷运行，且存在昼夜冷负荷的机组，如医院住院大楼的冷水机组。

2. 输配系统变频

输配系统变频是指采用变频技术改变集中空调系统水和风机转速，调节管道流量，以取代阀门调节及旁通方式。由于空调冷水泵、热水泵的选型都是根据最大流量设计的，同时还留有一定的余量，但在建筑实际运行时，由于天气、客流量、使用情况的变化，会引起冷热负荷的需求变化，导致"大马拉小车"现象的出现。传统调节方式是利用调节风机、水泵等设备入口或出口的挡板、阀门开度，改变给风量和给水量，但挡板、阀门在截流过程中会消耗大量的输出功率，降低机组运行效率、浪费能源。该技术适用于长时间处于低负荷运行的水泵和风机（图5-8）。

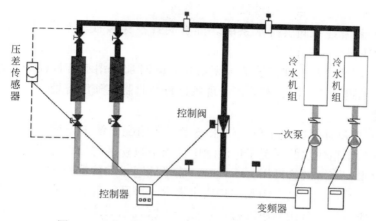

图5-8 空调系统一次冷冻水泵变流量变频示意图

5.3.2 水暖气输配系统

由于医院建筑科室种类多且位置分散，建筑能耗负荷也较为分散，过长的空调水路与风道，会导致系统的驱动能耗大于普通公共建筑。根据风机和水泵的轴功率计算公式 $N=QP/\eta$，可知功耗的降低（N）可以从减少流量（Q）、降低系统阻力（P）、提高风机和水泵效率（η）这三方面入手。但在实际工程中，通常利用加大送风、供水温差的手段来减少流量。大温差能够在降低输送能耗的同时，减小管路的断面、降低管路的初投资。但是当温差过大时会影响设备的性能、增加冷源能耗，因此需要在设计时，综合考虑分析系统的总能耗、输送能耗和冷源能耗，选择适宜的温差。而降低系统阻力还可以通过降低流速的方式实现。由能耗公式可知，水泵、风机的功耗与管路中流速的平方成正比，因此较低的流速可以降低设备能耗、达到节能效果。另外，输送设备的效率非常值得重视。风机、水泵的自身因素和管路阻力特性决定其最佳工作点，在设备选型的过程中，需要明确管道的阻力特性，及在部分负荷时阻力的变化情况，使设备与管道之间相适配，达到最优化运行程度。医院在实际运行过程中，整个系统的运行维护管理同样需要得到重视。具体的技术与运行维护注意事项包括：

1）当设备管线老化、保温层破损时，应及时更换效率低下的设备和老化的管线，重新敷设保温层。一般管线连续使用15～20年，应考虑更换。

2）集中空调、供暖水系统应设水力平衡和流量控制装置，一方面使末端设备流量符合设计要求，另一方面可以分时段控制流量。当暖通空调系统未设自控功能，应配置集中监测控制系统，实现暖通空调系统根据室内外环境参数自动控制调节。

3）原水暖、动力设备进行重新划分，由大变小，由整体变成分散（如 VRV 系统），最大限度减小管线长度。

4）设置建筑同层排水系统。排水支管不穿楼板，不占用下层空间，有效解决排水污染和纠纷。

5）用水设备合理安装节水型设备，同时加强用水监督检查工作，对长流水和跑、冒、滴、漏等浪费现象进行及时制止和经济处罚，以达到节水目的。

6）差量补偿箱式无负压供水技术。在输配系统中设增压水泵，将市政管网与水箱的水共同置于稳流罐中，当市政管网的压力充足时，从中向用户供水，当市政管网压力不足时，流量控制器维持管网压力在最低服务压力上，并最大程度上满足用户用水需求。该系统具有供水安全、运行节能、水质清洁、维护简单的特点，适用于医院老旧给水系统的升级改造。

7）可再生能源技术和能源回收利用技术。在医院风量大的科室区域，可增加间壁式排风热回收装置。空调排风热回收装置用排风中的余热、余冷，处理新风，可减少新风处理耗能、降低机组负荷，实现夏季回收冷量、冬季回收热量，降低采暖空调负荷、节约采暖空调能耗。采用热回收的办法回收排风中的能量，能够有效减小新风处理的能耗。

8）供热通风与空气调节系统（HVAC 系统）。该系统在为患者康复提供良好控制的环境外，还在感染控制中承担着重要角色。由于医疗建筑易于滋生大量致病微生物，需要严格的感染控制，以保护医护工作人员和患者健康，医院内的 HVAC 系统和其他类型的建筑一样，需要通过控制温/湿度、空气流动、降低噪声和异味、节能来提供舒适的环境，具体功能如图 5-9 所示。HVAC 系统改造时，可从末端、设备、管道布置方式等角度进行优化。医院空调采暖末端形式多样繁杂，空调末端系统的使用与区域划分，应根据各科室的使用特点。对于有洁净度要求或者有危险污染物要求的房间与区域，应单独设置空调系统或送排风系统，避免医院内部交叉感染，尽量安全排除污染气体。对于设置全空气净化空调系统的科室与区域，应采用粗效、中效、高中效三级过滤。对于全新风直流式空调系统，应设置显热回收装置，节省系统能耗。放射科 MRI 扫描间及其设备间、数据中心机房、直线加速器室、CT 室及医生工作站等区域，应按区域功能与具体要求，设置风冷恒温恒湿空调机组或多联机系统，有些设备应避免中央空调露水影响，对此应当设置多联机系统。门诊大厅等大空间区域采用全空气空调系统时，应对风口进行合理选择，保证射流能达到人活动的区域。在病房、诊室及候诊等区域风机盘管的回风口，可采用内置等离子静电消毒过滤模块，对室内空气进行杀菌消毒。同样，发热门诊、中心供应污染区、儿科隔离室等设置排风系统的区域，风机入口处也应设置等离子静电消毒模块，防止污染气体排出室外。当普通舒适性空调新风处理标准低时，应及时增设去除 PM2.5 的设备。

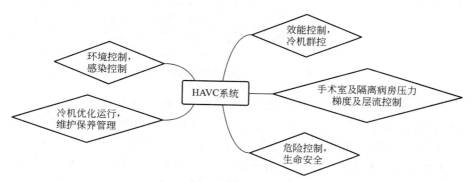

图 5-9　医院 HVAC 系统承担功能

5.3.3　集中控制和能耗计量

既有医院建筑建设年代跨度较大，原有水、电、气等系统设计标准和计量系统完善程度参差不齐，能耗的记录和统计分析工作量庞大，传统的粗放式管理已无法满足医院对节能减排的要求，对此需要对于建筑物能源数据进行统计分析和精细化、信息化管理。

5.3.3.1　建筑（群落）能源动态管控优化系统

通过监测区域用能及能耗节点的能源消耗数据，统计、分析、预测建筑与设备之间的能源数据流和能源物质流，再对其进行优化，实现建筑群落、区域和单栋建筑的整体能源的控制、优化、服务与再分配；同时，监测用能设备的运行状态，根据专业策略，形成自控优化用能的设备工艺、逻辑和过程，在满足日常供给需求的情况下，实现最大限度的医院建筑节能减排。

5.3.3.2　智联供水系统

将供水设备通过传感器与互联网联系起来，利用专业软件对供水情况进行智能化分析和决策，使供水系统始终处于最佳状态。系统具有实时监测、故障分析、能耗分析、状态预测、信息管理等功能，确保医院供水安全、水质达标、节省能耗。

5.3.3.3　能耗监管系统

根据运行管理方式，通过设冷、热计量装置，对集中冷热供水系统进行总量计量和分区分项计量，实现按量收费，减少能源浪费；同时，对院区的用水量、暖通用电量、用气（油）量进行统计（图 5-10）。

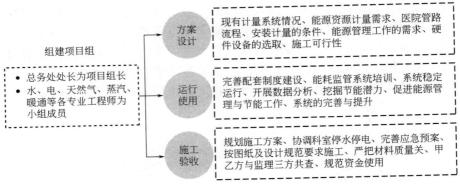

图 5-10 能耗监管系统建设

分区计量指的是依照医院建筑功能区域，进行分类计量工作。根据《综合医院建设标准》建标 110—2021 中区域分类的情况，可分为急诊部、门诊部、住院部、医技科室、保障系统、业务管理和院内生活用房等，再往下细分至各科室。其中，电耗分区计量的最基本配置要求为"每类建筑、配电室配电柜分项处安装电表，即每类建筑配电室的总进线电缆（或变电所对应配电柜的出线电缆）、配电室内各配电柜进线电缆上安装计量电表"，在实现最基本分区计量的前提下，还应考虑重要科室的耗电计量，如手术部、放射科等。电耗的分区计量有助于分析建筑各项能耗水平，发现问题并提出改进措施，从而有效地实施建筑节能。为了实现分区计量，要求在新建、扩建、改建和改造设计时，必须使建筑内各类能耗环节都能实现计量，为后期节能评估提供基础能耗数据。能耗监管系统的维护与提升的工作示意如图 5-11 所示。

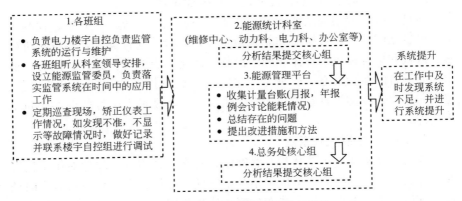

图 5-11 能耗监管系统的维护与提升

5.3.3.4 集中控制系统

在上述技术改造的基础上，可以基于楼宇智能化系统概念，进一步通过网络管理，将各自分离的设备、功能和信息等集成到相互关联、统一和谐的系统之中。利用不同功能系统的网络集成，实现各种系统信息资源的综合共享、各子系统协调和信息数据的集中统一管理，为医院建筑能耗分析、优化、控制和绿色建筑智能管理系统建设提供信息基础。

5.3.4　消防水系统

由于区域医院建筑时间早，部分病房楼、门诊楼和手术部未设喷淋系统，还存在屋顶高架水箱容积偏小、供水管道和阀门老化等问题，已不能满足现行消防规范要求，需要改造整体消防设施，保障消防安全。与其他种类的公共建筑相比，医院中涉及易燃易爆场所数量多，如病房的棉被、床垫等棉麻易燃物，手术室和药房的酒精、丙酮、乙醚等易燃物，以及胶片室和档案室的书籍纸张；同时，医院人流量密集，医患人员疏散困难较大。这些都要求消防措施的设计、施工与改造应更加准确、全面、及时和有效。

既有医院在改造升级消防系统时，应注意以下 5 点：①医院综合楼消火栓系统设计时，确保有两股消火栓水柱可到室内的任意位置；②当手术室一侧是洁净走廊、另外一侧是污物走道时，消火栓设计应保证有两个消火栓充实水柱保护同时到达手术室；③尽量将消火栓布置在公共区域，靠近易燃区域，如药房、化验科、麻醉科、试剂科、营养室、配餐间、胶片室及档案室等位置。消火栓尽量暗装，由土建预留安装位置；④放射科室外面要设整体防辐射铅板，消火栓设置时要尽量注意避开防护区域，消火栓箱及管道避免设置在有磁屏蔽要求的场所，如 PET/MR；⑤在有装饰材料的位置，消火栓和灭火器不必额外订购外门，需设材料与装饰面相同的暗门。

喷淋系统：医院灭火初期，自动喷淋系统作为一种高灵敏的主动灭火设置，是一种非常有效的探测灭火设施。实施时应注意以下 4 点：①根据《综合医院建筑设计规范》GB 51039—2014 规定，血液病房、手术室和有创检查的设备机房，不应设置自动灭火系统；②无菌室内有大量的棉麻布，应设置喷淋系统，喷头应满足洁净区域的卫生要求；③净空高度大于800mm 的闷顶和技术夹层内有可燃物时，应设置喷头；医院吊顶内含大量电缆电线、供气管道、通风管道等，吊顶内的隐形火源具有隐蔽性，着火时会迅速蔓延，故医院吊顶应严格按规范设置喷淋；④根据《综合医院建筑设计规范》GB 51039—2014 规定，病房应采用快速反应喷头，手术部洁净和清洁走廊宜采用隐蔽型喷头。

水喷雾灭火系统：地下室柴油发电机房应设置喷雾系统，与自动系统合用供水泵，雨淋阀设于柴油发电机房内，以保护柴油发电机组、日用油箱。设计喷雾强度为 20L/min·m²，持续喷雾时间 0.5h，喷头为高速水雾喷头，流量为 20L/s，工作压力为 0.5MPa，控制方式应为自动、手动和应急等。

5.4 日常管理运维

暖通系统是医院后勤管理工作的核心，要求能源使用始终处于最优状态，确保医院稳定、可持续化地发展。相较于技术节能，管理节能的效果虽然不易评估，但却十分经济、有效。实施时可加强以下方面的工作：①建立清晰、简洁的运行维护手段、操作制度及流程，后勤人员可以按照规章制度操作维护设备运行；②注重设备运行管理人员的技术培训工作；通过培训能够使相关工作人员熟练掌握系统的工作原理和运行模式，预期的节能效果也能够通过高质量的运行管理得到体现；③收集并分析日常运行能耗数据，能够帮助早期发现问题、准确计算节能量，并能够直观地向业主展示节能成果；④定期检修管段，清除管网堵塞，对管网保温破损跑冒滴漏及时检修，对保温损坏严重的管段重新保温；定期对设备进行清洗维护，合理控制启停，可以有效降低能耗；⑤不间断开展水暖、动力设备的日常调试、运行管理与维护，如对供热与空调系统运行进行调试，力求达到系统整体运行效率最佳工况；⑥通过定期的节能宣传，提升医务人员与患者的节能意识；⑦探索节能管理的新模式，利用现有的物业管理平台，在建筑节能运维中应用合同能源管理；通过与专门的节能服务公司签订节能服务，约定节能项目的节能目标；由节能服务公司为医院提供能源审计、可行性研究、项目设计、项目融资、设备和材料采购、工程施工、人员培训、节能量检测，以及改造系统的运行、维护和管理等服务，并以医院节能效益支付节能服务公司的投入及其合理利润，保障医院建筑绿色、可持续化发展。

5.5 性能提升改造路线

1. 系统化诊断

既有医院在水暖动力系统改造时，应首先针对既有医院建筑水暖、动力设备运行与能耗现状进行系统化诊断。设计出符合每个医院的能耗现状和管理模式的改造方案，并结合监督和管理方式，有效降低建筑物耗能。

2. 系统化方案

找出能耗的个性问题与共性问题，提供系统化的节能改造与性能提升改方案。方案应建立在医院现实需求的基础上，制定时需要向所有科室负责人详细了解各系统、科室的实际需求；同时，需会同感染控制专业人士，针对感控要求进行会审，形成最终改造意见。

医院水暖动力系统的改造可以利用 PPP 模式，联合社会公共部门、企业部门、专业组织和社会公众各方，制定最优化的改造模式。（注：PPP 指的是公私合作制或公私合伙制模式，主要指公共部门与私人资本建

立合作关系，共同分担风险，联合向公众提供公共产品和服务的方式）

3. 适用性技术

选用适宜先进的技术对医院建筑的空调、供暖、给水、热水、排污、消防等设备系统进行性能提升改造，并设计完善监控与计量系统。在设计进程中必须与科室的医务人员保持意见交流。

4. 合理化施工

由于水暖动力系统的复杂性和多样性，在具体改造过程中应统筹兼顾、协调推进，使改造过程尽量不影响医院正常运营。

改造过程会使医院的供电、供气、供水和供冷受到影响，因此院方应制定工作机制，明确工作职责，施工方进场前应与使用科室进行充分沟通与协调，制定具体的《施工进场计划表》，规范工程的各个时间节点和施工方式，保护整体医疗环境。详尽施工计划与内容涉及的医院工程设备，如建筑设备、医疗设备、日常生活设备等，应明确施工步骤和设备进场顺序。承建单位应统筹安排，多部门协同联动，确保工程的有序开展，确保改造的规范性和使用的安全性。针对大型医疗设备，应分情况设立屏蔽工程、净化工程、物流传输系统、污水处理和医院气体处理等。

5.6　结语

医院建筑能耗大，且情况复杂多样，既存在始建年代久远、设施设备老化，又面临规模庞大、超负荷运转，这些现状都给节能工作带来挑战。一方面，水暖动力系统复杂多样、管理维护困难；另一方面，多数系统设备没有采取节能技术、缺少自控和能耗计量装置；同时管道设备老化，跑、冒、漏等问题普遍，能量损失较大。目前，医院建筑节能改造的趋势是绿色医院建筑，这一概念强调在建筑全寿命周期内，最大程度节省地、能、水、材等资源，国内外已有较多的实践经验值得借鉴，这些经验做法包括完善能耗计量控制系统、更新淘汰老旧设备、加装节能设施、建立气候补偿系统、使用可再生能源等；同时，国外的一些项目经验，如小规模改造、扩建能源中心、循环利用能源、使用健康材料等举措值得参考。

区域医院水暖动力系统能耗现状分析表明，既有医院在节能改造方面潜力巨大。对此可以结合国内外成功的案例经验，通过利用节能技术设备、丰富能源形势、优化系统设计、加强运维管理等举措，综合提升医院水暖动力系统的性能。就设备系统而言，在空调供暖冷热源系统中，合理利用可再生能源，升级改造现有冷热源设备。在水暖气输配系统中，使用节能技术和设备、充分利用可再生能源、优化系统配置和设计。在集中控制和能耗计量系统中，建立精细化、信息化的能源管理，集中供冷、供热的水系统，根据运行需求，增设计量装置、优化计量设计。在消防水系统中，基于现有消防问题，改造整体消防设施，完善优化系统装置设计，实现准确、全面、及时的设计与应用。在运维管理中，要加强设备管理与运维、日常检修与调试、人员技能培训、节能意识宣传，通过管理充分发掘医院节能潜力。在掌握上述系统节能改造要点的基础上，还需要通过"系统化诊断-系统化方案-适用性技术-合理化施工"等环节，形成科学的升级改造和实施方案，最终实现医院水暖动力系统性能的全面提升。

第6章 电气自动化系统性能提升

北京医院作为全国医院的排头兵，提高医院机电系统智能化水平和医疗服务水平，推进智慧医疗服务，是区域医院保持全国领先的重要举措。北京区域医院电气系统的自动化和智能化，不仅要满足医院自身发展现状的需要，而且应成为国内医院自动化和智能化的示范工程，为人民群众健康安全提供有力的医疗保障。

医院从功能需求而言，其供配电、暖通空调、照明、给水排水、安防及消防等系统类型多样复杂，医院建筑空间对室内温湿度、照度和空气洁净度等环境参数要求也各不相同。为实现电气自动化系统性能的提升，需在完成既有电气设备及智能化系统集成化、节能化改造的基础上，设置能够统筹协调医院所有电气系统功能的集成平台。实践证明，搭建智能一体化集成平台，是确保医院既有机电设施安全可靠和智能化运行的有效途径，对于改变医院现有的管理模式、病患的就医习惯具有积极意义。

6.1 北京医院电气自动化现状

6.1.1 电气设备

医院是提供医疗服务的主要机构，电气设备设施的正常运行对医院诊疗和后勤保障至关重要，是其他系统/部门良好运行的基础；因此保障医院现有机电设备设施的高效运行，是医院综合性能提升的重要环节。

目前，区域医院的机电设备设施存在的问题主要包括：

1. 机电设备运维不科学

当前医院既有设备设施的运维管理不够精细，管理过程中偏重于电气系统的在线运营，而忽视维修保养和节能运行。为保障医疗部门的正常运转，各电气系统经常超负荷工作，很多小故障被忽略，导致各机电设备缺乏维护，增加了后期维修难度和维修成本。

2. 运维人员专业能力有待提升

医院现有机电设备设施种类繁多、数量庞杂，需要工作人员具有较强的专业知识和技能，并能够与各系统厂商建立良好的工作联系，能够解决运行、维护和管理过程中的各种问题。此外，医院机电设备的检修人员、技术和仪器相对缺乏，影响维修质量。

以某三甲医院总务处人员结构为例，该医院总务处有 29 个班组，371名职工，承担着医院供配电、暖通、空调、给水排水、电梯、楼宇自控、信息化系统等重要机电设备的运行保障任务。其中大专以上学历者 127 人（34%），本科毕业生 65 人（18%），硕士研究生 14 人（4%），从人员结构上看，队伍的知识和技术储备存在不足。

3. 供配电系统存在隐患

区域医院多属三级医院，大中型医疗用电设备种类较多，供电等级较高，用电量较大，对供电可靠性要求也较高。而早期医疗建筑电气设计限于投资和规模，普遍按照当时的国家标准进行设计。而后期建筑的功能不断改变，医疗设备也日新月异，针对这些变化，原有供配电系统的灵活性和延展性不足。在实际运行中，医院供配电系统会偶发供配电故障，一定程度上影响了医院的正常运行。

4. 照明系统升级不科学

照明系统是医院机电设备的重要组成部分，对诊疗服务、病患康复、后勤运营管理和节能建设等都具有显著影响。但医院在设备的日常管理中，对照明系统价值和作用重视不够，尤其对照明系统的医学作用研究较少。虽然自 2010 年以来，越来越多的医院在照明系统升级过程中，更换了新型的 LED 灯具，但在照明设计、控制和医用方面还与国际水平存在一定的差距。

6.1.2 智能化系统

医院部署的弱电和智能化系统复杂多样，不仅包括常见的建筑设备管理系统，如安全防范系统（闭路电视监控、防盗报警、出入口管理、巡更等）、综合布线系统、公共及紧急广播系统、卫星电视及有线电视系统等，还包括医院特有的专用系统，如门诊导医叫号及信息发布系统、医护对讲系统、医疗信息系统、标识指引系统、视频探视系统、手术示教系统等。这些系统的厂家、年代、技术路线各有不同，智能化系统集成时主要存在如下问题：

1）由于区域医院始建年代久远，医院智能化系统类别越建越多，每种系统常常自成体系，成为相对独立的"信息孤岛"，如何从医院整体角度，将这些独立的系统有机组合起来，更好地发挥其作用和功效，是医院信息化和智能化所必须解决的问题。

2）医院智能化系统集成改造涉及各系统的核心数据，这些系统由于技术壁垒，难以相互融合，较难搭建一个统一的系统集成平台。尽管目前业内已将国际上普遍采用的 HL7 作为医院信息系统数据交换的标准，但其与医院电气系统的深度集成依然未能实现。

6.1.3 智慧医疗

北京区域医院在智慧医疗建设上走在全国前列，如利用京医通打造的

"指尖上的智慧医院",实现了线上预约挂号、缴费、咨询等功能。但很多医院在智慧医疗发展过程中仍存在以下问题:

1)宏观指导缺位。智慧医疗是一项长期创新性的工作,国家暂时没有具体的建设方案。当前各医院和相关行政部门根据自身的实际需求进行智慧医疗建设,形成了一个个独立的体系。这种宏观指导缺失带来一系列问题,如各医院智慧医疗建设进度不一、医疗信息系统数据开放程度差异大等。

2)资源难以共享。既有医院在多年的信息化建设中,产生了巨量有价值的医疗业务信息、临床医疗信息、居民健康信息以及公共卫生信息等,这些信息还远未实现数据共享。医保部门、卫生行政管理部门和医院在医疗信息化建设中,缺乏统一协调,各系统多处于封闭状态。

3)服务能力较弱。从为人民群众服务的角度看,缺少标准化的健康档案和电子病历,不利于医生了解既往病史;因此智慧医疗有待进一步应用于医疗诊断,为疾病诊疗提供数据支撑。

4)相关规范欠缺。目前各医院已经广泛使用了很多种类的智慧医疗技术,但与医疗信息安全相关的制度和规范制定却相对滞后,如患者隐私保护的规定、信息共享的要求规定等。随着智慧医疗事业的推进,亟需进行相关法律法规的研究制定工作。

6.2 医院电气自动化发展趋势

6.2.1 国内现状

6.2.1.1 机电设施运维

机电设备设施的可靠性与安全性是医院正常运行的重要条件,而机电设施的智能化改造和集中监控,是医疗建筑综合性能提升的必经之路。目前国内许多医院在机电设施方面已开展了较多的工程实践。如2011年我国已实现了基本的智能配电系统——数据采集与监视控制系统(Supervisory Control And Data Acquisition,SCADA),该系统能够针对供配电系统中的变配电环节,利用现代计算机控制技术、通信技术和网络技术等,采用抗干扰能力强的通信设备及智能电力仪表,经电力监控管理软件组态,实现系统的监控和管理。医院现有的供配电监控系统基本上都是在此基础上设计实现,典型结构如图6-1所示。

在电能质量监测方面,电能质量监测主要是利用监测系统,通过网络将监测数据传回监测中心(监测主站或子站),实现对多个位置的同时监测,并发布电能质量相关信息。国内已有大量关于电能质量监测系统的研究,并已普遍建成区域电能质量监测系统。医院多属一级、二级用电负荷,对电能质量要求较高,需要在保证不间断供电的同时,对电能质量进行在线监测和谐波治理。目前部分医院供配电系统较为陈旧,给医院电气

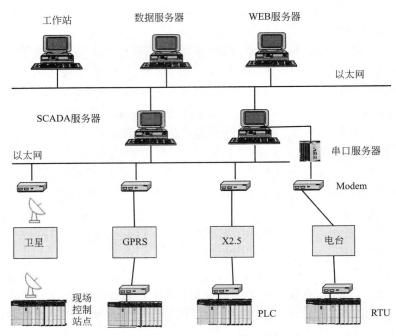

图 6-1　典型的 SCADA 系统结构

设备的正常工作带来较大影响，因此对医院供配电系统的电能质量和谐波分析治理十分必要。

6.2.1.2　系统集成

系统集成对医院综合性能提升影响巨大，尤其对电气自动化系统性能提升特别重要。《医疗建筑电气设计规范》JGJ 312—2013 规定，"三级医院宜设置智能化集成系统，实现各电气自动化系统的系统集成"。随着智能建筑的发展，建筑设备自动化系统也被纳入系统集成的范畴，智能化系统集成已成为衡量医院建筑智能化水平的标准。目前流行的系统集成方案具备以下三个特点：

1）兼容大多数弱电系统产品，具有丰富的工程案例；

2）软件系统设计良好，可实现应用程序的开发；

3）具有支持信息集成的网络软件。

对于既有医院而言，建筑设备系统集成是一项十分庞大的系统工程，除了要满足上述特点要求外，还应采用开放的体系结构，满足实用、安全、易扩展、易维护的要求，并与医疗信息系统共享数据。具体设计改造时，还需要对众多电气与智能化系统进行评估和把握，并建立一套行之有效的技术管理和施工管理的作业方法。

6.2.1.3　智慧医疗服务

2015 年国务院办公厅颁布了《全国医疗卫生服务体系规划纲要（2015—2020 年）》，指出"开展健康中国云服务计划，积极应用移动互联网、物联网、云计算、可穿戴设备等新技术，推动惠及全民的健康信息服务和智慧医疗服务，推动健康大数据的应用，逐步转变服务模式，提高服务能力和管理水平"。其中智慧医疗可通过整合医院、医护人员、患者以及其他健康服务机构等信息，实现医疗过程标准化、数据化、高效化，以及就诊体验的便捷化、自主化，满足人民群众对医疗过程智能化的需求。

2016年6月国务院办公厅颁布了《关于促进和规范健康医疗大数据应用发展的指导意见》，明确提出医疗大数据是国家重要的战略资源。同年又发布了《"健康中国2030"规划纲要》，强调要发展医疗大数据应用新业态。但截至目前，我国智慧医疗事业仍处于起步阶段，目前工作侧重于医疗信息化系统建设和"医养护一体化"的医疗模式改革，智慧医疗工作亟待进一步推进。

6.2.2　国外现状

6.2.2.1　机电设施运维

美国、英国、法国等发达国家对配电网自动化建设非常重视，以期在经济性的前提下提高供电可靠性。以美国配电自动化系统为例，其工作重心在于减少停电时间，提高供电可靠性。美国配电线路电压等级14.4kV，以放射状为主，采用中性点接地方式；配电系统以智能化重合器与分段器相配合，同时采用单相重合闸，提高供配电系统可靠性；线路重合器采用高压合闸线圈，有多次重合功能，各重合器之间利用重合次数和动作电流定值差异实现配合。

在照明方面，国外大多数先进医院都已采用节能LED灯，并实现了智能化控制，同时在照明疗愈作用的研究方面，取得了诸多研究成果。部分科学家认为医院照明设计之初，就应考虑光环境与功能空间对使用人群（医护人员、患者、家属）的心理及健康方面的影响。而相关研究也表明，医院合理照明对医学康复有积极作用，而过低或者过高的人工照明，都会对患者的睡眠、疼痛以及情绪产生负面影响，只有适当的照明才能对患者的康复产生积极的促进作用。

6.2.2.2　系统集成

系统集成意指从工程角度出发，实现各电气自动化子系统的信息互联和联动控制。国际上先进的建筑智能化集成系统包括美国Honeywell的EXCEL5000系统、英国Satchwell的BAS2800系统、瑞士LANDIS&STAEFA的5600系统和美国JOHNSON的METASYS系统。这些系统均采用集散型计算机过程控制系统结构，对受控设备和对象进行分散式控制和集中式管理，以此来实现楼宇自动控制，某具体实例如图6-2所示。

6.2.2.3　智慧医疗

医疗行业目前存在一个全球性的问题，即医疗资源稀缺与社会需求扩

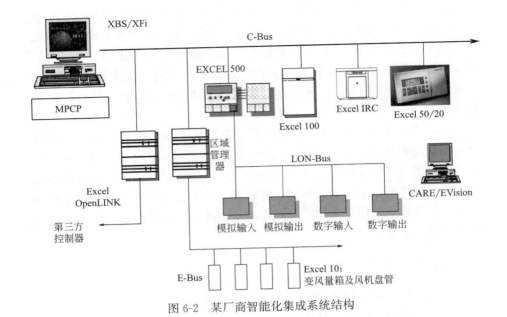

图 6-2　某厂商智能化集成系统结构

大之间的供需矛盾，一方面是优秀医疗资源短缺，另一个方面是医疗成本逐渐升高。解决这一问题的唯一途径就是智慧医疗建设，而智慧医疗的基础是医疗信息化系统。目前国外发达国家在医疗信息化方面，均开展了大量的研究实践工作，如 2016 年美国制定完成了医疗信息化国家标准；2017 年英国已完成信息化建设，全部健康数据实现联网，由国家负责管理；同年日本大型医院的电子病历普及率已达 80%。

在智慧医疗方面，美国是公认的智慧医疗强国和最大的智慧医疗市场，其智慧医疗产业研发实力强，大部分医疗设备，如植入式医疗设备、远程诊断设备和手术机器人等技术水平领先。美国医院利用现有数字化、网络化技术，向患者提供远程医疗服务已经成常态，其医疗服务范围已拓展到皮肤诊疗、病理诊疗、儿科、远程精神卫生服务等十几个医疗领域。此外，美国远程医疗协会还制定了各种指南文件，保证远程医疗服务的质量和有效性。

6.2.3　相关实践经验

6.2.3.1　新型供配电系统

国内某综合性医院总建筑面积约 37 万 m^2，分为东西两个院区。为保证医院供电系统可靠性，两院区各从电力部门引入三路独立的 10kV 电源，互为备用，停电时可立刻投切到备用电源，提高了供配电系统的可靠性。西院专为特别重要的用户服务，三路电源采用 200% 电量冗余设计，即使其中两路出现小概率停电故障，也可以满足全部供电需求。除此之外，两院区还采取了一系列措施保证电气安全和可靠性：

1）集中设置不间断电源 UPS 电站，为西院区一类干部病房、手术室和重症监护病房等，提供双路市电和在线 UPS 电源供电，做到 0s 切换，实现 24h 不间断供电。

2）一类病房设置两个配电箱，生活用电和医疗用电分开，保证互不干扰；医院医疗用电和生活用电均采用放射式双回路供电；医疗用电还配套 UPS，并采用医用 IT 系统以确保用电安全。

3）医院变电所采用无源滤波系统，并限制其高次谐波。

4）采取各种过压保护措施，在各弱电系统设备、UPS 电源以及其他控制装置的末端配电箱设置浪涌保护器。

6.2.3.2 智能照明系统

美国费城某医院从"昼夜节律（生理节律）"的角度设计医院照明，安装了昼夜节律灯，可以设定"睡眠-觉醒"周期，如图 6-3 所示。

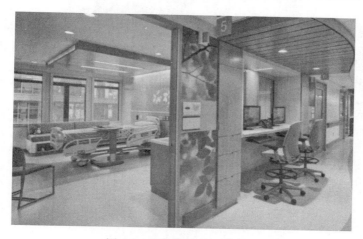

图 6-3 美国费城某医院病房

该医院的病房可以在每天各时间段，改变室内照明的颜色和强度，达到重新设置患者昼夜节律的目的。这些灯具清晨设定为低强度的暖色温，上午设定为冷色温，下午设定为高强度冷色温，晚上又设定为低强度的暖色温，用于缓冲对患者"睡眠-觉醒"周期的干扰。对儿童患者还可以对病床的 LED 灯进行调色，起到积极分心的效果，用于辅助抑郁症和自闭症等治疗。

6.2.3.3 智慧医疗系统

某医院新建院区，在智慧医疗系统建设时，为尽可能减少患者排队时间，推出了微信、电话、自助挂号机等多种挂号方式，患者可根据需要自主选择。在医院内部，患者可以使用图 6-4 所示的医院智能导航系统，该系统不但能够在手机上显示医院三维地图，还能实现实时定位和在线导航，医院内的挂号处、各科室以及各类医疗设施等，都在地图上在线或离线显示，即使是初次到达该医院的患者及其家属，在手机界面上选择要到达的目的地后，也可以自动规划到达路径，如果地图信息完备或手机 APP 系统功能完善，可以提供乘坐电梯或者到达某特定地点的提示功能，避免患者多走路或走错路；同时还设置了问路机，以提供信息查询和咨询服务。

图 6-4　医院手机导航界面

6.3　性能提升思路

目前既有医院现有电气设备，如暖通空调、电气照明、给水排水以及通风设备等用电量大，各医疗设备对用电可靠性要求较高，再加上各医院老旧建筑居多，围护结构保温效果差，造成建筑能耗较大。同时，既有建筑还普遍存在线路老化、规划不一、部分照明灯具不节能、控制策略不完善、功能单一等问题。此外，由于医院建设持续多年，缺乏统筹规划，各项基础设施和科室位置分布不尽合理，带来诸如停车困难、导医不便、候诊时间长等问题。

6.3.1　总体思路

针对以上问题，国内外医院经过长期摸索，总结出一套能够提高医院现有电气自动化系统综合性能的技术与方法，主要包括：①电气设备性能提升：提升现有供配电系统的可靠性与安全性；搭建配电智能化系统；开展谐波治理；开展照明系统节能改造与智能化控制改造。②智能化系统性能提升：搭建专用智能化集成系统；实现各强弱电系统的系统集成；实现各智能化系统的系统集成。③有条件时推广智慧医疗：基于现有技术条件实现室内定位与导航；开展医院专用系统的集成。

由于医院各电气自动化系统之间存在互联和互操作性问题，故需要统筹解决面向实际需求的系统集成问题，如各类机电设备、智能化子系统之间的通信接口、系统平台、应用软件和施工配合等。基本思路就是在现有机电设施基础上进行改造升级，实现系统纵向和横向集成，确保医院（院区）既有机电设施安全可靠运行，降低医院暖通空调、照明、动力、给水排水等系统能耗，达到绿色建筑节能、节水的要求。进一步利用云计算技术搭建一体化的集中监控云平台，实现不同系统间的综合集成。同时基于云计算平台，利用现代信息技术，提供导医分流、候诊提示、室内导航等智慧医疗服务，满足人民群众对医疗服务日益增长的需求。

6.3.2　技术路线

医院电气自动化系统的性能提升，应根据各医院电气系统安装设计的不同特点选择合适的技术路线。从系统集成的角度，整个工程大体可以分为三个层次：

1）子系统集成：医院各电气子系统为了实现更多的具体功能而完成的系统改造和向上集成。

2）横向集成：在子系统集成的基础上，进行跨子系统的横向功能集成，完成各子系统之间的联动控制，实现关键子系统之间的协调运行。

3）一体化集成：基于技术先进性和经济可行性，在横向集成基础上构建一个实现网络集成、功能集成、用户界面集成的智能化系统。前期建议采用云技术实现医院综合云平台，如图6-5所示。

从系统实施的角度来看，电气自动化系统集成是一项十分庞大的综合性系统工程，需要相应的技术专家对众多电气自动化系统做详细的调研评估和方案设计，并制定一套行之有效的系统集成和性能提升方案。实现系统集成，首先要了解各子系统的实际状况，能正确提炼出系统集成所需要的各项工作；同时，还需要为信息集成搭建一个实现数据共享的云计算平台，满足医院电气自动化系统服务和综合管理方面的需要。其主要步骤包括：

1）对现有电气设备进行更新改造，如供配电系统和照明系统等。

2）构建医院综合云平台，实现医院所有电气自动化子系统的集中监控、兼容现有医疗信息系统。

3）借助综合平台提供智慧医疗服务，如智慧导医和室内导航等。

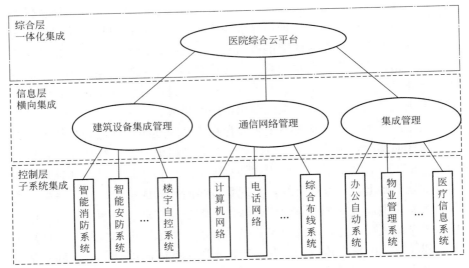

图 6-5　基于医院综合云平台的系统集成方案

从以上步骤可以提炼出电气自动化系统性能提升的技术路线，如图 6-6 所示。

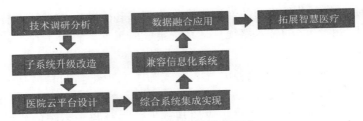

图 6-6　性能提升技术路线

6.3.3　工作要点

医院电气自动化系统性能提升的目的，旨在将医院现有的集中式/半集中式空调系统、通风系统、供热系统、变配电系统、照明系统、给水排水系统、消防系统、安防系统等各机电子系统的控制管理集成到一个智能化系统上，从而实现降低人工成本、降低运行能耗、提升电气设备的智能化水平等目标。为实现该目标，电气自动化系统性能提升的主要工作内容包括：

1. 电气自动化系统改造

随着时代的发展，很多使用多年的电气设备或自动化/智能化系统已经不能满足医院日常工作的需求。面对此类问题，拆除重建会造成很大浪费。根据原有设备和系统的特点，对其进行改造是一个切实可行的选择。各设备和系统改造工程包括以下要点：①针对规范要求的改造。各机电系统的改造必须按照国家和行业最新标准进行。各系统改造工程要全面了解原有各子系统工程设计参考资料及系统运行现状，对违反现行行业规范和国家或地方标准规定的地方都要进行更正。②针对设备老化问题的改造。有些老旧设备耗能较高，并随着使用年限的增加，故障率越来越高，设备维护使用费用会比新设备高出很多。另外，现代生活和工作对环境的要求越来越高，有些设备已经不能满足实际使用的需求。因此需要结合经济性原则对现有的电气设备和智能化系统进行升级改造。

2. 综合云平台建设

医院电气自动化系统性能提升改造最为核心的工作就是搭建一个医院综合云平台，以实现不同系统的集成，其基本结构如图 6-7 所示。

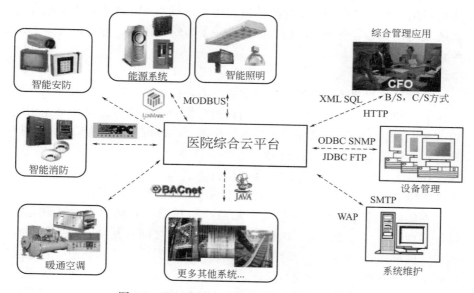

图 6-7　以医院综合云平台为基础的系统集成

综合云平台架构应基于支持虚拟化与云管理自动化、监控管理一体化等思路设计。设计要求如下：①云平台设计和部署应结合云计算发展趋势和医院建设的实际情况，采用适当超前的技术平台架构和管理理念进行设计，防止由于建设周期长而导致的技术相对落后等问题的产生。②架构设计中应注重监控、流程、自动化的综合协作管理，实现问题处理全流程协作，实现监控管一体化。③架构设计时应使开发与运维衔接，既支撑高效率的应用发布，又要避免业务系统故障。④云架构应实现应用层面、业务流程层面、用户层面全方位地深入监控和管理。⑤架构设计时应采用集中化的管理门户和报表系统将各种系统进行统一展示和分析，使用户在系统界面中对平台数据进行浏览和处理。

此外，还要求医院综合云平台具备一定的灵活性和可扩展性。当医院机电系统发生局部变化时，综合云平台应能够便捷地进行调整，无需对系统的硬件、软件结构进行重新设计；同时，需要具备更新运行策略的功能，各建筑电气子系统可以便捷地导入更先进的运行策略。具体方案应结合医院现有电气系统和自动化系统种类确定。

3. 系统集成

利用医院综合云平台进一步开展各类系统的集成，其中系统集成的关键在于解决各子系统之间的互联互通和互操作性问题，集成后的系统是一个面向多种协议和多种应用的体系结构。在实施系统集成时，应该注意以下几点：①要求对区域医院采用统一技术标准，实现各医院（院区）的集中控制，实现系统集成方案的标准化；②要求对机电子系统进行统一的监测、控制和管理，用统一的网络协议、统一的应用软件进行集中监控；③实现医院所有电气自动化系统的结构、功能、服务和管理的最优化组合与系统联动，从而为病患和医护人员提供一个高效、便利、舒适、可靠的医疗环境。

4. 智慧医疗

虽然目前智慧医疗已处于高度发展时期，但所有智慧医疗服务项目都不可能一簇而就。因此，既有医院当前的智慧医疗建设目标应是首先构建以"全面智慧医疗"为蓝图的智慧医疗框架，为医院医疗服务、运行维护和行政监管等方面提供全方位和全天候的技术支撑，并为实现"大智慧、大医疗、大卫生、大发展"的宏伟目标打下基础。如果盲目求全求大，或不考虑以后的功能扩展或兼容，都会造成较大的社会资源浪费。

在实际工作中应重点注意以下几点：①利用物联网、移动互联等技术，实现患者与医务人员、医疗机构、医疗设备之间的互动，使智慧医疗服务走向现实；②整合现有建筑电气设备资源，引导医护和病患合理使用医疗资源，降低医院运营成本的同时，提高运营效率和监管效率；③通过医疗信息系统和集成系统的数据共享和互联互通，整合并形成一个高度发达的综合医疗服务平台，给患者提供全方位、专业化和个性化的就医康复体验，同时降低医疗成本。

6.4　性能提升方案

6.4.1　电气自动化系统改造

针对既有医院（院区）现有建筑电气设备存在的问题，如逐年建设、独立运行、手动操作等问题，对此可在保证少停业甚至不停业的前提下，以搭建电气自动化系统集成管理系统——医院综合云平台为目标，对医院现有的变配电系统、照明系统、消防系统、安防系统、信息发布系统等机电子系统进行更新或改造，完成智能化系统集成。

1. 供配电系统改造

1）首先要实地调研，对区域既有医院现有电气设备系统的组成和现状进行深入调研和资料收集，对其中各个子系统设计、运营和维护状况，以及智能化程度、能耗数据和节能潜力做出全面的评估。

2）以当前建筑电气设计国家规范和行业标准为依据，对医院供配电系统改造升级进行方案设计，在升级改造全过程中确保供配电系统可以安全稳定的运行，满足医院业务正常使用的需要。

3）对既有建筑供配电系统的变配电所、变压器、供电电压、无功补偿、谐波治理、供配电线路的材料和敷设方式等进行全面分析和系统改造，确保医院电气设备的正常工作，提高供电质量和可靠性。

4）对现有配电监控系统的组成、既有功能、运行状况等进行系统研究，提高配电自动化系统的智能化和自动化程度，为配电网络和电气设备提供不间断保护、监视、控制，使其满足系统集成的要求。

2. 照明系统改造

1）通过实地调研，对照明系统的灯具部署情况、配电线路、能耗数据、照度分布及控制方式等进行科学分析，给出照明系统改造方案，并充分利用自然照明来改善部分区域的光环境，最大限度地减少能量消耗。

2）对现有照明控制系统进行改造，实现照明系统自动控制，减少管理与维护人员的工作量，降低费用，提高照明系统的工作效率。

3）在照明系统改造过程中，应结合医院的实际情况，采用适宜的照明系统节能策略，在保证安全、可靠、稳定的前提下，经济、节能、高效地对照明系统进行智能化改造，达到良好的节能效果。

4）医院的照明系统设计应满足医院的照明要求，既要考虑照明系统对医患人员的影响，合理设计照度、色温与显色性，以及眩光控制，还要考虑照明系统对患者特定病情的医疗作用或对康复过程的促进功能。

3. 弱电系统改造

1）通过实地调研，对医院现有弱电系统进行深入调研分析，包括建筑设备自动化系统、医疗信息化系统以及信息设施系统等，对其系统结构、系统功能等有全面系统的把握，制定改造方案。

2）在弱电系统改造过程中，应充分考虑医院电气系统的智能化和信息化的发展趋势，采用符合国际标准的网络化和信息化技术，结合开放性的设计原则，使医院智能化弱电系统在确保可靠性的前提下，既不片面追求系统的先进性，又不因追求经济性而降低功能。

3）对医院现有弱电系统进行智能化升级，不仅能够为医院提供一个安全、舒适、可靠的建筑环境，而且能够根据医疗建筑的专业特点和区域功能进行针对性的设计，充分利用智能化技术，结合通信自动化、办公自动化、安防自动化系统，实现对整个医院建筑的统一管理。

4. 医疗信息系统改造

目前，区域既有医院各医疗信息化系统的信息均处于封闭或半封闭状态，为实现医疗信息系统改造，应建立统一的工作标准体系，设计市级信息储存、交换中心，支持医疗大数据的快速检索、信息共享，逐渐将服务对象扩展到普通群众、医务人员和行政管理人员。通过医疗信息化系统改造，可以为普通群众提供挂号、诊疗、医护、复诊等全过程的医疗数据支持，为医务人员提供标准化的医疗档案、辅助诊疗、同行交流指导和医患信息交互等功能，为医院、卫生行政管理部门和其他政府部门提供统计数据和决策支持等。

必须指出的是，在对医院电气自动化系统的改造过程中，尤其是与建筑设备设施紧密相关的建筑设备监控和计算机网络系统，应遵循以下基本原则：①对建筑电气自动化系统进行认真调研，重点考察现有系统的结构，重要设备设施的运维状态、历史维修记录、能耗数据等；②对现有建筑电气进行技术评估，同时进行经济性评估，确定现有系统的更新或改造方案；③要求改造后或预期新增的建筑电气自动化系统，能够通过标准化接口方案与集成系统相兼容。

6.4.2　综合云平台建设

医院综合云平台设计，是在对电气自动化系统集成的基础上实现的，这项工作是智慧医院建设的基础性工作。要想实现这一目标，必须充分理解设备、医疗、护理、管理等信息化系统的建设、运行、维护需求，建立一套为电气自动化系统提供集成服务的数据平台。系统设计时，应站在医院长期规划建设的高度，规划医院综合云平台的构架、功能及应用，以实现提升设备设施综合性能的目标。

在服务模型上，区域既有医院综合云平台可基于三种服务模式设计，即 Infrastructure-as-a-Service（IaaS），Platform-as-a-Service（PaaS）和 Software-as-a-Serv-ice（SaaS）。目前主流的服务模式是 IaaS。通过 IaaS 模式，用户可以从供应商那获得他所需要的虚拟机或者存储等资源来装载相关的应用，同时这些基础设施的繁琐管理工作将由 IaaS 供应商来处理，IaaS 能通过它的虚拟机支持众多应用。而更高层级的 PaaS 与 IaaS 的主要差别见表 6-1。

PaaS 与 IaaS 的主要差别　　　　　　　　　　　　表 6-1

类别	PaaS	IaaS
开发环境	完善	普通
支持的应用	有限	广
通用性	欠缺	稍好
可伸缩性	自动伸缩	手动伸缩
整合率和经济性	高整合率,更经济	低整合率
计费和监管	精细	简单

尽管 IaaS 模式在支持的应用方面具有显著优势，在短期内是综合云建设的首选，但从长期来看，PaaS 模式将会替代 IaaS 成为主流。作为比 IaaS 模式跟高层级的 PaaS 模式，可以提供各种开发和分发应用的解决方案，比如虚拟服务器和操作系统，节省硬件费用。从医院的实际应用需求来说，立足未来智慧医疗应用，应选用 PaaS 模式来构建医院综合云平台。基于 PaaS 模式的综合云平台系统框架如图 6-8 所示。

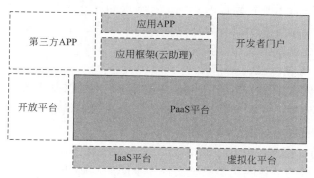

图 6-8　基于 PaaS 模式的综合云平台系统框架

　　在医院综合云平台设计时，还需要关注医疗大数据的采集和应用。医疗大数据主要来源于四个方面：患者就医、临床研究、生命制药、可穿戴设备等，如图 6-9 所示。

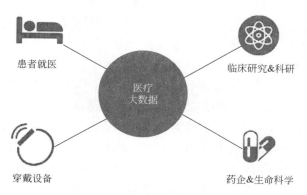

图 6-9　医疗大数据主要来源

　　1）患者就医过程产生的数据：医院所有关键医疗数据均来源于患者，患者的化验数据、体征数据、住院数据、问诊数据，医生对患者的诊治、手术、用药及康复等数据。

　　2）临床医疗研究和实验室数据：主要包括研究实验所产生的数据，也包含患者参与实验产生的数据。

　　3）制药企业和生命科学数据：主要是实验产生的数据，包括用药量、用药时间、用药成分、实验对象反应时间和症状改善表象等。

　　4）可穿戴设备数据：通过各种在线穿戴设备（例如智能手环、智能检测仪表等）收集的各种体征数据。

目前医疗大数据的主要用途包括移动医疗、诊断分析、随身监测等。随着智慧医疗技术的不断革新，医疗大数据将发展成为智慧医疗决策的重要依据。

6.4.3 系统集成

在医院综合云平台建设的基础上，筛选和过滤建筑设备自动化、医院专用、信息设施等系统的开放信息，为基于综合云平台的系统集成提供规范化、标准化的数据支持，实现以下功能：

1. 集中监视、控制和管理

将分散实现的各子系统信息集成起来，集中提供基于统一图形化界面的综合信息监视、控制和管理功能，使复杂的系统信息整齐统一，实现各子系统集中管理，方便运维管理。

2. 全局性事件的处理

尽管分散的各智能化子系统实现了不同的基础功能，但是对于跨子系统的应用要求还无法满足，必须通过系统集成来实现，例如各系统之间的联动。全局性事件的意义在于把分属不同子系统的信息综合起来，并根据全局需要，实现多个子系统对全局性事件的统一响应。

3. 与业务应用系统的信息共享

系统设计需要把综合云平台和综合业务系统结合在一起，把综合云平台的功能作为一种资源提供给业务系统使用，从而使各医疗功能不再只局限在某些计算机或某些局域网络等资源上使用。

4. 各种辅助分析决策

提供基于集成信息的数据分析和统计功能：可根据历史数据图表，分析设备在一段时间内的趋势或状态，辅助系统运维人员做出决策，实现自动维护和智能管理的目的。方便系统维护和管理：全面记录与设备有关的原始信息、运行数据、维保信息、故障及维修信息等，以方便在各电气设备出现故障时提供相关数据和信息。方便预警监控：提供基于声光电、手机短信以及电子邮件等技术手段的报警信息，必要时还可以提供现场实时监控视频，方便报警信息的处理。提供智能分析和诊断：提供能效计量分析与各电气设备或系统的优化控制手段，从而实现医院节能管理与系统运维诊断，获得真正的经济效益。

医院综合云平台建设过程中要综合运用计算机技术、网络技术、软件工程技术，针对各项智能化集成应用需求进行总体规划，实现对医院现有各电气设备/子系统以及各智能化系统的系统集成，主要对象如图6-10所示。

系统集成过程中需要对各种原始数据进行正确甄别过滤、准确取样和统一管理，实现标准化的数据服务，确保医院综合云平台能够为医院信息

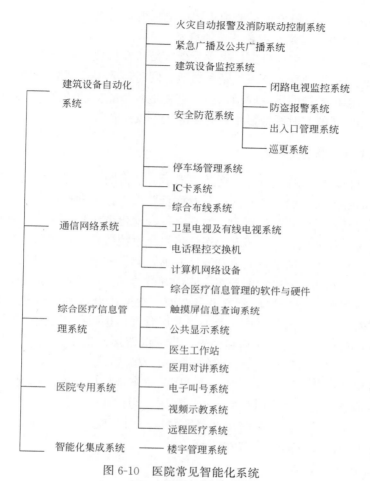

图 6-10　医院常见智能化系统

化建设提供数据服务，为电气自动化系统综合性能提升奠定坚实基础。除此之外，系统集成还需要实现以下各子系统之间的联动功能：

1. 设备自动化系统与安防系统的联动

当医院建筑物内的多个电气设备、系统或某区域（如冷冻机房、变配电室）发生故障报警时，集成系统应自动切换显示相关的现场监控图像，供值班人员辅助分析判断，执行事先设定的故障联动预案。例如当安防系统发生报警时，能够通过建筑设备自动化系统联动相关区域的照明设备等。

2. 视频监控系统与消防报警系统的联动

系统可以根据事先设定，当发生消防报警信息时，安防系统或视频监控系统会将事故发生区域的摄像机的镜头转向现场，同时将这些摄像机的画面自动切换至所需要的监控计算机上，并加以记录以供事后进行回放分析。系统还可以通过视频监控系统监视事故发生区域的人员疏散情况，帮助确认是否有人滞留。同时，事故发生区域内所有电梯的图像也应自动切换在监控屏幕，供值班人员监视火灾中电梯的运行情况。

3. 门禁系统与消防报警系统的联动

系统可以根据事先设定，火灾发生区域所在楼层以及上下临近层的主要出入口门禁自动释放，以便紧急疏散；同时还要保证消防报警系统对安防系统和楼控系统的优先联动，当火灾发生时，能自动切换并显示所在区域和相邻区域的实时图像显示，并引导人群安全疏散。

6.4.4　智慧医疗

针对目前医院智慧医疗发展政策滞后、动力明显不足的问题，应从人民群众面临的长期痼疾"看病难、看病贵"入手。由各医院主导，充分利用现有的基础设施和医疗资源，发挥电气自动化系统集成平台，即医院综合云平台的数据优势，逐步开放医疗信息化系统数据。通过医疗信息系统和医院综合云平台的数据共享和互联互通，整合并形成一个高度发达的综合医疗服务网络，开展智能导医、室内导航等基础智慧医疗服务，并进行医疗全过程监控与管理，给予患者全面、细致、专业和个性化的医疗服务；同时引导医护人员、病患及家属和医管部门接受并促进智慧医疗服务的开展，合理使用医院的基础设施，降低医院运营成本、提高运营效率，自下而上、由浅入深地变革目前的传统医疗模式。

各医院应从实际情况出发，结合医院未来规划以及实际情况，制定出具有普遍意义上的"全面智慧医疗"蓝图，为构建既有医院智慧医疗基础体系打下坚实基础。各医院在部署智慧医疗时，应采用统一的设计蓝图，如图6-11所示，具体包括四大方面：

1. 标准规范体系

在开展智慧医疗建设的过程中，遵循"统一规范、统一代码、统一接口"的原则，实现智慧医疗应用系统的标准化工作，建立智慧医疗标准和规范体系，实现对现有医疗数字资源的充分利用。标准规范建设应该是贯穿于医院智慧医疗建设的整个过程，通过建立标准规范体系，要求各智慧医疗应用系统建设必须遵循统一的规范标准，从而实现多部门、多系统、多技术和多异构平台下的信息互联互通，确保整个系统的可扩展性。

2. 应用支撑云平台

在医院综合云平台基础上构建应用支撑平台，提供云计算和云存储功能，以解决现有信息化资源的集中管理问题，以有效支撑各类现场数据资源和实现面向智慧医疗服务的按需应用，支撑海量医疗数据的分析和处理。应用支撑云平台应包括基础设备层、运行支撑平台和平台服务层三部分。

3. 应用服务平台

应用服务平台是提供常规医疗服务和智慧医疗服务的一体化平台，可完成全市所有医院的现场设备和医疗数据的采集和交换，并可调用所有电

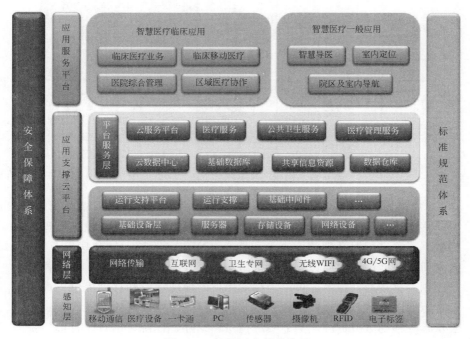

图 6-11　智慧医疗基础体系

气自动化系统的基础数据和服务，实现互联互通，为居民、医护人员、管理者提供优质、便捷的服务，提升医院管理和服务能力。

4. 安全保障体系

从物理安全、应用安全、网络安全和数据安全等方面，建设数据安全防护体系，为智慧医疗安全防护提供有力技术支持，并通过采用多方面、多层次的方法和技术手段，实现数据安全保障。此外，还应包括以网络层和感知层为基础设施平台，为整个智慧医疗基础体系提供数据支持和网络支持。

为提升现有建筑电气自动化系统的综合性能，应在实现系统集成的基础上推广基于设施的智慧医疗服务，提升建筑电气的智能化水平，实现患者、病患家属、医务人员、医疗机构和医疗设备之间的互动，使智慧医疗服务走向真正的智能化，相关技术包括：

1. 物联网技术

国际电信联盟（ITU）把射频识别技术（RFID）、传感器技术、智能嵌入式技术看作物联网发展的关键技术。在医疗卫生领域，借助物联网技术实现现场设备和病患数据采集以及远程医疗监护；借助 RFID 标识码，利用移动设备管理系统，完成设备定位、监控和管理，实现医疗设备设施的充分利用和数据共享，降低医疗成本；同时，运用现有物联网技术可以实现设备管理和医疗过程信息化、智能化，如图 6-12 所示。

图 6-12　物联网技术在智慧医疗中的应用

2. 移动通信技术

移动通信技术能够帮助完成对医疗信息平台和医院设备设施管理系统的数据资源进行语义理解、决策和发布，用户（医护人员和病患及家属）无论何时何地都可以通过移动设备访问和接收所需要的信息，实现智慧医疗医用。移动通信技术还可以为移动用户的地理定位和移动提供支撑，推广智慧导医和智慧医疗辅助服务，尤其要充分利用目前各手机 APP、微信公众号等移动服务资源，努力实现挂号、诊疗、住院、结算、复诊、咨询等全方位、全过程的掌上操作。

3. 数据融合技术

数据融合技术可以充分利用医疗信息化系统和建筑电气系统的优势，实现病人诊疗信息和管理信息的收集、存储、处理、提取及数据交换，实现医疗服务水平的提升。比如融合各种技术手段实现远程探视，可以避免病患与探访者的直接接触，杜绝感染；融合各种传感器和信息化技术的健康状况自动报警，可以对病患的医疗数据进行监控，降低护理成本；智慧处方，可以记录患者过敏史和用药史，为疾病治疗和健康保健提供参考。

4. 室内定位导航技术

室内定位导航就是结合智能手机的地图定位和导航功能，把你从目前所处的位置带到另一个你想要到达的任何位置。影响室内定位导航的精度的关键因素是室内定位技术。常用的室内定位技术包括：Wi-Fi 定位、蓝牙定位、RFID 定位、超宽带定位、红外技术、超声波等，在医院环境中可选用的是 Wi-Fi 定位、RFID 定位和超宽带定位技术三种。

6.5　相关设计改造案例

6.5.1　某医院电气系统设计

本案例为某医院医疗综合楼和传染楼两幢建筑的电气设计。与电气设计相关的经济技术指标如下：总建筑面积 110,000m²（含地下室

15,750m^2），其中医疗综合楼地上 90,350m^2，传染楼 3660m^2。

6.5.1.1　供配电系统

1）电源：本工程按一级负荷供电，由市政引入两路独立 10kV 电源，采用单母线分段运行方式，正常情况下两路电源同时供电、分列运行，高压 10kV 设母联，当一路电源停电时由另一路电源担负全院负荷。另外为保证医院一级负荷中特别重要负荷的供电可靠性，设 1 台 1000kW 柴油发电机用作应急电源。

2）按规范要求，一级负荷重要负荷包括：医院重症监护、重要手术室等涉及患者生命安全的医疗设备和照明用电；一级负荷包括：消防设备负荷、ICU、手术部、中心化验的动力和照明、介入治疗用 CT 及 X 光机扫描室、百级洁净度手术室空调系统用电、生活变频水泵、吸引机房、客梯电力、主要业务和计算机系统用电、安防系统用电等；二级负荷包括：其他手术室空调系统用电、一般诊断用 CT 及 X 光机用电、高级病房；其余为三级负荷。

3）低压配电：医院低压配电系统采用树干式与放射式相结合的供电方式，对单台容量较大的用电负荷和重要负荷采用放射式供电方式；对于医院照明和一般负荷采用树干式和放射式相结合的供电方式。①工程中冷水机组、热泵机组、生活泵、电梯、放射机组等负荷采用放射式供电。22kW 及以下的电动机均采用全压启动方式；空调机、新风机、排风机、送风机等采用 DDC（直接数字控制）及手动控制。②为保证医院重要负荷的供电，对重要用电设备，如消防用电设备、排烟风机、正压送风机、消防电梯、信息网络设备、消控中心、手术室、ICU 等，均用双回路专用电缆供电，在最末级配电箱处设双电源自投自复装置。

4）分项计量：电力计量采用高供高计，在医疗综合楼的 10kV 进线侧集中设总计量；根据《绿色医院建筑评价标准》GB/T 51153—2015，在主要功能分区计量的基础上，对照明、动力及供暖通风空调系统用电，进行规范性分项计量；在大楼总变配电所值班室，设置能耗计量系统控制主机，集中采集各类仪表数据，实现对医院能耗的分类计量和统计。

6.5.1.2　照明系统

医院照明以清洁、明快为设计原则，同时考虑节能、避免浪费、满足使用。诊室、候诊、挂号、化验、病房、办公、手术、走廊等医疗用房均以荧光灯为主，辅助用房及各机房按其功能要求配以相应灯具。

1. 光源选择

光源显色指数，一般场所 $Ra \geqslant 80$，手术室 $Ra \geqslant 90$。色温病房、理疗室 $Tc \leqslant 3300K$，诊室、检验科、办公室、医技科室用房 $3300K \leqslant Tc \leqslant 5300K$。

2. 照度要求

照度要求应满足国家相关规定和医院实际照明需求，见表 6-2。

医院各区域照度要求　　　　　　　表 6-2

场所	参考平面及其高度	照度取值（Lx）
病房、值班室、太平间、门厅、走廊	地面	100
诊室、急诊室、处置室、护理室、监护病房、检查室、办公、消毒室、理疗室、麻醉室、治疗室、护士站、会议室、放射科检查室	0.75m 水平面	300
手术室	0.75m 水平面	750
化验室、药房	0.75m 水平面	500
候诊室、挂号厅、资料档案室	0.75m 水平面	200
楼梯、平台	地面	75
暗室、更衣、污物处理室	0.75m 水平面	150

3. 应急照明

采用集中供电点式监控智能（消防）应急疏散照明系统，设置疏散照明的场所包括楼梯间、电梯间、疏散走道及多功能厅等人员密集场所，其电源接自该系统各应急照明分配电装置，该系统按防火分区设置，主机设于地下一层总变电所值班室内。疏散照明系统持续供电时间不少于 90min。

4. 照明系统配电

照明、插座分别由不同的支路供电。

1）主楼照明系统配电系统设置在各层的照明配电箱；

2）应急照明采用集中供电点式监控智能（消防）应急疏散照明系统，可靠性高、转换迅速、管理维护方便；

3）手术室及 ICU 室的照明采用高显色荧光灯，色温在 3300～5300K，并采用漫反射型灯具减少眩光；

4）各医技科室均设电源开关箱和电源插座箱提供医疗装备电源，并设漏电保护；

5）各层照明配电箱插座回路使用漏电保护开关。

6.5.2　某医院电气系统改造

本工程总用地面积为 15.52 万 m^2，总建筑面积 178,957m^2，包括地下总建筑面积 33,624m^2，地上总建筑面积 145,332m^2，其中门诊医技楼 61,957m^2，住院楼 83,375m^2，建成后总床位达 1500 张。住院楼建筑高度为 73.50m，门诊医技楼建筑高度为 25.20m。该医院建筑类别为一类高层公共建筑，耐火等级为一级。该医院实现了智能电气节能与集中监控改造。

6.5.2.1　供配电系统

1）将变电所设置在医院负荷中心附近，减少低压侧线路，以降低线路损耗；

2）变压器采用低损耗、低噪声的节能干式变压器，长期负荷率在 60%～80%的范围；

3）医院选用绿色、环保且经过国家认证的电气产品，在满足国家规范和行业标准的前提下，选用高性能变压器及相关配电设备，选用高品质的电缆，降低自身损耗；

4）配电系统可合理分配用电负荷，三相负荷平衡；

5）变配电所周边加强通风降温条件，控制变压器工作温度，以降低变压器损耗；

6）无功功率因数补偿采用集中补偿和分散就地补偿相结合的方式，在变电所设置低压集中无功补偿装置，补偿后功率因数不小于 0.9；

7）大型医疗设备采用就地谐波治理手段，并在变电所考虑谐波集中治理。

6.5.2.2 照明系统

1）应根据国家现行标准、规范要求，满足不同场所的照度、照明功率密度、视觉要求等规定，在满足照明质量的前提下，选用高效节能照明产品；

2）照明场所的功率密度照度值，符合《建筑照明设计标准》GB 50034—2013 规定；

3）灯具选择符合《建筑照明设计标准》GB 50034—2013 规定；

4）荧光灯和气体放电灯配电子镇流器，功率因数大于等于 0.9；

5）公共走廊照明采用 LED 光源；

6）充分利用自然光照明，部分区域设置具有光控、时控或人体感应等功能的照明控制装置；

7）医院走廊、地下室等采用夜间可降低照度的智能控制方式。

6.5.2.3 用电计量

1）低压配电系统采用分项计量以实施电能在线监测；

2）在高压进线、低压柜各出线以及各楼层配电箱设置计量或测量仪表，对用电负荷进行连续监测。

6.6 结语

电气自动化系统性能提升是现代医院综合性能提升的重要组成部分，直接关系到人民群众的就医体验和满意度。北京既有医院大都是集医疗、科研为一体的现代化综合性医院，医院设备设施的智能化水平不仅要满足医疗服务的需要，而且应成为国内医院建筑智能化工程的范例。通过搭建医院综合云平台，可以实现现有电气自动化系统的深度集成，确保医院（院区）既有机电设施安全可靠的运行。同时，伴随着智慧医疗技术的应

121

用，可以改变医院传统的管理模式和人民群众的医疗习惯，促进国家智慧医院战略的实施。

既有医院电气自动化系统综合性能提升应根据实际调研和评估结果，结合医院建筑设备设施的设计、运维、升级特征，制定适宜的电气自动化系统性能提升改造规划方案。如前所述，电气自动化系统性能提升改造应在少停业甚至不停业的前提下，改造或升级既有建筑内的电气设备，搭建医院综合云平台，实现现有电气自动化系统的集中监控和深度集成，提升医院现有设备设施的智能化程度和各电气自动化系统的综合性能，并在此基础上开展智慧医疗服务。重点包括以下内容：

1）电气自动化系统改造：包括供配电系统和照明系统改造。医院供配电系统性能提升改造应从医院用电要求出发，对现有系统形式、控制方式、电能质量等因素进行综合评估，判断其是否符合现行国家规定和医院实际需求，是否能够提供一个安全可靠、绿色节能的用电环境。医院照明系统改造应从医护人员工作和病患治疗康复需求出发，对现有系统的设计、控制方式、节能运行等因素综合评估，基于此开展智能监控、场景控制、亮度/光色调节以及实现昼夜节律照明等。

2）综合云平台构建：医院电气自动化系统性能提升应搭建医院公有/私有/混合云平台，以实现系统集成。医院主导的私有云架构应能够支持虚拟化与云管理的自动化、监控管理一体化、开发与运维流程化、深化决策分析、面向 SOA 的组件及服务管理的运维管理模式等。设计中应注重监控、流程、自动化的综合协作管理，实现监控管一体化。

3）系统集成：由于医院现有电气自动化系统均为分期建设，具有多厂商、多类别、多协议和多种体系结构的特点，要实现系统集成，需要解决各设备、各系统之间的互联和互操作的问题。要基于医院综合云平台进行系统集成，共享这些系统所提供的硬件和资源，并宜与医疗信息系统共享数据。

4）智慧医疗应用：智慧医疗规划设计和部署，应充分应用现有医院综合云平台数据和可开放的医疗大数据，开展智慧医疗服务，为患者营造更好的就医环境。智慧医疗系统应优先开展智慧导医、室内定位导航等服务，同时还应满足医院医疗水平、管理模式和可持续发展的需要。

总之，在实现医院电气自动化系统综合性能提升改造过程中，应从医院实际需求出发，对供配电系统、照明系统以及各智能化系统（如通信网络、安防、IC卡）等系统的现状问题进行深入分析，参照国内外研究成果与先进案例，通过智能化改造和系统集成，将医院现有的电气自动化系统全面集成，创造便捷、舒适、健康、安全的医院环境。

第7章 交通系统性能提升

随着医院就医人数的增多，停车问题逐渐成为众多焦点中的热点问题。长期以来，我国医院将门诊大楼、综合楼、住院部大楼等医疗直接相关的功能建筑作为重点建设和管理对象，对医疗出行过程关注较少。同时，由于停车资源配建指标的限制，多数医院在初期规划建设时难以充分考虑未来机动车发展需求，致使院内车位数量不足，停车供需矛盾突出。

针对医院停车问题所造成的困扰，2018年10月国家卫健委专门发布《关于征求综合医院建设标准（修订版征求意见稿）意见的函》，指出综合医院停车配建数量和面积指标，不再统一设置限制，应根据各个区域实际情况来建设。停车收费价格管理成为抑制重点区域停车需求的重要手段，例如北京市于2011年开始对中心城区实施高额停车收费，并且限制新建建筑物的停车位供给，以此抑制机动车出行与停放需求，改善区域交通品质。但由于医院停车需求的特殊性，停车位供给不足却难以有效解决。医院就诊患者多数出行不便，机动车出行比例偏高，造成停车需求较大，为切实解决医院停车问题，北京市医院管理部门也不断探索解决方法，逐步增加医院内部地面停车位、立体停车场或地下停车场，在一定程度上缓解了停车资源紧张的局面。由于医院停车问题涉及停车交通流特性分析、停车内外交通组织、停车引导系统设计、停车资源有效应用、停车资源规模提升，是一个复杂系统性的问题，因此，本章对医院停车系统流程进行梳理，在既有资源条件下，研究科学组织停车流线，构建有序停车环境，合理引导停车需求，逐步形成与医院建筑、景观环境相协调，与区域交通相融合的可持续停车发展模式，为北京既有医院停车系统管理提供借鉴与参考。

7.1 医院停车属性和需求认识

7.1.1 基本属性

医院地区停车从属于城市停车事务，但又区别于城市其他用地类型停车，需要对其基本属性有明确认识。

首先，需要认识到城市停车是城市交通发展模式选择与演变的有机组成部分。城市停车与小汽车出行密切相关，在制定城市停车发展战略时，应充分考虑城市交通现实情况，把握好"动静结合""以静制动"的基本原则。目前我国城市，尤其是大城市，需面对以下现实和特点：①由于整体社会经济发展阶段的需要，我国城市私人小汽车拥有率逐年提升，且在使用率上远高于国外。就我国目前城市高强度开发和道路资源状况而言，尚难以承受大量的小汽车拥有及高强度使用，迫切需要通过严格的停车需求管理手段对公众用车理念和行为进行疏导和抑制。②与既有车辆相比，停车泊位尤其是配建停车泊位不足和使用不规范的现象极为普遍，占用了大量道路和绿地等其他公共空间资源、降低步行出行服务水平、影响了车辆及非机动车的正常通行，拉低了城市居民生活品质。

其次，停车服务不是基本公共服务。为居民提供基本公共服务是城市政府的基本职责，在日常交通出行领域，公共交通才是政府应提供的基本公共服务而非私人小汽车出行。车辆停放是私人使用消费车辆这一商品的一个环节，而非地方政府必须提供的基本公共服务，即停车是具有公共服务属性的商品。私人汽车停放与车辆购买和车辆加油性质相同，都应由个人承担。在停车环节，政府基本职责在于治理"乱停车"，维持好公共空间的停车秩序，防止公共空间无序占用，影响公共利益。

最后，医院停车属于出行停车，具有商业性和公益性双重属性。通常来说，停车泊位属性可分为基本停车位和出行停车位两类，其中基本停车位是指为满足居民车辆拥有所需的停车空间，出行停车位是指为满足居民外出活动而设置的停车空间。两种停车的需求特征存在明显差别，其中基本停车需求主要集中在夜间，停车时间较长。出行停车主要集中在白天，因出行目的不同而呈现不同特点。医院停车在本质上属于出行停车，且其停车需求主要集中在白天，其中工作人员停车属于上下班停车，停车时间较长；门诊病人停车属于典型医疗停车，到达时间同预约就诊时间高度相关，停车时长与候诊时长高度相关；住院区的接送病人停车同门诊病人停车需求类似；探病停车一般集中于非工作时间，且停车时间较短（陪护人员除外）。仅从停车服务的角度看，包括医院停车在内的所有停车设施，根据基本属性分析，均不属于基本公共服务，其成本应当由使用者承担；同时由于医院停车具有稳定的现金流，可以市场化经营，且在合理的环境下具备盈利条件，因此属于商业地产。从医院角度看，公立医院医疗有较强的基本公共服务属性和公益性，医院停车作为其组成部分，也有一定的公益性。

7.1.2 基本需求

1. 基本出行需求

在城市进行停车资源管理时，往往按照适度满足基本停车和严格控制出行停车的原则开展。基本停车管控措施在很大程度上影响车辆购置与拥有，并且也会影响居住社区未来环境品质。出行停车管控措施影响车辆使用，与整个区域出行车位供给和整体交通运行状态相关联。

医院停车是出行停车中需要尽可能满足的特殊类型。一般公众出行中，办公、上学、商业、娱乐等出行需求的实现方式，除小汽车外尚有相对丰富的可选择性，可以通过停车位数量和价格作为需求管理的手段，引导出行者选择公共交通或自行车等绿色出行。而医疗出行，特别是门急诊病人停车和住出院患者的接送停车，由于病人身体不方便，采用小汽车出行具有一定不可替代性，因此医院应尽可能为患者提供停车位需求服务。

2. 不同医院差别化供给

对于城市而言，由于城市不同区域发展状态、发展形势有较大差异，单一的管理政策与措施难以起到全面推动的效果。城市中心区、近郊区域和远郊区域交通基础设施建设配比不同，可供形成的交通发展存在差异；同一城市区域土地利用业态不同（例如居住、办公、商业、医疗教育、娱乐等）均有不同停车需求。城市停车政策制定应差别化、精细化，应根据城市每一个区域、每一个地块的具体情况量身打造。

医院类型和规模不同，其医疗水平相应相差较大，病人的分布范围也存在较大区别。大型综合性医院医疗水平较高，医疗辐射距离较长，对小汽车出行的依赖性较高，停车需求也相应较高。而对于规模较小的综合性医院、社区医院等，由于医疗水平相对较低，就医病人以周边居民为主，由于出行距离较短，对小汽车出行的依赖程度相对较低，停车需求相对较小。因此，在制定医院停车供给策略时，应根据实际停车需求，采用差别化思路。

3. 不同人群差别化供给

一般来说，综合性医院中有门诊患者、急诊患者、就医陪同人员、住出院患者、医护人员、行政管理服务人员、探视陪护人员等多种人群，不同人群的停车需求特点差别较大。其中，门急诊就医人员（包括陪同人员）、住出院患者的停车需求最大、刚性最强，应优先满足。医护人员停车需求与上下班停车需求类似，刚性相对较弱，但由于其上下班的便利、舒适程度与其医疗工作息息相关，应尽量予以满足，以保障有更好的精力和心情为病人做好诊断医疗服务。行政管理服务人员与其他单位的工作人员性质相类似，必要性相对较弱，不必全面满足。探视陪护人员出行与探亲访友出行相近，也可不作为考虑重点。

7.2　北京医院停车问题简析

本节结合停车供给策略，从医院内外交通组织、机动车引导标识、机动车车位使用模式、停车收费模式等方面，对北京市既有医院整体交通问题进行全面描述和分析。

7.2.1　医院内外交通组织

医院周边道路交通运行与医院动态停车组织相互作用，在开展动态停车组织时，需要把握周边道路交通运行与医院出入口设置、停车组织流线排布的相互关系，保证医院动态停车组织与周边道路交通组织的契合程度，尽量避免交织、减少交通冲突点。目前既有医院部分院区门前道路交通资源紧张，医院入口放行速度低，大量车辆在门前排队，导致道路交通拥堵，影响市政交通；医院入口距离市政道路较近，车辆进出产生的汇流影响周边交通。对于医院门前临近交叉口，交通组织情况比较复杂，因此路段应该因地制宜采取措施进行管制，例如，重新设计交通流线、禁止对向车辆左转、设置医院排队专用车道。

医院内部交通以完成医院工作和患者就医行为为目的，医院内部动态停车组织流线设计应与医院建筑布局相协调，与院区功能分区设计、建筑布局配置相适应，最大程度减少机动车流线冲突，便捷院内行人组织。北京市既有医院各停车场位置分布不合理，尤其是立体停车库，部分院区立体停车库分布在医院交通主干道上，车辆的存取对交通流的正常运行造成影响；医院功能布局分区分布凌乱，不仅对医院正常运行造成不便，而且增加了医院内部交通量；院区内机动车和行人混行，不仅影响机动车平均运行速度，而且影响院区行人安全。应从功能分区角度进行交通流线设计，优先采用单向循环方式开展交通组织，区划行车与禁行区域。

7.2.2　机动车引导标识系统

静态路侧和路面引导标识可以提供行驶方向，是交通组织的关键内容。动态引导标识可提供车位余量信息、停车收费信息。两者需要协同配合才能发挥医院区域停车设施最大效能。当前一些医院动态智能化停车诱导标识系统的缺乏，导致停车信息不明确，车辆停车过程延误大，停车资源难以有效利用。常见的问题有：①现有标志标线分化不清晰以及新旧标线重叠造成标示混乱，指示不清，扰乱机动车及行人正常出行判断。②标示设计不合理，在不同施工阶段设置功能相反标志标线，对老标线未能及时拆除，不同功能标线同时作用易引起驾驶人错误判断，影响车辆出行（图7-1）。

7.2.3　机动车车位使用模式

有限的机动车车位资源的科学配给是发挥资源服务效能的重要手段。当前医院往往具有三种类型停车场，包括地面停车场、立体停车库（设施）、地下停车库。其中地面停车场施工成本低、运维成本低、利用方便性高，是当前管理方和使用者优先选择的停车区域，但却对就医环境带来了诸多影响。医院在运营上，应利用流线优先、引导优先、收费优惠等手段优先使用立体和地下停车库。

图 7-1　某医院内部标线冲突混乱

　　当前医院机动车车位使用模式的主要问题有：①在机动车位供应紧张的情况下，土地利用率不高，部分医院地面车位未得到充分开发，需要科学规划合理配置，提高设置针对职工、探病等出行目的的立体停车位比例。②因为地面车位具有使用方便、存取简单等优点，在使用过程中多数驾驶人会优先选择地面车位，这直接影响医院景观美化，且较大的地面交通流也影响行人安全。

7.2.4　停车收费模式

　　医院停车大体上可以分为就诊停车和非就诊停车（如探病、送人等），在停车资源约束条件下，应策略性限制非必要性停车行为。经济手段是调节停车需求的有效措施。现阶段医院停车大多数实行北京市统一标准，由于医院地区停车存在特殊性且车位紧张，建议通过经济杠杆对停车需求进行调节。

7.2.5　停车智能化引导

　　通过前期调查发现，当前北京市多数医院基本没有配备智能化引导设备，多数院区仍然采用人工管理的手段，人工管理成本高、效率低，需要设置智能化引导标示系统，对入院车辆实行智能化管理。

　　以上问题均是基于当前区域医院既有停车设施运营效率不高而提出的，另外在立体停车库建设、停车运维人员基本素养上也有值得挖掘的空间。

7.3　相关策略经验分析

7.3.1　国内策略

为了解决医院停车难的问题，国内众多专家学者提出了许多解决措施和建议，本章通过对北京大学第一医院、哈尔滨医科大学附属肿瘤医院、华西医院等大型医院停车问题解决措施的梳理，从供给、需求、管理这三个层面对其进行汇总，以此为北京既有医院交通停车系统性能提升提供借鉴。

1. 满足供给

修建立体停车楼或地下停车场。一些医院在建设初期将交通系统规划与医院整体建筑规划同步进行，并且依据城市社会发展态势做好前期预测，不仅满足了现在的需求，而且对未来发展预留了空间。此外，一些医院前期建设时开发地上或地下空间，建设立体停车楼或地下停车场以满足停车需求，减少对地面停车的依赖。

共享停车新模式。共享停车近年成为医院停车问题解决的新模式。共享停车是指一定区域内不同功能性质的毗邻建筑物或土地使用者，因高峰停车需求时间存在差异性和互补性，而共用停车场地，以提高每个停车场泊位使用效率，降低各方单独拥有停车场所需提供的泊位总量。通过共享可以最大化地利用城市现有的停车位，缓解机动车增加带来的停车难问题，进而缓解停车难带来的中心城区交通拥堵现象。医院停车需求与周边小区和商场停车需求在时空上互补性较强，因此可对医院周边小区和商场可用停车信息进行指引，引导等候车辆向周边停车场分流，共享周边闲置停车资源。

2. 控制需求

提高停车收费，调控需求。国内部分医院已开始实行差异化停车收费策略，具体包括：利用价格杠杆作用降低驾车就医比例，减少需求；按照需求种类、停放时间细化收费标准，提高非就诊、长时间的停放成本；制定富有弹性的停车收费标准，对不同地段、不同时段、不同种类的停放车辆给以不同收费价格，鼓励短时停车，提高停车位的周转率。

完善多样化交通接驳设施，鼓励公共交通出行。许多大型医院集中于城市中心城区，为此建设了完善的周边交通设施供给，包括公交、轨道线等设置，实现多种交通方式接驳。通过多样化的交通接驳，从源头上降低了机动车来往医院的比例，控制需求以缓解停车问题。

宣传、引导患者"小病去社区"。国内医院在停车需求控制方面另一条成功的经验就是病患分流，即宣传引导患者小病就近去社区医院。通过扩大社区药品目录，在制定医疗费用报销政策时向社区就医费用倾斜，培训和提高社区医生医疗服务水平，从而使患者愿意且放心到社区医院就医。

建立分院，疏解客流。大型医院多集中于城市中心城区，其优质的医疗资源不仅服务于城市中心区居民，而且吸引了城市外围居民进城就医，一定程度上加大了医院停车需求。部分医院的做法是在郊区建设分院，以缓解城区内的就医压力，进而从源头上减少城区内医院的停车数量。

3. 优化管理

1）疏通医院周边交通。国内医院在缓解医院周边道路拥堵的有效解决措施包括：在建设医院停车场时，与相关交通、城建、城管等管理部门充分沟通，考虑周边交通、设施的畅通，围绕院区形成单向交通，避免医院出入口车辆交织运行，减少车流流线的冲突点数量；合理设置公共交通车辆的停靠站、设计流畅的交通流线、在医院入口附近设置临时停车港湾、分别设置医院停车场出入口、进行人车分流等。

2）加强医院内部停车管理。对医院内部停车资源应进行统一管理，实行分区管理与控制，划分职工停车区与就诊人员停车区，并设置清晰完善的停车引导标识系统，引导车辆顺利到达停车位。由于职工的车辆停放时间一般较长，一般经验是：在进行分区管理时，将职工停车设置在地下车库和立体停车场高层。

3）完善医院内部交通引导。大型医院停车问题来源之一是院内交通组织混乱，增加了车辆进出停车场的时间，降低了停车场的利用率。因此，有效的经验做法是：对院内交通进行合理引导，如优化院内交通线路和流向、设置醒目的交通引导标志、增加管理人员疏导交通、设置机动车及非机动车专用道、分离出入口等。

4）优化就医流程。如提高医护人员的工作效率以节约就医者的时间等措施，直接缩短驾车就医患者及陪同人员在医院的停留时间，进而提高医院内部有限停车位的周转，缓解停车难问题。

5）提倡智能缴费模式。目前各大医院停车场收费方式多为人工收费，虽较为简洁明了，但却增加了车辆在出入口的等候时间，易造成拥堵甚至影响停车位的使用。目前更有效的做法是开通支付宝、微信等更加便捷的移动支付方式，鼓励车主在医院官方 APP 上预交停车费，提高缴费效率，缩短车辆进出停车场的时间，间接提高停车场的周转率。

7.3.2　国外策略

国外的停车问题早已得到多国学者的关注，且已提出了一些解决医院停车问题的策略。普遍认为"以静制动"、停车管制是管理出行需求最有力的工具。解决措施包括：

1. 取消最低停车位建设要求

欧洲各地的区域规划已经取消了最低停车要求。研究表明，最低停车要求对城市形态和社区造成了不利影响（如停车供应过剩、发展蔓延、土地价值膨胀等）。消除最低停车要求允许市场对不必要的需求和供应进行定价，以支持更有效的土地利用。取消停车要求往往会使土地开发成为更具生产力的活动，从而提高土地开发密度；增加老旧建筑附近区域的再利用，特别是在城镇中心；同时，取消最低停车要求也会影响公众出行模式转换，如果目的地没有充足的免费停车位，出行者将认真考虑其他模式的出行。

2. 共享停车

共享停车是一种管理策略，目的是在确保可能的情况下，增加停车资源的使用频率，以共享方式满足高峰需求，提高车位的利用率。共享停车可以通过两种方式实现：通过政府强有力的计划或政策；允许共享停车市场出现，鼓励共享停车，以减少停车设施的建设。地方政府可以通过教育和非强制性的鼓励措施协助这一进程。在医院附近居民区，有车上班族的家庭可在白天向通勤到医院的人出租停车位。

3. 非捆绑式停车

非捆绑式停车是指将住宅和商业地产的购买或租赁成本与停车资源分开的策略。许多城市住宅开发相关的非捆绑式停车场需要额外增加其他费用，这种成本占小型住宅总购买价格的 20%～25%。就医院而言，将商用和自用停车位分摊到停车位成本是理想的。应该为医院所有工作人员分设收费停车场（让员工意识到停车是需要缴纳费用的，而不是掩盖一些员工的工资成本）。同时，这样也可以促进员工采用其他方式出行，并给予员工不停车补贴。

4. 停车许可策略

停车许可制度即赋予停车者一定选择权利，同时放弃一部分停车时间，是一种灵活的停车许可管理模式。对于那些拥有灵活停车许可的人来说，可能会有一个共享地段，以便他们可以在其需要开车上班的日子开车。由于灵活停车许可也是共享的，因此他们可以通过计算机预订系统，预订指定区域的停车位。任何特定日期未使用的停车空间，都可以用于对外出租。

5. 完善定向标志标识

定向标志标识实时提供可停车信息。这些标志应放置在主要通道上，并告知驾驶人停车位置、价格和最长停留时间。该信息允许驾驶人首先获取最近可用的停车设施；其次，评估停车与其他区域停车的相关值。

6. 组建社区运输管理协会

许多交通需求管理专家强烈建议采取运输管理会的形式，共同管理特定地理区域内的交通运输。联合规划允许不同的利益相关者考虑如何战略性地管理一个地区的出行，并且强调更加舒适的出行。该合作组织具体功能包括停车经纪服务、停车费用分配、出行方案管理和实施监督等。

7. 制定员工出行计划

员工出行计划是一种需求管理手段，旨在改善工作人员的出行选择，并减少与工作出行相关的低效出行。出行计划通常审计从家到工作和基于工作的出行需求，并建议长期的管理策略。制定员工出行计划意在通过转变出行模式，支持其他停车需求管理策略。

7.4　性能提升规划设计

7.4.1　工作要点分析

医院停车系统设施性能提升包括静态供给及动态组织两方面工作，同时静态供给也决定了动态组织，在具体工作过程中需要处理好以下关系：

1. 供给与需求

医院停车需求量大小与交通组成类别决定交通组织需要的道路空间资源。在进行静态供给规划时，需要把握医院地理区位、医院性质和规模、就诊患者来车需求、医院员工停车需求、急诊和消防车辆停车需求、医院特殊车辆停车需求等内容。

2. 动态组织与功能布局

医院交通出行以完成医院工作和患者就医行为为目的，医院内部动态停车组织流线设计应与医院建筑布局相协调，与院区功能分区设计、建筑布局配置相适应，最大程度减少机动车流线冲突，便捷院内行人组织。宜采用单向循环方式开展交通组织，行车区与禁行区应有明显界限。

3. 动态组织与外围交通

医院周边道路交通运行与医院动态停车组织相互作用，在开展动态停车组织时，需要把握周边道路交通运行与医院出入口设置、停车组织流线排布的相互关系，保证医院动态停车组织与周边道路交通组织的契合程度，尽量避免交织、减少交通冲突点。应在对医院周边道路空间和流量、流向特征分析的基础上，以车流通行功能分离、冲突点最小为目标，利用压缩车道宽度、置换车道位置、调整车道功能、优化信号配时等手段，优化道路时空资源。

4. 停车资源利用模式

当前医院往往有三种类型停车场，包括地面停车场、立体停车库（设施）和地下停车库。其中地面停车场施工成本和运维成本低，且利用方便性高，是当前管理方和使用者优先选择的停车区域，但却对就医环境带来了诸多影响。医院在运营上，应利用流线优先、引导优先、收费优惠等手段促进使用立体和地下停车库。

5. 停车收费调节模式

医院停车大体上可以分为就诊停车和非就诊停车（如探病、送人等），在停车资源约束条件下，应策略性限制非必要性停车行为。经济手段是调节交通需求的有效措施。医院应制定多样化、高标准的停车收费策略。例如，为鼓励短时停车可采用 20min 免费，超过 20min 高额收费（10 元/20min）；为引导利用非地面停车设施，可将地面设施收费价格调整为地下或立体停车设施两倍；为限制非必要性停车，可将停车收费额度与医院就诊信息相关联。

6. 动静态标识引导效能

静态路侧和路面引导标识可以提供行程方向，是交通组织的关键内容。动态引导标识可提供车位余量信息、停车收费信息。两者需要协同配合才能发挥医院区域停车设施最大效能。当前动态智能化停车诱导标识系统的缺乏，导致停车信息不明确，车辆停车过程延误大，停车资源难以有效利用。

7. 员工与患者需求调整

根据人员种类，医院停车可分为内部员工停车和就诊患者停车两大部分。在两者关系的处理上，应优先就诊患者停车。但是随着城市架构的拉大，职住距离增加，多数医生员工需要采用机动车方式完成工作出行。与就诊患者停车不同，医院员工停车时间比较固定，医院可利用周边道路、商场、居住区的停车资源组织医院员工停车，并给予相应补助。

7.4.2　停车需求测算

按照医院停车基本属性和满足策略，医院停车应适当满足。如果完全满足当前停车需求状态，则会进一步刺激更多停车需求，使其处于不断增加状态。实践中，停车位建设应与医院停车需求管控措施相互结合，保证供给与管控同步才能取得最佳的效果。

目前，专门针对医院停车需求预测的研究尚未形成成熟的应用体系。本章按照管控结合思路进行，对于既有医院新车位建设，以仅考虑满足当前停车需求状态为建设目标。为明确医院立体停车设施建设规模，需对当前停车设施使用特性指标进行调查，主要包括停车时间、停放饱和度和停车周转率等。

1. 停放饱和度

停放饱和度指某一时刻停车场实际累计停放量与停车供应设施容量之比。停放饱和度越高，表明停车场使用越频繁。高峰停放饱和度是指在高峰时段内某一停车设施累计停放量与该停车设施容量之比，它反映了高峰时间停车的拥挤程度。

2. 停车时间与停车周转率

停车时间与停车周转率是一组相对的概念。停车时间指车辆在停车场实际停放的时间。平均停车时间是指在某一停车设施上，全部实际停放车辆的停放时间的平均值，它是衡量停车场的交通负荷与周转效率的基本指标之一。

停车周转率表示一定时间段内（一日或几个小时等）每个车位平均停放车辆的次数，即总停放累计次数除以停车设施泊位容量的比值，停车周转率越高，表示平均停放时间越短，停车设施的使用效率越高。

调查发现，医院内停车包含了以就诊为目的的停车、医院内部医护人员的私家车、内部业务公车及以探视为目的的停车等。不同目的的停车停放时间与周转率差别较大，大致可分为两类：一类是以就诊或探视为目的的停车，平均时间在 1h；另一类是医院职工的私家车与内部业务公车，平均停放时间约 8h，即一个工作日。因此，两类停车主体在停车时间上可大致分为短时间停车及长时间停车，且前者停放时间随机、周转率高，后者停放时间稳定、周转率低。

3. 停车需求总量

医院全天进出车辆总量是车位建设需满足的服务总量，可以通过全天候医院车辆进出记录进行人工调查，也可以应用医院既有停车收费电子数据分析获取。以全天进出总量数据除以医院营业时间内停车周转率即可计算得到医院停车位需求数量。需要注意的是，如果有更丰富条件可以对不同停放时长车辆进行细化分析（不同停放时长车辆总数除以不同停放时长车辆周转率），得到更为精确车位数量需求。车位数量总需求减去当前设施容量即为需要新增的停车设施容量。

7.4.3 立体车库建设选型

在确定医院车位缺口数量后，如果明确要增加车位供应，可采用立体车库方式建设。在项目建设初期，应对医院建设土地性质和价值进行分析。医院土地利用性质一般均允许进行立体停车库建设，不存在土地利用性质纠纷的问题。在进行土地利用价值分析时，应遵循科学、合理化原则，充分考虑立体车库的性质。立体停车库的设计和建造必须结合周边的环境特点，使医院整体交通流线和建筑布局科学化和合理化，有效提升土地利用效率，并契合医院医疗建筑功能发挥；遵循人性化原则，坚持以就诊车辆进出便利为设计原则，立体停车设备的选用应尽量摒弃旧式非自动化立体停车设备，更多考虑新式自动化设备，充分实现车主存取车的方便快捷。

在对当前立体停车库具体运行原理了解的基础上，立体停车库设备选型一般应遵循以下原则：

1）根据场地整体情况选型：水平类设备适合长条形地形，垂直类设备适合小型方形场地，因此选型时必须充分考虑土地利用价值和各类停车设备的节地效率。

2）根据承重能力情况选型：不同形式立体车库承重能力不同，根据单车总量及总需求量进行承重载荷分析与计算，确定结构形式。

3）根据节电效率和环境影响选型：旧式的立体停车库，如简易升降类，此类设备适合临时性、过渡性车库，还适合地下复合型车库，其节电效率不及新式的自动化程度较高的立体停车库，而且噪声较大，对环境影响大；而单臂旋转类设备适合一些老旧小区、老办公楼或对日照要求高无法做"车库"的区域，是快速、小成本解决停车问题的优选，但此类设备节电效率较差，不适合做大的车库。

4）根据存取车效率选型：不同类型的停车库存取车效率存在很大差异，新式自动化停车设备比旧式停车设备，在存取车效率方面有明显的提升。

5）根据停车设备造价进行选型：各类型设备造价不一，单座车库或单个车位花费成本不同，应根据实际投资情况决定设备的选型。

6）根据厂商技术实力和诚信程度进行选择：需要注意的是，立体停车库的建设不仅是停车库自身的购置，而且需要后期不断运营维护，需要强而有力的技术服务支持。

7.4.4 智能停车诱导系统设计

在掌握医院需求、增建车位的基础上，医院可进一步增设或优化智能停车诱导系统。智能停车诱导系统是指以多等级引导标志为载体，使用先进通信技术向驾驶人提供停车场位置、可用泊位数等实时信息，同时指导驾驶员迅速寻找到空闲停车位的动态信息引导系统。医院智能停车引导系统应将医院周边及内部进行整合，统一布置分级停车资源指引系统，通过发布多级诱导信息向驾驶人提供精确的停车信息，以便驾驶人掌握停车资源使用及位置信息，迅速找到最为便捷的停车场。

智能停车诱导系统实现过程是，首先从中央控制系统获取范围内各停车场的剩余泊位、地点等信息，然后再通过中央控制系统将这些信息传递到终端的停车诱导标志、移动设备等，驾驶人行驶在路上获得这些最新信息后，可以选择最有效的路径到达停车场。医院智能停车诱导系统包括地面引导系统和地下引导系统两部分。

7.4.4.1 地面智能停车引导系统

1. 基本功能组成

医院地面引导系统应具有信息的采集、处理、传递、发布四项功能。信息采集目的是对停车资源状态进行信息收集，常规采集方式有自动采集与人工采集，采集内容主要有停车场具体位置、泊位数、车位占用与闲置数量。人工采集方式是指在停车场出入口处安排人员记录规定时间内车辆进出情况，计算出停车场的闲置泊位数目，并将数据反馈到控制中心。该方式难以保证信息采集的时效性，一般用于小规模停车场。自动采集方式则通用性比较强，能够保证信息及时地传达，但是相对于人工采集其成本比较高。自动采集方式依据具体使用设备，有不同的工作原理。通常有精确车位统计与引导：在每一个车位上加装红外感应器，以感应器离地面距离为判断依据，确定车位是否被占用；通道车位数量统计与引导：在停车场内部每一通道进出口设置线圈感应器，通过进出车辆数量计算通道车位使用情况。停车场车位整体统计与引导：将信息采集设备安装到停车场出入口，通过计算设备进出量确定停车场内部车位使用情况。不同方式，精确程度不同，建设成本相差很大，需要根据停车场规模大小进行选择。

信息处理功能是将采集到的信息进行加工处理，获取驾驶引导信息内容，并通过网络系统，将处理好的内容提交至控制中心。处理的信息主要是各个停车场车位闲置数量。此外，信息处理功能还包括存储停车场的实时信息，通过对停车场使用情况进行辨识处理，为停车场需求预测提供数据，为系统终端一侧提供预约服务等。

信息传递是指将收集与处理好的相关信息传输至系统显示终端，与信息发布系统直接相连。目前实现信息传输的方式包括有线传递和无线传递两种方式，实现系统处理信息的外部展示。医院区域信息发布方式建议选用动静结合可变信息板，以降低建设成本。

2. 停车诱导标志设置要求

一般医院内部停车场数量较多且分布在不同区位。在进行引导时，如果在停车诱导标志板上全部显示，将会产生过多认识压力，影响车辆通行效率。同时，由于单个停车诱导标志板体积有限难以显示所有引导信息，应当通过信息分级处理实现诱导标志板的分级引导，不间断地向驾驶者提供停车引导信息。

信息分级逐步成为枢纽场站等信息集中区域常用的信息引导策略。医院地区的停车诱导标志，也应以停车资源分区为基础开展分级设置，以提高标识可认识性。首先要对整体引导信息系统分级梳理，确定信息类别。划分停车分区需根据医院停车场布局、停车场使用分类和功能定位等情况进行设计。通常将整体信息内容分为三个级别，对应三级停车诱导标志系统，分别设计各个级别停车诱导标志的诱导内容和功能。

7.4.4.2　地下停车场诱导系统

依据医院地下停车库自身实际情况，以完成最好诱导效果为设计目的，在总结分析以上典型停车诱导系统的基础上，确定该停车诱导系统设计框架。

1）入口引导设计：采用接力引导方式进行引导。诱导设施采用独立建筑体，并配备车位检测信息，保证停车场内外停车信息同步传递；入口通道设计明确前进诱导标志，给出各层停车位数目，便于驾驶人选择。

2）交通流线组织：采用单循环方式进行流线组织，包括进出停车场通道大循环和场内通道小循环两部分内容。

3）停车场内引导信息：采用空车位引导方式布置引导信息，引导内容包括所在通道、通道空车位数、前方空车位数、出口方向、其他指引信息。

4）停车场信息分级：总体信息分级包括停车场信息、停车楼层信息、通道信息、停车位信息四个层次。

5）停车位标识信息：采用墙面、柱面、地面一体化车位标识方式，对停车位标识信息进行设计。

6）步行引导系统：借鉴机场航站楼停车楼设计方法，设计医院地下停车库步行引导系统。

7.4.5 停车组织优化设计

交通组织工作是研究如何在区域的各个设施之间建立交通通路，构建各部分之间，以及它们与外界之间的交通联系通道。医院停车组织是构建医院与外部城市道路设施及医院内部设施之间的机动交通联系通道。

7.4.5.1 停车组织体系要素及特点分析

城市医院交通系统在内外部交通运行特征上均有其独特的复杂性，具体体现在以下方面：

1. 对外机动车流服务种类多、交通流线繁杂

出入口是医院对外联系的关键部位，是医院区域机动车流线组织的管制点，通常包括主要出入口、传染病出入口、污物尸体出口、后勤供应出入口等。对应出入口功能不同，外部交通流可分为车流、人流和物流三部分。车流通常有就诊车辆、职工车辆、出租车、救护车等；人流通常有患者及陪同人员流线、医务工作人员和其他人员流线；物流包括洁净物流和污染物流等。在进行医院的外部交通流线组织设计时，应减少交织与冲突，保证各种流线高效流畅地运行。

2. 内部停车组织人性化和景观性要求更为突出

医院内部环境属性对于患者康复十分重要，这在一定程度上要求医院内部整体组织体系应关注空间人性化设计，保证其舒适宜人的康复治疗环境。因此，医院停车组织应与整体景观环境相融合，提供积极有利于病人康复治疗的氛围，交通设计和景观生态两者需要有机地结合。

3. 整体停车需求量大且特征稳定

伴随着我国城市机动化进程，驾车就医成为一种广泛存在且被认可的出行心理和行为。医院地区尤其是大型医院，停车难的问题十分突出，不但延误患者就诊时间，而且影响人们的心理。同时，医院地区停车基本全天候处于高峰时期，具有与就诊时间相符的稳定高低峰态势。医院的停车目的基本分为就医、探病、工作三种类型，停车需求类别通常包括患者就诊（陪护人员）停车、内部职工（医护及管理人员）停车、少量的救护停车和公共停车等。

7.4.5.2 医院停车交通组织工作内容

通过对以上特征的分析，可以初步确定医院停车组织基本要点包括医院外部交通流线需要功能清晰明确、运行高效有序；与景观设计整体考虑，同时强化人性化和无障碍交通，减少机动车运行对其他通行要素的影响。为保证以上基本要点，医院停车组织需要关注的内容如下。

1. 停车需求量及交通组成分析

医院停车需求量大小与交通组成类别决定交通组织需要的道路空间资

136

源。在停车需求量分析上需要开展的工作内容有：①地理区位分析。由于出行方式可选择性的影响，位于城市不同区位的医院，其停车需求有明显差别。通常来说，相比于城市中心区域医院，郊区的公共交通系统往往不够便利，患者机动车出行比例更高，停车需求更为旺盛。而在城市中心的医院，患者根据以往出行经验会清楚意识到医院周边停车难、通行难，加上公共交通十分便利，在身体允许的条件下，会更倾向于选择搭乘公交或地铁。②医院性质和规模分析。在最新的《综合医院分级管理标准（试行草案）》中，依据功能任务、技术水准以及质量和管理水平，我国医院共分为三级十等。不同级别的医院在建设规模和人员规模上也有所不同，停车需求也有较大差距。③停车需求现状调研与分析。医院停车需求最能直观体现当前医院停车供应与需求所处状态，通过流线组织分析发现当前存在问题。

在交通组成分析上，需要关注的内容有：①就诊患者来车组织。短时停车与长时停车是就诊患者常见停车特征。出租车就诊、网约车就诊和部分私家车就诊需要 2～5min 落客时长，该类车辆可快速通过且不需要占用医院内部静态停车资源，是医院短时停车交通，需要给予快速通过流线与通道设计。多数私家车就诊、探望病人等车辆需要 30min 以上停车时长，需要进入院区内部占用静态停车资源。②医院员工停车组织。医院员工停车与就诊患者停车最大不同在于停靠时长和管理方便程度两个方面。在停靠时长上，医院员工停车通常为 8h 以上，具有较高的稳定性。③急诊、消防车辆通行组织。急诊、消防车辆不需要占用静态停车资源，但是对于通道的畅通性要求极高，建议有条件区域设置专用通道。④医院后勤车辆组织。药品器械、餐饮食品供应车辆停靠时间介于短时停车与长时停车之间，也是医院良好运转的必要环节。⑤医院特殊车辆通行组织。医疗垃圾运送、病人尸体运输、传染性疾病病人运输等特殊车辆不需要长时停车需求，但其通行需要一定隐蔽与隔离性，需要开展专门流线设计。

2. 周围道路交通通行与组织分析

在进行综合医院基地选择上，《综合医院建筑设计规范》GB 51039—2014 规定"宜交通方便面临两条城市道路"。原因在于良好的周围道路状况对于设计出流线清晰、便捷高效的外部交通和停车系统十分重要。周围道路状况与医院出入口的设置、交通流线的排布有着密切关系。具体分析内容包括医院周围道路的性质、等级、几何特征、通车流量、畅通情况、交通组织等内容，分析医院停车组织与周边道路交通组织的契合程度，尽量避免交织、减少交通冲突点。

医院周边信号交叉口与医院出入口间距、车道功能布局及信号配时等特征决定医院机动车流进出院是否顺畅便利，是医院停车组织关注的必要内容。通常医院进入车辆需求较大且排队较多，往往占用外部道路空间资源，需要协同信号交叉口组织与周边道路整体组织，最大程度减少医院停车影响。医院驶出车辆具有一定转向需求，若距交叉口过近，无法及时完成换道行为，极易引起节点性交通拥堵，此时需要对交叉口车道布置、引导标识及信号配时进行及时调整。

3. 功能布局及场地资源特征分析

不同的综合医院，门诊、急诊、住院、医技各大功能分区的空间布置不同，由此产生的出入口布置及功能截然不同，从而影响医院停车交通组织流线设计。但是无论医院建筑内部流线，还是外部流线都要清晰便捷，满足医患分流、洁污分流、人车分流，避免交叉感染。综合医院经历了从分散式布局到集中式布局的发展演变，很多早年建造的医院在设计未曾考虑过会有停车问题，致使现在改扩建过程中停车问题难以合理解决。由此，医院交通流组织及流线设计应与建筑布局同步，与院区功能分区设计、建筑布局配置相协调，可为停车组织、停车管理带来极大便利性。

医院场地出入口是医院内外交通的衔接点，其设置受医院功能布局影响，直接影响着停车流线组织。医院出入口及与之相关的交通集散空间的设置，是分析停车组织流线的关键点。综合来说，医院出入口一般包括主要出入口、传染病出入口、污物尸体出口、后勤供应出入口。

4. 停车设施类型分析

若将医院出入口作为停车组织的一个端点，那么医院停车设施将是停车组织的另外一端。停车设施一般包括地面停车场和停车建筑两大类，其中停车建筑又可进一步分为自走式和机械式两种类型（地上或地下）。不同的停车设施在占地面积、造价成本、使用效率、生态景观等方面有所区别，在进行选择时应因地制宜综合比对。例如，随着建造技术的发展，智能立体机械停车设施得到广泛使用，与传统地面停车场或地下停车库相比，立体机械停车设施具有占地面积少、造价低等显著特征。但是从当前实际运营情况来看，立体机械停车设施在入库环节对驾驶人驾驶技术要求较高，停车延误较大，容易产生院内交通阻塞点。由此，建议立体机械停车设施尽量布置在远离医院主要功能区、交通主流线之外，减少因停车延误而引起的流线不畅。

5. 停车组织与景观设计融合

医院的停车组织不仅仅要解决医院停车的行与停，还要考虑行停过程中的医院景观问题，缘于医院有责任提供给病人一个舒适的就诊、治疗和康复的外部环境，所以整个停车系统需要与医院景观设计相融合，停车组织要考虑医院整体景观设计，将医院整体景观性优先于停车便利性进行考虑。

在医院景观融合过程中，通常有"外环式"和"独立式"停车组织两种模式。"外环式"组织形式的特点是在医院院区内部紧靠院墙区域形成机动车交通主要通道环廊，连接院区及停车场地的各个出入口，次要道路用于连接各分栋建筑，可以最大程度避免医院景观的割裂。集中式布局的医院中，在集中布置的建筑群的外围设置环通路，连接各个建筑出入口，将性质相近的交通流进行汇合，并合用某个可以直接对外的出入口。医院用地规模比较大，或者地块可开口的临街面较长的时候，住院区、门急诊、医技区、后勤区形成各自相对集中的建筑组群，在各区有将各主要出入口连接的道路，各区有直接对外的出入口，各区之间有道路相连，通常采取"独立式"组织形式，各个区域独自开展景观设计与交通组织。

7.4.5.3 停车组织工作原则

医院停车交通组织往往是指与医院具有一定功能联系的机动车流，由院外公共道路网进入院内并在完成其出行目的后驶出医院的流线设计工作，需要在对外围道路、医院功能布局等分析的基础上，在不影响周边道路交通或者影响较小的情况下提出交通组织设计方案。应遵循的原则有：

1. 统筹协同

当前既有医院停车组织工作往往滞后于医院功能分区、建筑、景观设计等工作，导致医院停车流线不畅通、停车效率低、占用道路空间资源等现象且难以有效解决。前文详细分析了停车组织与医院功能分区、出入口设置、景观设计等相互关系，由此医院组织设计工作开展时机上应遵循与医院整体设计工作协同开展，统筹考虑区域路网交通特征、医院建筑功能布局、医院出入口设置、医院停车设施布局、医院景观设计等事项。

2. 右进右出

数量巨大是无可置疑的医院机动车停车需求特征。然而由于我国驾驶违章成本低、驾驶人让行意识差，在交通流量较大时，违规变道、行车加塞、争夺路权现象普遍发生，致使医院周边交通拥堵频发。需要应用交通设施，强制性减少不良驾驶现象的产生。与我国靠右行驶规则相匹配，右进右出交通组织可以避免转向交通冲突。

3. 空间固化

在右进右出的基础上，尽量使用硬隔离设施规范行车空间，将进院车辆与社会其他车辆通行空间进行一定程度分离，固化进院车辆通行空间，压缩加塞插队的不良驾驶行为产生空间。

4. 快慢分离

提高医院停车周转率是缓解医院停车需求压力的重要环节。按照医院停车行为特征分析，有进院-落客-出院（出租车、网约车等快进快出车辆）、进院-落客-停车-出院（就诊送人车辆）、进院-停车-出院（医院员工车辆）等类型，不同类型在医院的停车行为特征不同，最优方案是进行快慢分离，设计快进快出不停车流线、短时停车流线、长时停车流线等分类组织方案，减少相互之间干扰冲突，提升运转效率。同时，医院内部机动车行驶应尽量与行人通行空间进行分离。

5. 功能清分

医院还有医疗用品运输、传染性疾病病人出入、尸体运输等需求，需要进行流线功能细化，专门设置特殊车辆进出路线。

6. 景观结合

与医院整体景观相结合，最大程度构建无车区域，限制机动车运行速度，减少机动车通行及噪声干扰，保证医院良好的医疗环境。

7.4.5.4 停车组织实施步骤

医院停车组织工作最优开展时间为医院总体设计阶段，配合医院功能布局设计、建筑设计、出入口位置设计、停车设施规划、院内景观设计等工作共同开展。对于北京既有医院而言，由于其功能分区、建筑格局已基本定型，其停车组织实施具体可从以下方面开展：

1. 周边道路空间资源及交通通行与组织现状调研与分析

对医院所处区位进行分析，对医院周边交通资源（外围停车场、公共交通资源等）和道路的性质、等级、几何特征等进行现场勘测，对周边道路交通资源的利用现状进行现场实测，包括周边道路及信号交叉口车流量、畅通情况、交通组织等内容，确定周边道路空间可利用模式及限制条件。

2. 功能布局及场地资源资料收集与分析

收集医院整体建设（设计）资料，对医院功能定位、医院建筑功能分区、整体景观设计、停车设施建设类型、停车设施布置、医院出入口设置等进行分析，确定医院内部机动车通行可用空间及限制性要求。

3. 需求预测及交通组成分析

对医院进出车流量、车流种类进行调研（规划阶段可采用类比分析方法），对医院整体停靠特征、医院停车行为特征等进行分析，应用相关预测方法，预测医院机动车停车需求总量，并与医院座谈，明晰停车交通组成，明确停车组织服务对象。

4. 流线方案设计

结合本节第一部分内容，按照右进右出、固化空间、快慢分离、功能清分、景观结合、宁静化等工作原则，开展医院停车流线方案设计工作。充分利用医院内外空间资源，通常可有两种以上设计方案供甄选。

5. 组织方案评价与优化

构建医院停车组织评价方案，应用交通仿真技术对不同组织方案进行模拟评价，并根据仿真模拟过程中产生的问题进行整体或局部优化。

7.5 相关案例解析

7.5.1 案例简介

北京某医院位于怀柔老城区东南 5km 处，是集医疗产、学、研于一体的综合性医院。随着医院的投入运营，医院吸引大量机动车客流，医院周边交通问题成为怀柔区政府及社会关注的热点问题。为解决医院周边交通拥堵问题，合理利用周边交通资源，北京市怀柔区联合高校开展专项研究，共同梳理医院面对的交通症结，并提出针对性解决方案。

医院区域交通问题涉及周边基础设施效能发挥、医院内部交通组织、医院内部停车组织、医院内部停车特性及就医客流分布等方面的内容。项目研究以医院交通设施及就医客流特性调查为基础，从交通流组织、停车供需、停车位利用等方面。分析交通拥堵表象下的症结所在，而后提出针对性解决方案，具体工作流程如图 7-2 所示。

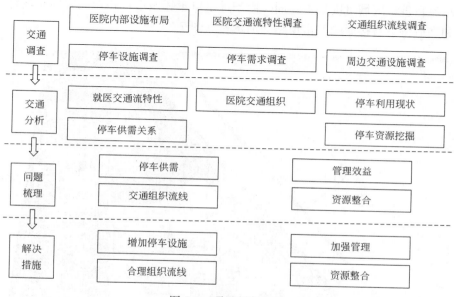

图 7-2　项目研究过程

具体工作内容包括医院周边基础设施调查与分析、医院内部设施布局调查与分析、医院就医客流特性分析、医院停车资源调查与分析、医院交通拥堵问题症结分析、医院交通拥堵问题解决方案研究等。

7.5.2　存在问题分析

通过详细调研分析，梳理出导致医院周边交通问题的主要因素有：

1. 停车位供需失衡

医院需要供给的停车位数量＝停车需求量/停车周转率，根据现有调查的数据显示，高峰小时医院停车需求量为 1600 辆，高峰小时停车周转率为 1.5，可得停车位数 1066 个。医院现有的停车位数量为 489 个，分别为医院地面停车位 177 个，地下停车场停车位 200 个，医院内部停车场 112 个。供需不平衡导致该医院停车问题，影响医院周边道路的正常运行。

2. 医院内部停车场利用率低

医院南部设有医院内部专用的停车场，不对外开放，停车位数量为

112 个。经调查该停车场的利用率较低，早高峰期间，该停车场的利用率不足 80%，造成停车资源的浪费。同时，医院内部职工往往占用医院内停车场，并且该部分车流周转率较低，又使得医院内停车位效益下降。

3. 停车场空间资源浪费

在医院里南部的停车场有 126 个停车位，停车场的进出口均采用双向交通组织，致使车行道过宽，造成空间资源有一定浪费。

4. 医院进出口车流交织

医院现状交通流线由南部进口一进一出，进出口间距较小，致使部分车流在进口区域过度集中；同时由于进出口紧邻城市道路，医院停车场饱和之后将会直接影响城市道路交通运行（图 7-3）。

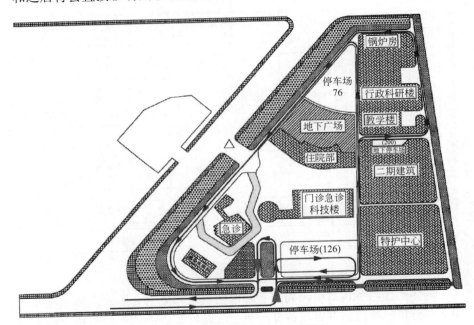

图 7-3　医院南部进出口示意图

5. 消防通道与急诊通道综合利用

医院的消防通道出入口位于医院的北门，急诊通道位于医院的西门。消防通道最小宽度为 4m，应急通道的道路宽度能够满足消防通道的要求。若消防通道与急诊通道合并，将具有以下优点：①由于消防通道是利用率很低的车道，若与应急通道合并，可以为医院交通组织腾出空间，可以提高医院内部车道的利用率；②西门车道宽度足够，且与医院内部关键设施紧密连接，处于通往医院各个部分最便捷的位置，这样也有利于确保医院的消防工作；③医院可以实施组织南北向单进单出交通流组织模式，减少同一出口进出造成的干扰，且通往医院的车流从北门直接进入医院，在停车位已满的情况下，可以让车停在医院内部东边的车道上，可以缓解医院2 号支路上的拥堵（图 7-4）。

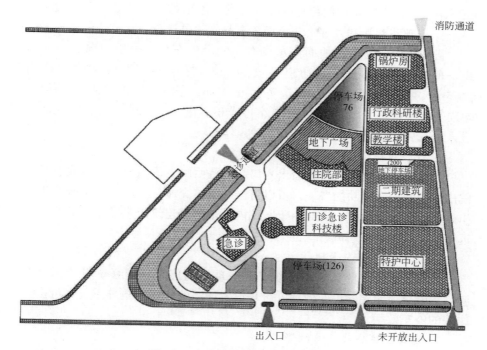

图 7-4 急诊通道和消防通道合并图

6. 医院停车管理理念需要改善

当前，医院内部专用停车场利用率很低，医院应当加强停车管理，合理利用医院南部的职工专用停车场，为患者腾出更多的停车资源。医院地下停车场的诱导标志设置不合理，导致医院的停车效率低。医院应该设置简洁、醒目停车标志，提升医院的停车效率。

7.5.3 整体改善策略

医院目前面对的关键问题是医院内部停车位不足，当前首要解决的问题也是提高停车利用效率，增加停车位。

1. 加强医院内部工作人员停车管理

医院里面有 489 个停车位，而职工在医院里面大约占了 200 个停车位；同时为医院内部员工设置的停车场利用率却不足。需要医院内部加强管理，让医院内部职工把车停在医院南部的医院内部专用停车场。这样不仅提升了医院内部专用停车场的利用率，也为患者腾出更多的停车资源。

2. 医院西侧空地可开发部分停车位

经实地勘探，目前医院西侧硬化停车场为未来规划公交用地，该区域南部有约 3000m² 用地，可开发容纳 100 辆停车场地；同时在医院西侧道路上开设人行通道，为就医客流提供便捷通道。

3. 医院内部绿化带进行有条件改善

在医院北部消防通道边上的绿化带可作为开发停车场的新资源。若将该绿地从北门至医院西门部分的绿地开发为停车场地，可增加 60 个车位。

4. 合理组织医院内部南侧地面停车场交通流运行

目前医院内南部的地面停车场有 126 个停车位，采用双向交通流组织。车位规格为 2.66m，通道宽度为 6m；标准停车场停车位规格为2.45m，并且单向交通组织通道宽度可为 3m。由此可以将该停车场设为单向交通组织，可以增加 40～70 个停车位。进入医院的车流从医院北门进入医院后，从停车场的东边分别驶入停车场。

5. 优化医院进出交通流组织

如果可以将北部消防通道出入口与医院西侧急诊通道合并，或者与医院南部中间出入口功能置换，可以将医院整体交通分为南进北出或北进南出的单向交通流组织；同时由于医院内部东南部建筑尚未完工，需要规划远期和近期单向交通流组织方案。

6. 加强医院停车管理

合理设置医院停车诱导系统，医院现有的停车诱导系统设置不够完善，影响了该医院的停车效率。合理设置该医院的停车诱导系统，可提升医院的停车效率。

7. 发挥区域公共交通优势

合理增加公交班线，可以提高患者去医院的便利性，降低机动车的出行。为医院职工开放客运专车，可以降低机动车的出行，为患者提供更多的停车资源。

7.6 结语

停车问题业已成为国内外医院地区的热点和难点问题。需要医院管理方明确医院地区停车从属于城市停车事务，但又区别于城市其他用地类型停车。医院停车服务不是基本公共服务，是具有公共服务属性的商品，具有商业性和公益性双重属性。在开展具体工作时，对于应尽可能满足的出行停车类型，也应实施医院差别化供给策略及不同人群差别化供给策略。

如何发挥医院停车设施效能是医院停车管理的核心目标，从当前情况来看北京既有医院普遍面临着一些内外交通问题，如组织流线复杂、交织点位较多、医院内部停车流线与医院建筑布局不协调、机动车引导标识系统缺乏或不清晰、机动车车位使用模式错配、停车收费价格杠杆体现不明显、停车智能化引导系统不健全等。针对以上问题，目前国内外医院有效的应对策略包括：修建立体停车楼或地下停车场、组织医院周边停车资源共享共用、提高停车收费调控需求、完善多样化交通接驳设施、鼓励公共交通出行、引导患者"小病去社区"、建立分院疏解客流、疏通医院周边交通、加强医院内部停车管理、完善医院内部交通引导、优化就医流程、提倡智能缴费模式等。

本章在以上问题及经验策略分析的基础上，对北京既有医院停车设施服务效能提升的改善方法和流程进行梳理与说明，明确停车设施性能提升工作要点。具体包括：明晰静态供给与停车需求及交通组成关系、考虑动态组织与整体功能布局关系、处理动态组织与周边道路交通组织关系、优化不同种类停车资源利用模式、强化医院收费与停车收费的关系、优化静态引导标识与动态引导标识、考虑内部员工与就诊患者停车需求。在实际开展的治理工程中，需要从停车需求预测、立体车库建设选型、停车组织设计、引导标识系统设计等方面开展交通专业治理工作。医院停车需求往往带有明显弹性特征，管控严格、收费较高、出行难度大时，医院停车需求往往较低；停车资源充足、收费不高、出行便利时，医院停车需求会明显上升。按照医院停车基本属性及满足策略，需要在对医院停车需求属性详细分析的基础上，明确满足目标与限度。

　　立体停车库建设是当前医院停车扩容的常规措施，医院管理方应在对立体停车库具体运行原理了解的基础上，选择科学、高效、绿色、低碳立体停车库设备。智能停车诱导系统可有效明示医院内部停车资源使用状态，能够高效引导车辆完成停车服务行为，是既有医院停车设施性能提升的有效手段，医院停车诱导标志需以医院停车分区为基础进行分级设置，保证诱导信息清晰明了。医院交通组织是构建医院与外部城市道路设施及医院内部设施之间的机动交通联系形式，本章对医院车流特征进行了详细分析，并明确了医院停车交通组织工作内容、医院停车组织工作原则及医院停车组织实施步骤。

　　总体来说，国内停车往往依靠医院内部来解决，问题主要是进入医院困难，车位配置不足。对此，区域共享、立体化车库建设将是增加停车供给的有效路径；当停车需求难以满足时，停车需求管理将是医院停车问题解决的关键步骤；而如何发挥价格杠杆的有效作用，是当前医院停车管理亟须解决的问题；提升停车设施周转效率，提高车辆运行效率是在运营阶段需重点关注的问题；增加智能停车收费系统、明晰引导标识系统、提升管理人员素养也是需推进的重要工作。

第8章 绿化景观环境品质提升

医院是患者进行疾病治疗、恢复健康的特定场所；因此，如何创造轻松、愉悦的康复环境一直是医院设计的重要方向。特别是随着生活水平提高，人们对自身健康更为关注，对环境提出更高要求。而医院室外环境的绿化设计是医院人性化的具体体现之一，好的室外环境能够缓解患者情绪，加快病人的康复，同样也让医护人员身心愉悦，热情工作，因此绿化景观对医院环境的营造极其重要。

北京区域医院多数建于20世纪，且多位于城市中心区，占地面积有限，环境景观整体较差。与当前人民群众对医疗卫生的需求和期待不符，也难以满足新时代首都医疗发展的需求，亟待提升改造。

8.1 北京医院景观环境现状及定位需求

8.1.1 现状问题

通过对北京既有院区景观环境的实地调研考察，发现其主要问题包括以下几个方面：首先，大多数院区设计理念落后，没有展现自身的特色，与现状使用需求存在一定差距；其次，医院大多绿地率低、形式单一，以点状、带状形式出现，缺乏休憩和交流空间；最后，院内原有绿化设施也较为陈旧，无法给病人带来疗愈感。具体体现如下：

1. 入口景观形象缺失

大多数院区由于人流量较大，入口多为汽车、自行车等停放区，院区入口较拥堵，没有景观绿化设计，景观形象缺失（图8-1）。

图 8-1 某医院既有院区入口景观现状

2. 景观空间未充分利用

1）大多院区景观功能分区缺乏合理性，动静分区不明显、空间私密性不够，且景观缺少康复性功能，观赏性不强、层次不丰富。

2）部分空间尺度不合理（较大），且没有得到充分利用，病人缺乏休憩和活动交流的户外景观空间，景观缺少多样性及可达性。

3）院区景观户外活动空间的游乐健身等基础设施和环境标识系统不完善，无法满足患者的娱乐、休闲、健身、交流、休息等需求。

4）医院中存在着大量不可进入的绿地，且景观类型也较少，绿化空间未充分利用（图 8-2）。

图 8-2　某医院既有院区绿化景观环境现状

3. 户外植物配置不合理

院区景观植物搭配较为单一，多数医院的外部环境只有低矮的灌木，没有充分进行植物的层次搭配；同时没有专业的植物护理，植物景观效果差，一定程度上影响了医院的整体美观（图 8-3）。

图 8-3　北京某医院既有院区绿化景观环境现状

4. 户外环境标识模糊

许多院区室外空间的指示标识不准确、不明确、不对等，让患者较难准确地找到就医场所；尤其出现紧急状况时，明确易识别的标识极为重要。

5. 景观环境文化缺失

很多医院户外景观未能有效体现医院的历史文化和发展理念，缺少让患者间接了解医院历史文化的渠道，部分院区景观环境缺少对患者的人文关怀，人性化设计有待提升。

8.1.2 定位需求

院区景观品质在部分北京既有医院中没有受到重视，主要是因为没有清晰的景观绿化环境功能定位。院区景观绿化应以"为患者提供户外活动空间、提高疗愈效果和医护工作效率"为导向，采用一些技术手段进行合理设计，并符合以下要求：

1）丰富既有院区景观功能，提高医院室内外空间的绿地率，使院区景观环境达到舒适、美观、安全、健康、合理的标准，让医院更接地气、亲近患者，满足患者的身心需求，缩短病人康复时间。

2）提高院区外部空间景观品质，为患者、探访者和医务人员创造良好的室外环境。

3）体现医院历史底蕴和文化理念，让工作人员对医院产生归属感，让患者对医院产生信心，提高患者康复率。

4）完善院区景观基础设施，包括垃圾桶、指示牌、照明设施、座椅、健身器材等元素，根据医院用户需求选择场地景观基础设施。

8.2 医院景观环境发展趋势

8.2.1 国内康复景观设计

近几年，随着医疗科技的发展，人们开始关注医疗与景观结合发展的新模式，开始考虑患者和医护的身心需求及景观环境的疗愈作用。

相比国外发达国家，国内对于康复性景观的研究起步较晚。近年来国内康复景观的研究在逐渐增多，这为我国康复性景观的发展奠基了良好的理论基础。1994 年吴秀华在"谈谈园艺疗法"中首次提到了园艺疗法的定义及其作用。2009 年李树华教授对国外园艺疗法的研究进展进行了综述，并在 2011 年《园艺疗法概论》一书中对园艺疗法进行了系统的阐述。其后学术界对康复景观及园艺疗法的研究趋于细化，如 2013 年郭庭鸿、董靓、张米娜等就自闭儿童，提出构建一个康复景观的平台进行辅助治疗；张晓珊、郑国华对园艺疗法的植物造景进行了专项研究。近几年，相关研究更强调应用和设计，偏重实用化和实际案例中的应用，如王宇潇、甘德欣、彭雨琳等研究了老年人活动场地中园艺疗法的应用，邓薇、肖税予等研究了园艺疗法在居住区景观中的应用。

8.2.2　国外康复景观设计

在西方发达国家，综合医院康复景观的研究相对较早，康复景观的研究与实践相对成熟，具有较高的借鉴价值。从古希腊人创造的睡眠花园、罗马医院的治疗空间，再到欧洲的庭院花园，康复景观在国外有着悠久的发展历史，经过长时间的理论研究和实践，已形成了一套康复景观的理论体系。

在理论方面，最早罗杰乌尔里希教授提出了"压力痊愈理论"，认为"观看自然景观能减缓压力，有益身心健康，人类天生向往自然，与自然亲密接触对于身体是有好处的"。环境心理学的史蒂文和雷切尔·卡普兰教授则提出了"注意力恢复理论"，认为景观有助于患者康复。帕特里克弗朗西斯穆尼在《康复景观的世界发展》一书中提出"与自然环境接触能改善压力状况，提高诊疗效果和精神健康"。英国著名医生科林伦创立了以实证研究为基础的设计理论和方法，要求应用谨慎、准确和明智的态度，使用当前存在的研究依据，结合专业知识以及相关经验，考虑患者的需求，这正是循证设计的起源。

在实践方面，由景观设计师杰弗里和芝加哥植物园园艺治疗中心共同设计了芝加哥植物园，其中的比勒体验花园使用了园艺疗法。该花园对植物的色彩、形状、香味进行了设计，通过设计引发人们对花园的关注和感受。与此同时，该园也包含了人性化设计（包含无障碍设计），满足不同年龄及不同健康程度的人使用，帮助患者更快更好地恢复身心健康。

8.2.3　国外先进案例

由美国德特沃克景观设计公司设计的伊丽莎白与诺娜埃文斯恢复花园，被评价为"景观设计师创造细节美丽的花园，充满了恢复性财富"，花园为特殊需求的人群设计，采用园艺疗法和人性化细节处理，以实现康复性治疗的目的（图 8-4）。

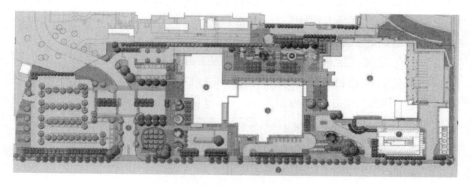

图 8-4　美国南加州大学医学中心平面图

美国南加州大学 USC 医学中心（LAC＋USC Medical Center）院区设计了一片 4 公顷的绿色康复花园，以帮助院内患者提升健康恢复效率，并为前来就医的人群，包括医生、护士、病人和访客等，提供了一段充满活力的户外走廊环境，通过对小品、台地景观的塑造，形成与城市相互连接的活动广场空间。院区绿化景观在提升环境品质的同时，还通过康复花园、冥想花园（图 8-5）、互动花园体现医院景观的特点①。

图 8-5　冥想花园鸟瞰

约翰霍普金斯医院（The Johns Hopkins Hospital）的康复花园通过精心挑选的植物景观，为人们带来视觉、嗅觉和听觉的特殊体验；通过鲜明色彩和几何形式，让患者通过窗户感受大自然的美，这些绿色草本植物有着多变的光影和质感，在秋冬季节呈现出金黄色和红褐色，为长期住院的患者营造出丰富的感官享受和趣味。

除此之外，该花园也是为了纪念一位因患艾滋病去世的景观设计师。该花园位于一个健康护理中心，通过提升自然环境质量来减轻患者的压力，帮助他们建立起乐观向上的积极态度。

以上医院院区景观，通过功能布局完善并优化院区绿化景观环境。利用不同类型的植物群落、水文、地形、构筑等景观要素，给患者多重感觉体验。同时以人文关怀为出发点，注重院区景观环境品质的营造和细节的把控，包括施工技术、细节把控、植物选取和后期养护等，这些设计理念、建造技术和方法为我国医院的景观设计和环境提升提供了参考借鉴。

---

① 何静. 综合医院康复性景观设计研究［D］. 甘肃农业大学，2018.

8.3　绿化景观环境优化设计

8.3.1　基本原则

院区景观与其他类型的绿地景观空间相比，服务对象更为特殊，所需具备的功能也更加复杂。在设计过程中应以患者的身心健康作为出发点，将医院景观康复作用发挥至最大化，并将安全性和通达性放在第一位考虑；在此基础上，满足患者及家属、医护人员的基本使用需求，建设符合人们使用习惯的景观设施。所以院区景观设计应遵循以下原则（图8-6）：

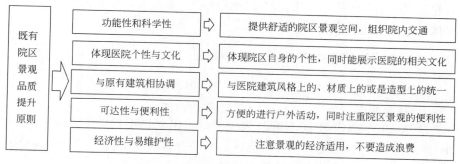

图 8-6　院区景观品质提升基本原则

1. 发挥生态效益

充分利用原有景观的生态资源，将院区景观环境设计成生态型的康复花园，这也是今后院区景观品质提升的发展趋势。在对既有院区景观设计时，可将海绵生态理念融入景观设计中，配置专门的植物，同时也能为医院带来一定效益；且植物种植能够隔绝噪声和灰尘，改善院区小气候。

2. 兼顾艺术与功能

在院区景观品质提升中，应将景观的功能性与艺术性相结合，两者都不能缺失。设计中使用者的视觉需求也是需要被考虑到的设计因素，要注重材料的选用，通过材料色彩、质感等方面的对比，营造出良好的景观效果。

3. 兼顾功能与科学

医院景观空间在功能上主要是为人们提供交流、活动以及休憩场所，同时医院绿地在总体布局上也起到了交通的作用，连接医院内的主要建筑和入口，所以在布局时要注重其科学合理性。

4. 兼顾个性与文化

医院景观还需展现其个性与文化，文化是医院长久以来累积而形成的自身价值观念和追求，展现了其对病人的态度。在设计中可通过一些小品设施或景观风格，彰显其个性和文化。

5. 可达性与便利性

由于患者无法长时间走动，所以在设计时要注意医院景观的位置，其与患者的距离不宜过远，方便患者使用，也要注意院区景观的便利性和无障碍设计。

6. 经济性与易维护性

院区在设计时要注意景观的经济适用，不要造成浪费，如保持原有的地形、避免大规模的改造、选择经济且透气透水的材料、使用杀菌性和易成活的乡土树木等①。

7. 与建筑相协调性

在医院景观更新的过程中，其中一条十分重要的原则就是要保持与原有建筑风格的一致性。如果建筑是现代风格，那么景观也要偏向现代简约风格，以此与建筑形成和谐的一体。

8.3.2 具体工作内容

8.3.2.1 建筑绿化

1. 饰面绿化

在既有院区绿化空间不够的情况下，可以对医院建筑的饰面进行绿化，一方面可以调节室内温度及湿度；另一方面也可让病人在室内感受到新鲜空气，给病人营造良好的就医环境。

1）饰面绿化种植形式（图 8-7、图 8-8）

（1）材料：墙面本身要粗糙，这样有利于攀援植物的生长。当饰面不够粗糙时，可以使用木架、金属网等类似结构，使植物能在饰面攀爬，达到绿化效果。

图 8-7　饰面绿化种植形式 1 示意图

（2）朝向：植物的种类在面对不同方向时，有着不同的选择。在种植攀援植物时，在东、西、北三个方向主要种植常绿树种，南向则种植落叶树种。

（3）高度：由于医院的建筑高度不太一样，需要根据医院的建筑高

---

① 赵萍，祝晓 . 医院老院区景观更新设计初探 [J]. 山西建筑，2015，41（32）：192-193.

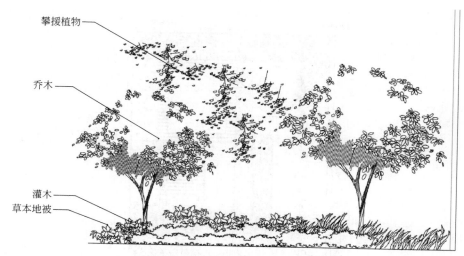

图 8-8　饰面绿化种植形式 2 示意图

度，来选择植物的种类；当建筑高度较高时，建议选用爬山虎这种攀援植物，而当建筑高度较矮时，选用凌霄等这类植物。

2）墙面绿化的种植方法

（1）在散水外侧砌高度为 0.3～0.4m 的砖垄墙，形成种植槽，并往内填种植土壤，即可种植攀援植物；

（2）各层圈梁挑出种植槽；

（3）墙面可种植图案花卉，按照设计图案布置墙面，形成特色景观；

（4）窗台、阳台设种植槽等。

植物灌溉方式可根据医院的现有条件来调整，可使用管网或分级喷洒，也可利用面层储水进行灌溉。

2. 屋顶绿化

北京既有院区基本上没有屋顶绿化。屋顶绿化是绿色建筑的一个重要部分，建造屋顶花园能够调节室内温度，并且屋顶花园可以为院区绿化面积不足提供解决措施。

1）类型

（1）花园式屋顶绿化：植物种植设计主要采用小乔木、灌木、地被的植物配置方式，不宜种高大乔木。荷重较大的设施应设置在建筑承重墙、柱、梁的位置（图 8-9）。

（2）简单式屋顶绿化（图 8-10）：以耐旱性宿根地被或匍匐生长的攀援植物为主要植物种类。荷载满足相应要求时，可配置较少的低矮灌木、设置一些维护通道。

花园式、简单式屋顶绿化建议指标分别参见图 8-11、图 8-12。

2）植物

耐旱、耐热、防风、生长较为缓慢、耐修剪、低维护的植物种类更适

既有医院建筑综合性能提升

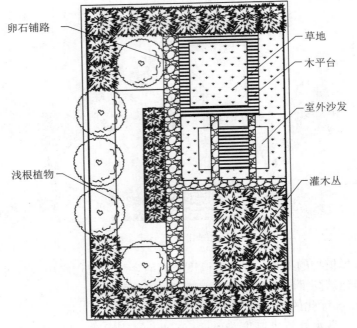

图 8-9　花园式屋顶绿化示意图

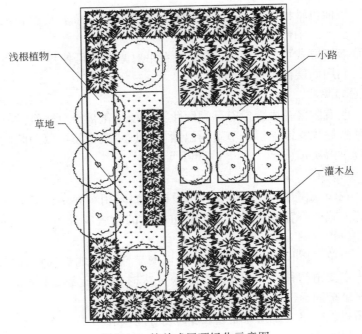

图 8-10　简单式屋顶绿化示意图

154

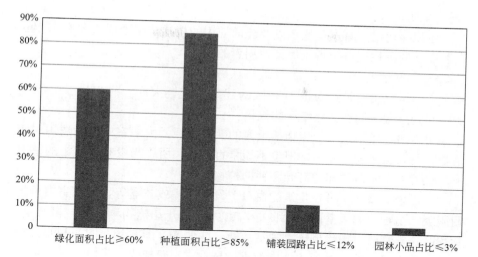

图 8-11　花园式屋顶绿化建议指标

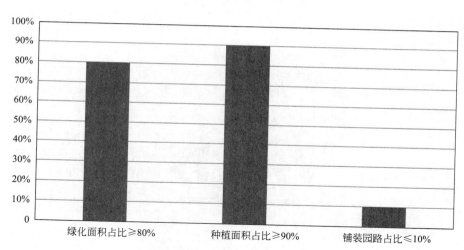

图 8-12　简单式屋顶绿化建议指标

合种植在屋顶，并且乡土植物的比例不小于 70%。

3）种植容器

屋顶绿化使用的种植容器首先应满足国家相关标准，其次在外观上应与建筑风格相同一，在重量上不宜太重，最好是轻便型的，且保证对人体无害，以免对患者造成伤害。

4）防水

在设计屋顶绿化时，防水是优先考虑的步骤，必须做到国家的屋顶绿化防水标准，以免对建筑造成破坏。

5）排水

屋顶绿化的排水系统要与建筑的排水方向一致，排水口要做到醒目，排水系统要简单易行，且排水口不能被堵塞。

6）防护

屋顶绿化设计有安全通道以及疏散使用的楼梯，屋顶周边要有1.20m以上高度的围栏进行防护，保证使用者的安全。

3. 室内绿化

室内绿化主要是针对既有院区的建筑中庭、大厅、病房以及办公场所，起到点缀装饰和净化空气的效果。

对室内绿化来说，对植物最重要的就是光照。由于室内一般选用耐阴植物，所以虽然要有光照，但也不能是直射光，所以当没有自然光的情况下，也可人工制造柔和的灯光来辅助植物生长。

为了增加绿化，可在建筑的窗台上设置花槽或花盆等，或在室内种植耐阴观叶植物，如果室内光照良好，也可点缀开花植物。例如，粗肋草、黛粉叶、常春藤、袖珍椰子、观赏菠萝、绿萝等（图8-13、图8-14）。

装饰方式主要有陈列式、攀附式、悬垂式、壁挂式、栽植式等。

图8-13 室内绿化立面示意图1

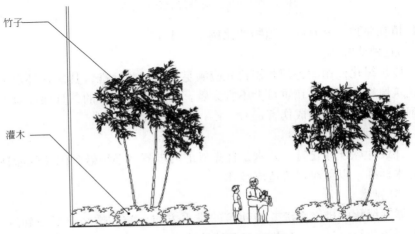

图8-14 室内绿化立面示意图2

156

8.3.2.2 道路绿化

1. 空间设计

在设计道路时，要注意空间结构的合理性，道路要贯穿整个院区的各个场所，尤其是要连接到每个建筑、入口等重要节点，主要道路要形成一个完整的环路，同时人行与车型道路分流。

步行道路：步行道的道路形式主要有两种，一是以运动为主的形式（橡胶跑道），二是以休闲为主的形式（散步道，可铺设鹅卵石），步行道路在设计时还需注重无障碍设计及其尺度比例，保持道路的通达性。

生态停车场（地上）：停车场以栽植乔木为主，乔木株行距在 6m×6m 以下，停车场的铺装主要以透水性较好的植草砖铺装为主，达到透水的效果，此外停车场路面可使用透水沥青材料。

2. 地面铺装

道路人行道的透水铺装设计，要满足国家有关标准规范的设计要求。在设计道路横截面时，要注意道路的排水设计。要将院内的雨水，通过地形的设计排入到周边绿地中。在排水方面，最好使用生态排水的方式。生态排水是由雨水汇入道路的绿化带及周边绿地内，通过蓄水池收集后，灌溉院内绿地，缓解市政管网的排水压力。不同地面铺装材料的优缺点和适用条件参见表 8-1。

地面铺装材料选择

表 8-1

铺装材料	优点	缺点	适用场地
混凝土	施工简单、耐久性强维护成本低	张力强度较低、易碎	路面
沥青	耐久性可塑性强、维护成本低	高温、高热易软化	机动车道
石材	形状多样、色彩丰富、纹理多变、持久性强	价格高、铺装难度大	园路小道
木材	透水性强、舒适感高	价格高、需防腐处理	休闲区
砖石	颜色丰富、防滑、易于铺设、灵活	耐久性不强、易风化	地铺装
砾石	透水性强、观赏性高	稳定性不高、难清扫	园路小道
塑胶	弹性高、排水良好、安全、舒适	成本高、易受损、难清扫	运动场地

3. 植物配置（图 8-15）

院区景观中的植物有着许多作用，例如净化空气、隔绝噪声、改善区域小气候等，能够带来经济以及生态上的效益，特别是药用芳香植物能够一定程度上促进患者的康复。但是，在植物选择时，应优先考虑植物的安全性，避免选择可能对患者造成副作用的植物，宜优先选择耐盐、耐旱、耐阴的乡土树种。院区景观植物配置时，可选择以下几类植物：

1）乔木。选择观赏价值高，形状优美、无危害、病虫较少、生命力顽强、寿命长但生长周期短的乡土乔木，并且有一定耐污染、抗烟尘的能力。例如，雪松、悬铃木、国槐、合欢、栾树、杜仲、白蜡等。

157

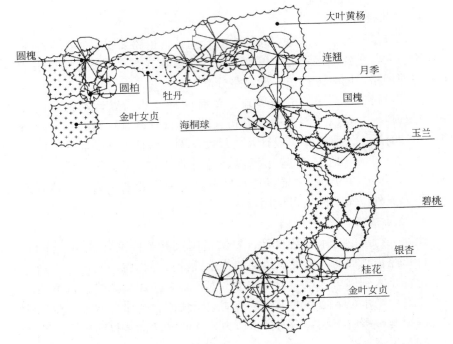

图 8-15　植物配置示意图

2）灌木。灌木的主要作用是用来遮挡视线、减弱噪声，并且进行人车分流，所以主要选择易管理、易修剪、无伤害、生长慢的植物。

3）地被植物。北方大多数城市主要选择冷季型草坪作为地被植物；另外，经济适用也是主要的选择标准，以免造成浪费。例如，二月兰、麦冬等。

4）草本花卉。其主要以宿根花卉为主，并且与乔灌木进行搭配，形成自然的北京特色的野趣自然景观。

8.3.2.3　花园绿化

除了道路、屋顶等形式绿化，医院在景观设计时，可以考虑开辟一定的空间，用来设置康复花园、冥想花园、互动花园等，这些花园具有显著的疗愈效果，能够有效地提升医院生态环境品质。

1. 空间设计

1）康复花园

康复花园注重感官的体验和视觉的享受，可营造出一种亲切宜人的氛围（图 8-16）。医院可通过种植设计、宜人尺度和柔和材料来营造这种空间，具体设计时，可注重以下四点：①广泛运用绿色材料和植被，区域设计要以自然景观为主；②设计要注意便捷性、静谧性，便于患者和医护人员在此放松身心，锻炼身体；③减少干扰，应尽可能减少城市噪声、烟雾、人工照明等带来的负面影响；④部分病人长期居住在医院中，且其行动受限，对此可设计一些鲜艳、图案抢眼的植物，让人在室内就可以观察到，以此实现患者与室外环境的连接。

图 8-16　康复花园示意图

2）冥想花园

冥想花园可以让人们远离尘嚣、静心修养，花园内主要种植蓝色、紫色等冷色调植物，例如紫叶李、油松等，同时区域内还需设置草坪、座椅以及水景设施（图 8-17）。

图 8-17　冥想花园示意图

3）互动花园

互动花园主要为满足病患的社交需求、方便患者之间的交流而设置。对于具有传染病的患者来说，花园里交流有利于预防疾病传播。另外通过互动，有利于患者身心健康（图 8-18）。

图 8-18 某屋顶互动花园和互动空间

2. 要素配置

1）步道

花园内的道路宽度应不小于 1.5m，路旁设置有排水系统；不可提高道路边缘的高度，以免绊倒行人；在地面高度发生变化的区域，或在凹凸不平的地面上，设置扶手、栏杆和轮椅防护设施。道路转角要设计为斜边或圆角；步道的坡度不得超过 5%；步道表面要结实、光滑、平坦，并带有摩擦力；同时道路铺装要与周围环境相呼应，不宜过于突出。

2）座椅

将座椅设置在有需要的地方，背靠绿色景观、面向优美景致，且不妨碍路人行走；花园内应设有单人长椅、座椅、多人长椅；座椅要使用温度适宜的材料，保持温度的恒定；另外在座椅旁要留有足够的空间，放置轮椅和方便轮椅进出。

3）照明设施

照明设施主要目的是增强安全性、美化点缀环境。照明设施风格要与整体设计相协调。

4）水景

花园内可设置不同类型的水景，改善院区微气候环境，包括各类形式的水池、瀑布、跌水、喷泉等。

5）植物

花园可根据微气候环境、城市环境和气候选择植物；在植物种植时注意其层次的丰富多样；合理运用药用和芳香植物，避免种植有害植物或带刺植物。

6）艺术品

花园内可配置一定的艺术品，艺术品作为康复环境的组成部分，可以形成一个焦点空间、打造标识点。

3. 植物配置

1）根据不同医院的患者类型选择植物

院区植物需根据不同患者需求选用药用植物、芳香植物等，一方面避免植物景观的单一性；另一方面也以患者为重，选用能促进其康复的植物种类。

2）丰富植物景观类型和配置形式

园区植物需要丰富其景观类型。如可增加观果类植物，不仅可以食用，并且可丰富院内季相景观，也可让医院患者参与其养护种植和采摘过程，这对患者来说，能够缩短康复时间。

3）合理运用药用和芳香植物

药用植物及芳香植物是院区内不可缺少的植物种类，芳香植物可以让患者情绪平复下来，使患者身心得到安抚；药用植物则对患者有益（特别是具有外疗型药用价值的植物）。应注重使用药用植物及芳香植物，如荷花、松柏、银杏、香樟、枇杷等。

4）构建保健型植物群组及康复花园景观

院区景观应实现观赏性与实用性相协调，因此应设计参与感、互动性较强的植物景观，并采用药用保健型植物，加快患者康复。

5）增加互动式植物景观

医院可增加一些互动式景观，提高患者与植物间的互动，例如增加一些园艺活动，能让患者全身心投入其中，锻炼身体的同时，也能愉悦心情，促进患者康复。

8.3.3 相关景观设计方法

8.3.3.1 生态修复

既有医院由于用地局限，景观不受到重视，生态效应较差。因此，在对既有院区景观品质进行提升时，应将景观设计与生态效益结合起来，利用生态修复技术，提高医院自身的生态性，形成良好的医院小区域气候，促进患者身心健康和康复治疗。具体可借鉴以下 3 种修复技术：

1. 物理与化学修复技术

充分利用既有院区景观环境中的光照、温度、空气、水、土壤、火山岩等环境要素，通过沉淀、溶解、吸附、降解、曝气、跌水等手段，使得环境中的有害物质被清除或转化为无害物质，由于这种技术能够节约环境治理成本，所以应优先考虑使用。

2. 生物修复技术

既有院区水体通常较小，生态系统自我更新能力较弱，可以通过人工辅助的方式，加入微生物、鱼类、蜗牛、蚯蚓等生物，修复被破坏的自然生态系统，改善既有院区绿化景观生态环境状况。

3. 植物修复技术

改善既有院区植被群落。例如在地势低洼处增加水生湿生植物，有益于涵养水源；在缺水的区域种植耐干旱植物，有益于保持水土；在建筑表面种植攀援植物，有益于建筑保温，同时还能够削减、净化和去除土壤中的有害物质，改善微气候，最终修复自然系统，更好地发挥其生态价值。

8.3.3.2 低影响开发

低影响开发（LID）是一种基于源头控制理念的雨洪管理技术，用来减少对环境造成的污染（图 8-19）。北京既有医院院区景观绿地空间雨洪管理欠缺，导致下雨时医院排水系统不能及时排放雨水，这不仅对医务人员的工作效率造成影响，而且也影响患者以及探访者的户外活动。对此可以利用低影响开发，开展海绵院区改造，减少地面硬化所产生的雨水径流，减轻整个医院景观绿地的排水压力，营造出宜人的微气候环境，最终实现医院景观的可持续发展。

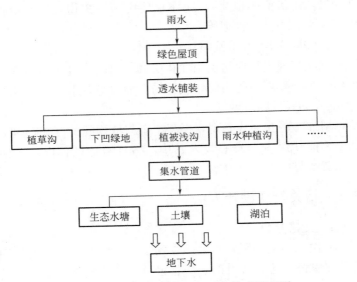

图 8-19　医院景观低影响开发技术流程图

医院景观的 LID 主要通过绿色屋顶、透水铺装、植被浅沟、下凹绿地、雨水种植沟、蓄水池等举措，对雨水径流进行控制，尽可能去模拟雨水自然循环过程，将雨水收集到蓄水模块中，降低地面雨水径流，减小城市管网压力，提高雨水使用率。

既有医院院区绿地中低影响开发设计，应根据不同类型用地的功能、用地构成、土地利用布局、水文地质等特点进行，可参照《海绵城市建设技术指南——低影响开发雨水系统构建（试行）》[①]。技术类型主要包括：

1. 渗透技术

1）透水地面

北京既有医院户外空间铺装多由水泥、沥青等不透水材料铺设，大多为硬质铺装，在雨洪时期不利于缓解院区户外路面积水，应该用透水铺

---

① 中华人民共和国住房和城乡建设部. 海绵城市建设技术指南——低影响开发雨水系统构建（试行）[M]. 北京：中国建筑工业出版社，2015.

装、透水混凝土等透水材料替换不透水的铺装材料，减少硬质铺装铺设面积，有效降低地面雨水径流量（图 8-20）。

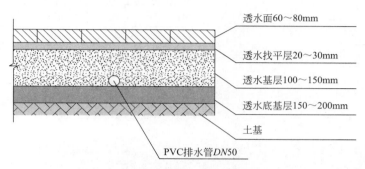

图 8-20　透水砖铺装典型结构示意图

2）绿色屋顶

绿色屋顶主要是在屋顶种植植被，通过植物收集雨水，处理后储存到储存罐中。在北京既有医院可进行屋顶绿化，绿色屋顶既不占用院区宝贵的土地资源，在一定程度上又可以缓解院区热岛效应，增加院区人均绿化面积、绿化覆盖率以及绿地率（图 8-21）。

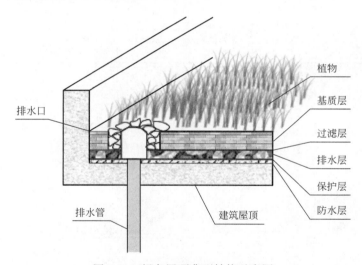

图 8-21　绿色屋顶典型结构示意图

3）下沉式绿地

下沉式绿地与周围的场地高程不一，一般低于场地内部，通过蓄水植物以及土壤能够有效储水。它可以广泛用于北京既有医院景观绿化中，具有低维护性（图 8-22）。

4）生态滞留设施

生物滞留设施主要是指雨水花园、生态树池等，可以起到拦截污染物、净化水体的作用。在医院雨洪期间，被雨水冲刷过得路面中带有大

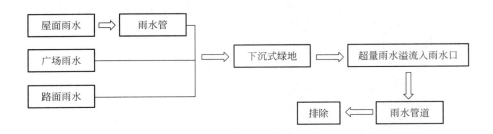

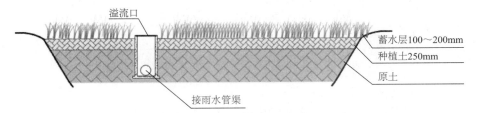

图 8-22　下沉式绿地处理流程示意图

量病毒、污染物等，所以生物滞留设施可以在医院景观绿地中大量应用（图 8-23、图 8-24）。

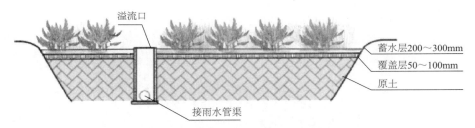

图 8-23　简易型生物滞留设施典型构造示意图

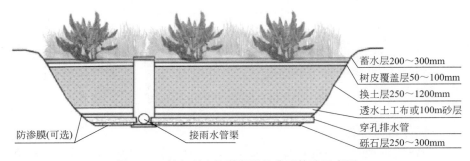

图 8-24　复杂型生物滞留设施典型构造示意图

5）渗透塘

既有医院雨水管网较为陈旧，排水设施往往难以满足瞬时暴雨排洪需求，可以在有条件的绿地当中设置适当的洼地，一方面通过绿地下渗，削减洪峰、缓解雨水管网的压力；另一方面也能够保持水土，储存一定量的雨水，用于浇灌其他景观植物，在某种程度上可以节约医院植物景观维护成本（图 8-25）。

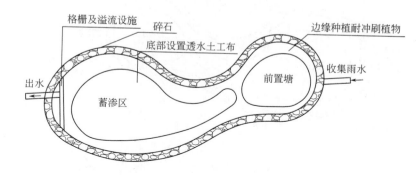

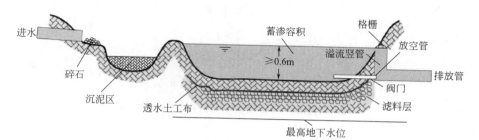

图 8-25 渗透塘典型构造示意图

2. 储存技术

1）湿塘

湿塘是指同时具有调蓄和净化雨水功能的水体，与此同时雨水也成为其补充水体的来源，主要适用在具有空间场地条件的地方，例如医院绿地景观、广场、建筑等地。湿塘不仅具有雨水管理功能，而且具备景观效益（图 8-26）。

2）雨水湿地

雨水湿地类似于湿塘，但更侧重于净化水体，其主要利用微生物以及水生植物，净化被污染的水源，与湿塘一样只适用于具有空间条件的场地。雨水湿地在净化水体的基础上，也能带来景观效益和经济效益（图 8-27）。

3）蓄水池

在建造湿塘以及雨水湿地时，需要建立配套的蓄水池用于储存雨水，蓄水池可减缓高峰时期城市管道的压力，许多城市都会使用地下封闭式的蓄水池。蓄水池典型构造可参照国家建筑标准设计图集《海绵型建筑与小区雨水控制及利用》17S705。其适用于有雨水回收利用要求的医院。

4）雨水罐

与蓄水池相同，雨水罐也可起到储存雨水的作用，但一般立在建筑内，用钢结构建造。

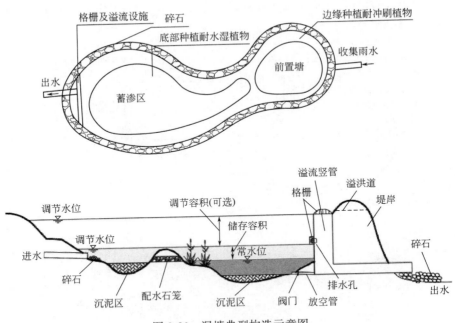

图 8-26　湿塘典型构造示意图

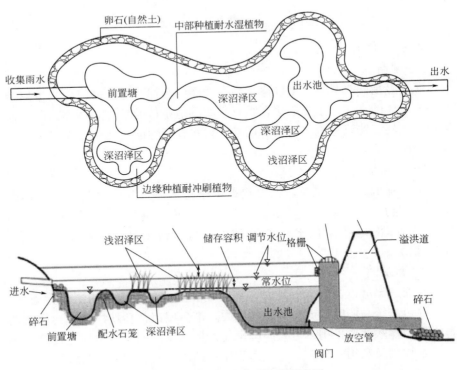

图 8-27　雨水湿地典型构造示意图

3. 调节技术

调节塘：在医院用水紧张时，可使用调节塘来净化雨水，补充地下水。调节塘适用于医院建筑、医院绿地景观、医院小广场等空间场地（图 8-28）。

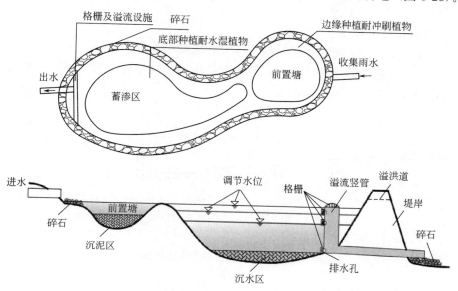

图 8-28　调节塘典型构造示意图

4. 传输技术

1）植草沟

植草沟是一种比较生态的传输手段，主要是在挖好的凹槽内种植植物，可以防止水土流失，净化雨水，植草沟主要适用于医院内不透水铺装的周边区域（图 8-29）。

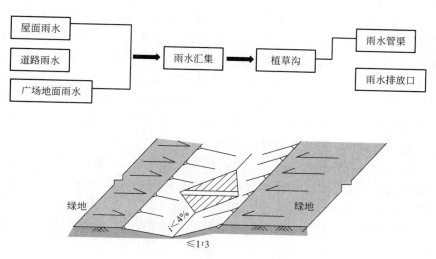

图 8-29　植草沟处理流程图

2）渗管/渠

渗管/渠一般具有渗透功能，适用于医院公共绿地、雨水传输量较小的区域内，与植草沟一起构成完整的传输系统，解决雨水传输问题。

5. 截污净化技术

1）植被缓冲带

在雨水径流流速较大的时候，可设置植被缓冲带，一是减小雨水径流流速，二是过滤其中的污染物。其主要适用于医院室外不透水铺装场地或道路的周边环境（图8-30）。

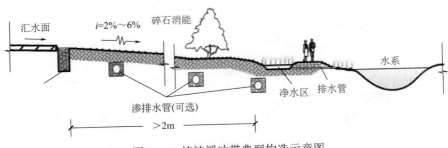

图8-30　植被缓冲带典型构造示意图

2）人工土壤渗滤

当医院空间足够的时候，可以考虑使用人工土壤渗滤，它是雨水储存设施的配套设施，可以使雨水的质量得到提升。

8.3.3.3　园艺疗法

既有院区的绿化景观主要是以园林绿化为主，其对医患的积极作用没有得到足够的重视。在绿化景观环境品质提升时，应加强园艺疗法设计，提升园林绿化的疗愈效果。

园艺疗法是指病人在专业人士（或者是护士、家人）的指导下，感受自然环境和参与园艺活动，通过环境刺激促使患者产生积极情绪，例如设置芳香花园，做一些手工工艺、花艺设计和植物繁殖等。园艺疗法主要有三个方面的功效：①在精神方面，能够起到消除负面情绪，增强人积极正面的情绪，树立自信心；②在社会方面，能够提高人的社交能力，并加强个人道德观念；③在身体方面，能够锻炼身体，增强自身抵抗力。医院在园艺疗法设计时，要注意植被的选择。

既有院区在植物选择时，可灵活种植一些可嗅、可触、可摘的地面植物，如设置垂直园艺、种植攀援植物，方便轮椅的患者参与。有的植物属于药用植物，对人体有益，例如银杏、肉桂、白玉兰、紫玉兰、广玉兰、月见草、花椒、菊花、金银花、薰衣草等，能够帮助心脑血管病患者尽快康复；松柏类、银杏、香椿、厚朴、腊梅、牡丹、蕉衣草、香石竹、薄荷等，有益于呼吸系统疾病患者康复；松柏类、肉桂、梅花、火棘、紫薇、腊梅、桂花、女贞、月季、菩薇、菊花、薄荷、薰衣草、绿萝、紫罗兰、石竹、紫藤等，能够帮助神经系统疾病患者康复（表 8-2）。

植物分类	名称
乔木	雪松、法桐、国槐、合欢、栾树、垂柳、馒头柳、杜仲、白蜡
灌木	大叶黄杨、金叶女贞、紫叶小檗、月季、紫薇、丁香、紫荆、连翘、榆叶梅
地被植物	二月兰、麦冬
草本花卉	菊花、薰衣草、绿萝、香石竹、薄荷

主要芳香植物选择　　　　　表 8-2

8.4　相关案例解析

北京某综合医院位于北京市昌平区，占地面积 94,800m²，其中绿地面积约 29,000m²。

医院整体风格是原生态设计，主要是考虑经济适用的原则，体现医院朴实的形象。其设计特色一是要在满足绿化需求的前提下，营造丰富多样的景观，提高医院的亲和性，使病人在医院内始终保持一个健康良好的心态；二是打造一个康复景观，帮助病人锻炼身心、早日痊愈（图 8-31）。

图 8-31　某综合医院院区景观

1. 北门入口景观

北门入口景观主要是为了体现医院的院训和人文精神，分为南北两部分。北部主要是面对医院外部的街道，种植了一些常绿的大乔，如柏树、松树、杉树等，氛围朴实无华，为医患带来安宁的感觉；南部结合紫叶小檗等灌木，做了一个叠水瀑布的景观，水元素起到安定的作用（图 8-32）。

图 8-32　北入口景观平面图

2. 中心广场

中心广场位于大楼东南侧，由一个正对楼的广场和一个组成环路的木栈道组成，采用无障碍设计，并将木栈道与休憩设施无缝连接，为人们提供一个安全舒适的环境（图 8-33）。

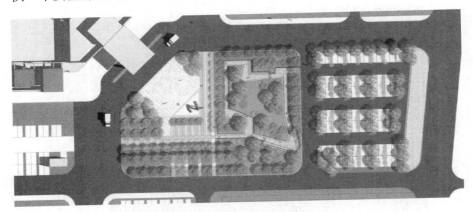

图 8-33　中心广场景观平面图

植物种植设计：乔木以银杏、白蜡、红枫、五角枫、松树、栾树、槐树、紫叶李等经济型乡土植物为主，注重树木色彩搭配；灌木以紫叶小檗、小叶黄杨、大叶黄杨等为主；地被以小叶扶芳藤为主，便于后期管理；铺装使用对患者康复有益的软石路、木栈道等；停车场使用了植草砖（图 8-34）。

雕塑小品：医院的中心广场处设置了几处雕塑，这些雕塑以医院文化为主题，入口景观处特别设计了一个刻有医院理念的瀑布跌水墙（图 8-35）。

图 8-34　某综合医院院区景观实景图 1

图 8-35　某综合医院院区景观实景图 2

8.5　结语

　　绿化景观是医院环境品质的核心所在，也是医院宣传精神文化的重要
场所。随着北京医疗卫生水平的发展，既有医院逐渐意识到了景观环境对
医院形象的塑造价值和对患者的疗愈作用，相关景观提升改造工作已势在

必行。既有医院景观环境优化应基于院区原有景观绿地基础，充分挖掘绿化景观环境的多重价值。

在自然环境方面，可通过增加建筑饰面绿化、屋顶绿化、室内绿化等多种途径拓展绿地率，加强院区入口和门诊景观空间的形象设计。植物设计要根据不同区域、不同人群特点合理配置；入口空间应选择具有杀菌保健型的大中型乔木；活动空间则需通过道路两边花镜和乔木、灌木、草本的搭配，提升花园绿化的郁闭度，丰富植物群落结构和景观层次，创造一个安静的疗愈环境。

在景观特色方面，需充分考虑院区景观使用者的特殊性，使用一些对患者身心有益的药用芳香植物，从视觉、嗅觉、触觉等方面，对患者形成积极、有益的影响；同时医院可创造一些患者可参与的园艺活动，使患者充分调动身体的五感去接触植物，这样不仅可以锻炼身体，而且可以帮助患者释放心灵。

在景观功能性方面，充分体现人性化设计。注重景观空间以及景观设施的实用性，以健康作为设计标准，将园艺作业疗法、植物疗法、景观疗法、箱庭疗法等有特色的辅助治疗方法，融入医院景观环境中，增加景观的实用性。通过绿化景观环境品质提升，提升景观的可辨识性与可达性，最大限度满足医患人员的需求，传达医院对患者的关怀，建立人与人、人与环境之间的和谐。同时，要增加景观功能的多样性，考虑不同使用人群的需求，不仅要为患者提供交流、休憩、康复运动的空间，而且要提供交流空间，与此同时也要设置医院工作人员的休闲娱乐场地。功能分布要考虑复合空间的营造，保证医患排解压力的便利性，解决医院用地紧张等问题。

在技术选择上，可以利用三种技术提升医院景观环境的生态效益。首先，利用生态修复技术，对场地生态环境和自然生境系统进行修复；其次，利用低影响开发技术，为既有院区海绵城市设计和雨洪管理提供技术支撑；最后，利用园艺疗法和景观疗法等技术，构建适合医院患者康复、休养的康复花园，综合提升医院景观环境的生态性、科学性和美观性。

在安全性方面，患者病情复杂多样，为照顾残障人士，全院区都应做无障碍设计，保持道路自然流畅；路面平缓处要做防滑处理，高差或训练场地要设置扶手或栏杆；园林景观中的设施小品，如座椅、水景、标识、垃圾桶等，其尺度、材质、色彩和布置距离等，都要结合患者使用的便利性和安全性进行设计。

通过以上几方面，综合提升医院景观环境的品质，挖掘医院景观的多重价值，形成医院的景观特色。

第9章 人文视觉环境品质提升

随着人民生活水平的不断提高，人们越来越关注精神层面的内在需求，舒适美观的人文视觉环境可以对医患人员产生积极的心理影响。近年来，科技的发展提高了北京区域医院整体的医疗水平，但视觉环境方面的进步却明显滞后，亟待加强人文环境设计领域的研究和应用。为此，需大力开展现代医院人文环境建设，掌握中华传统文化思想脉络，运用国际化、科学化视觉语言，将传统和现代文化运用于医院人文视觉环境中，形成符合时代精神的人文视觉环境设计方案。

9.1 北京医院视觉人文现状

通过调研发现，北京既有医院人文环境设计的主要问题在于忽略了医院独特的人文历史内涵，缺乏从医院的实际进行人文视觉环境的表达和设计研究。具体问题如下：

1）部分医院的人文视觉环境设计忽略了系统性、功能性的整体设计理念，没有从美好医院的高度全方位规划提升人文环境。

2）导视系统设计不够完善，忽略了导视系统设计的情感诉求和人文关怀，未能为患者提供更便利的就医环境，影响就医体验和效率。

3）环境艺术设计简单，无法从患者心理精神的层面，营造舒适、美好的就诊氛围。

4）院区文化特色不突出，建筑环境服务设施、展示陈设、文创产品等缺失，无法彰显其独特的人文视觉文化。

9.2 医疗机构视觉环境现状

9.2.1 国内医疗机构发展现状

随着我国科技和经济发展水平的不断提高，医院高品质的就医环境成为社会大众的共同诉求，现代化、人性化、生态化和智能化成为现代医院的重要发展理念。为此，国内一些医疗机构开展了大量视觉环境设计的工作，在整体形象、导视系统、色彩装饰、环境设施等方面积累了较丰富的经验，并形成了具有参考价值的人文视觉环境设计方案。

9.2.1.1 北京某历史院区

北京某历史院区以温馨舒适作为医院工作和诊疗环境的设计理念，在建筑和流程设计上充分体现了人文关怀。首先，医院主体为简洁的建筑风格，设计时对三层钢筋混凝土建筑空间和各个科室进行了科学的功能区域划分，还为特殊需求的病房，设计了辅助治疗区域，并搭配了各种花卉和绿植。病人可由电梯而上，在此享受日光治疗。医院整体装饰风格简洁，色彩以淡雅的米色为主，辅以木制的暖色调，如住院病房（图9-1）、医院电梯间（图9-2）、门诊大厅（图9-3）等。

图 9-1　北京某医院病房设计

图 9-2　北京某医院电梯厅设计

图 9-3 北京某医院门诊大厅设计

9.2.1.2 北京某综合医院

另一个可资借鉴的案例是某综合医院。该院区以"建设国际一流医院，领跑医疗体制改革"为建筑目标，在人文视觉环境设计方面，借鉴了许多先进的案例，体现了诸多先进的创新理念。

首先，医院室外空间采用了中国古典园林设计（图9-4），为医生和患者提供了良好的工作、就医和休闲环境；在导视系统设计方面，采用了不同色彩进行分区规划，有意放大了卫生间的标识尺度，以便于识别；院区室内公共区域还设有大量艺术品装饰，大堂置有钢琴，可供医患休闲弹奏，营造出美好的就医环境（图9-5）；儿科诊室内设有卡通挂画，童趣可

图 9-4 某综合医院室外人文景观设计

图 9-5　某综合医院公共区域的艺术挂画与钢琴

爱，营造出一种温馨、活泼的就医环境；在服务设施方面，医院在等待区为患者提供了舒适的座椅（图 9-6），同时在大堂内设置了共享轮椅，极大地方便了患者的取用，满足了不同人群的需求（图 9-7）。

图 9-6　某综合医院等待区的座椅

9.2.1.3　香港某妇女儿童医院

香港某妇女儿童医院，设计中通过整体性延伸应用医院品牌基础要素的标准图形、标准色彩，科学系统地表达了医院的内在品质，很好地塑造了妇产医院的社会形象（图 9-8～图 9-10）。

9.2.2　国外医疗机构发展现状

现代医疗机构起源于国外，因此相比较而言，国外医院建筑设计理念总体较为完善，在人文视觉环境设计方面颇有建树，在医院整体形象、导

图 9-7　某综合医院大堂的共享轮椅

图 9-8　整体形象设计之建筑外观与户外标识设计

视系统、服务设施、室内装饰等设计中形成了较系统的设计理论，有许多值得借鉴的成功案例。如美国伊利诺伊大学儿童医院、美国西雅图儿童医院等，在视觉环境中大量运用了喜闻乐见的西式剪影，表达自然与儿童天然互动的趣味；加拿大 CHU Sainte-Justine 在室内环境设计中，加入了自然的设计元素、生动的色彩、有趣的符号和俏皮的物品等，营造出了生动有趣的视觉感觉，为患者营造了一个良好的治愈性环境（图 9-11、图 9-12）。

图 9-9　整体形象设计之急救包设计

图 9-10　整体形象设计之基础要素与导视系统设计

图 9-11　大厅内的柱子以及天窗形式来源于大自然

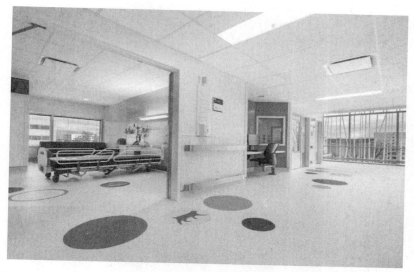

图 9-12　走廊中色彩斑斓的符号

又如韩国首尔某医院是天主教会医院设计的典范，医院入口处的地面上是象征着天主教的纹饰（图 9-13）；医院室内以"生命之树"为设计概念，选用木材和石材等自然材料，突出了可持续的科学设计理念；暖色的灯光和具有安抚性的木质材料相结合，营造出一种宁静舒适的室内环境，让患者从心理上获得抚慰（图 9-14）。医院在色彩的处理上采用了自然简单的色彩序列，如同四季交替变化一样。

图 9-13　地面上天主教的象征性纹饰

图 9-14　温暖舒适的室内设计

9.3　环境品质提升规划设计

医院是医患人员交流沟通的特殊场合，而北京既有医院则是引领全国文化发展、联结全国乃至国际的一个重要文化纽带。提升区域医院人文视觉环境品质，对于展现首都医疗形象和文化软实力、提升城市总体医疗环境具有重要意义。

9.3.1　基本原则

基于上述现状问题和相关经验案例分析，可以看出区域医院人文视觉环境设计既要适应医疗技术的发展，还应与医院现状和时代进步需求保持同步。应本着"以人为本，生态文明，美好生活，科技进步"的设计理念，把握住医院视觉环境中的使用者需求，在提高设计科学性的同时，兼顾人文关怀、文化内涵、审美情趣、特色品质等。医院的视觉传达和环境艺术设计，应把握好以下基本原则：

1. 功能性

功能性是最为基本的设计原则，在改造规划中需要紧紧围绕医院的就医条件和医疗环境现状展开设计，不能违背医院固有的诊疗功能要求，正确处理好医院特有的限制关键点，把握好设计之中人文主义和医疗机构的服务性质特点，覆盖不同医患人群的需求。

2. 经济性

设计是商品化的文化活动，要注重相关设计对医院带来的实际经济问题。在规划设计之初，应该考虑在取得人文环境提升和良好社会影响力的前提下，力求具有良好的经济性。

3. 科技性

设计是艺术和科学的融合，科技条件决定了艺术成果的实现，医院人文视觉环境设计也是如此。设计时应依托当代科学技术，积极采用新科技、新材料、新发明，运用先进科学技术表达具有时代特征的医院环境系统。

4. 文化性

医院是一个传播文化和社会正能量的重要渠道，医院设计尤其需要重视文化的表达。医院人文视觉环境设计的宗旨就是代表国家、城市和医疗机构的不同层次的文化内涵，充分展示医院独特的文化特征和魅力。

5. 艺术性

艺术性是设计的重要内容。区域医院人文视觉环境设计中，应运用美学思想、艺术法则和设计原理，结合设计学方向相关内容，在视觉传达设计、环境设计、产品设施设计、公共艺术设计、手工艺设计等方面，营造美好、健康、和谐、优美、时尚的视觉环境。

6. 创新性

创新是设计的动力和目标，区域医院人文视觉环境设计要创新思维，在遵循基本设计规则的基础上，力求个性化和国际化的表达，在设计理念、文化运用、材料选择、工艺方法等方面，探索创新发展之路。

9.3.2　实施路线与方法

在工作规划方面，医院人文视觉环境设计提升应遵循系统化和整体性原则，努力建立"从平面到立体、从可视性设计到潜在组织思想"完整、全方位的文化体系，构建以医院整体形象设计-导视系统设计-视觉环境装饰设计-服务设施文创产品设计等环节的设计体系。

在规划次序安排方面，应围绕"以人为本"的设计理念，完善提升整体形象设计和导视系统规划设计，把握好功能性、文化性、艺术性之间平衡。在提升整体形象基础上，提升服务设施和展示设计，完善人文视觉环境装饰艺术设计和文化创意产品开发等。

在技术路径方面，应采用分级分层次方式进行优化提升。既有医院要以现状调研、问题梳理为起点，分析医院视觉形象系统、环境装饰、导视系统、文化历史等方面的现实状况。在调研基础上，结合医院文化历史，进行视觉形象系统的提升优化；同时，学习借鉴先进医院设计案例，结合医院的定位、特色、服务对象、公共空间使用，进行视觉环境提升。

9.3.3　工作内容

9.3.3.1　整体形象提升优化

整体形象设计是医院人文环境设计的中心环节和基本要素，一般而言，现有医院都有整体形象设计的基本内容，但其科学合理性和系统应用性表现不足。医院整体形象设计主要包括：医院基础性要素设计和延伸性要素设计。

1. 基础性要素设计

CI（CIS），Corporate Identity System 缩写，可以分为 MI（企业理念识别）、BI（企业行为识别）、VI（企业视觉识别），其含义是企业形象识别系统，指包含企业宗旨、企业行为规范、企业视觉识别设计等（图 9-15）。

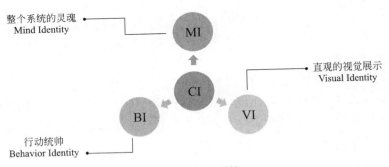

图 9-15　CI 系统

VI 英文全称为 Visual Identity，即企业在视觉上的识别内容，包括企业的名称、品牌标志、标准字、标准色等视觉要素，VI 可以由基础要素和延伸要素构成。

各医院在进行 CI 设计时，应在原有医院标志、标准色彩、标准文字，吉祥物等视觉元素的基础上，结合医院的 MI、BI 进行医院 CI 系统的完善和提升，树立医院良好的形象。在医院 CI 系统确立的基础上，通过可视化的医院 VI 系统设计，满足可识别性需求，树立良好的医院人文形象；同时，整体形象设计要适应当代医疗技术的发展和人们视觉的心理需求，结合医院文化背景特色，确立独特人文形象特征。

2. 延伸性要素设计

既有医院在完善原有标志图形、标准色彩、标准文字、吉祥物以及辅助要素等基础要素设计的同时，应积极进行基础性要素的延伸性设计应用工作。延伸性应用设计包括办公用品设计、广告形象设计、工作服样式设计、建筑外立面样式等内容，要在设计中保证整个视觉识别系统的统一性与完整性。

医院室内外建筑形象能够直观代表医院文化，直接影响人们对于医院形象的认识和看法。因此要注重医院形象设计，体现建筑的时代性和社会性，可以在设计中加入特定传统文化元素、当代艺术视觉语言，为医院的整体人文视觉环境赋予新的活力。

9.3.3.2　导视系统提升优化

导视系统是与设计理念、人文自然环境密切相关的内容，设计时需要贴近医患人员的工作和生活。

1. 导视系统设计

导视系统是人与建筑环境相互沟通的桥梁，其最主要的功能就是通过信息引导人们在复杂陌生的医院建筑空间中通行，使空间尺度能被人们清晰地感知。良好的导视系统可以引领患者、访客到达要去的地方，对人在空间内的心理情况产生积极影响。

随着医疗建筑设施的日益发展，建筑主体越来越庞大，人员流动密集，依据功能划分结构越发复杂。导视系统的缺失与不足，会直接导致就诊效率降低，给医护人员带来困扰。所以，导视系统的引导功能对视觉环境营造极为重要。导视系统的设计是结合医院视觉形象系统、建筑及室内景观环境、人文特色的信息传达设计，需要充分展示出医院关爱患者、体恤医护的文化精神。

导视系统设计时，应遵循信息功能原则、视觉形象原则、环境优化原则。其中信息功能原则是导视系统设计第一目标，要求便于各类人群分清自己的道路方向，引导不同人流前往各自目的地。所以，在导视系统设计、布点落位时，必须深入调研、仔细规划，不但要做到没有遗漏，更要做到简洁清晰。导视牌的内容和方向符号（字体、尺度、色彩等）要清晰可见、言简意赅、简单明了。视觉形象原则要求设计符合导视清晰美观、便于识别、缓解压力等要点，注重视觉感知因素，兼顾审美性和功能性。环境优化原则也是导视系统设计的原则之一，导视系统是医院建筑及院区环境的点睛之笔，设计时要尊重现有院区的物理环境，并与自然环境有机地结合，融为医院环境的有机组成部分。

2. 多级导视系统设计

对于整体环境而言，导视系统是一个完善健全的系统。在视觉认知过程中，观察者都是以独立的标识标牌为认知对象，进而采取一系列行动。因此，在导视系统设计时，可以按照分级检索的方式，归纳导视系统所要传达的信息，如一级、二级、三级等导视牌。

一级导视牌相当于是整个导视系统的根目录，能让患者快速筛选出所需信息，并进入相应的二级目录。二级导视是一级和三级之间的中介，是导视系统中导视功能实现的具体载体，是引导观者到达目的地的中心环节。三级导视牌是整个导视系统的基本构成元素，导视牌种类多、内容丰富，职责是提供具体的信息，例如科室名称、门牌编号、提示信息牌等。同时，三级导视牌是导视系统的末端，无需再进行下一级的导视补充。

三级导视牌构成一个完整统一的导视系统，但导视牌的分级并不是一成不变的。随着医院的发展，相关科室的壮大、独立以及缩减，都会引起导示牌的升级或降级变动。导视分级只是理论上的划分，在设计规划时可依据导视系统的实际需求进行分级。

医院导视系统分级规划时，可分为院区整体环境（包括院区道路、建筑、出入口等)、建筑物外环境、室内空间等层级,采用分层规划、逐级引导。院区整体环境导视设计时,要注意人流、车流(注意客车流与货流)分开导引;建筑物外环境导视设计时,要清晰指示出不同建筑物的位置与名称,便于不同人员辨识。导视系统设计还应该考虑医院的历史人文特色和医院的整体形象设计因素(图9-16)。

图9-16　医院空间导视系统设计

9.3.3.3　色彩与装饰设计提升优化

视觉是人类认识世界、获取信息最重要和最直接的一种方式。色彩与装饰是医院视觉环境的核心内容,在设计时要求将色彩和装饰系统巧妙融合,结合医院特色、情感、环境氛围和审美意愿等,创造出各具特色的空间视觉环境。

1. 当代艺术和现代介入设计

随着时代的发展,不同区域文化的碰撞和互融产生了丰富多样的当代艺术思潮和现代设计风格,为人文视觉环境设计提供了新的思路。

当代艺术以普世价值作为精神指向,以共同文化基础作为精神内涵,在体现民族风格的同时,兼具国际风格,表达形式兼容并蓄。现代设计以功能主义思想为核心,追求简约不凡、理性时尚,表现为注重形式与风格,力求创新。如以新剪纸文化为代表的当代艺术,继承了传统剪纸艺术,通过突破创新形成了具有童趣、唯美、和善、时尚等新时代特点的新剪纸文化(图9-17)。

2. 色彩设计

色彩对视觉有极为强烈的刺激作用,视觉第一印象往往是对色彩的感觉,色彩表达情感的力量无可比拟,是视觉设计中的重要部分,对色彩的合理应用有助于引发观众的情感体验。

医院视觉环境色彩设计可以结合视觉形象设计统一规划。设计中可在医院统一颜色的基础上,通过不同功能、空间、墙壁的分色设计、分区规划,做到大统一、小变化,同时避免产生较大的视觉冲突与过饱和颜色的应用。

此外,色彩设计可以用来调节病人的心理,改善治疗氛围,提高患者

184

图 9-17　赵希岗新剪纸《生灵》系列

康复的可能性；运用色彩区划医疗功能区域，可以缓解和优化医疗环境的
紧张问题；视觉环境设计中运用色彩表达，可以扩大医院形象宣传的渗透
力。例如：在医院公共问询台、洗手间、特殊通道、消防通道等区域采取
鲜明的色彩，可以让人快速得到服务信息（图 9-18），这种场景中色彩的
功效优于文字；在住院楼或门诊部等医疗功能区域运用色彩（图 9-19），
可以合理划分不同医疗区域（图 9-20、图 9-21）；在不同具体医务单元或
护理单元中，适当地引入特质色彩，可以活跃气氛、凸显功能，增加易辨
性等认知效果。

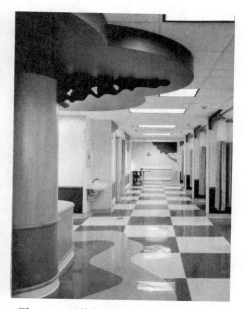

图 9-18　国外某医院公共休闲区　　　　图 9-19　国外某儿童医院色彩装饰设计
　　　　　色彩装饰设计

185

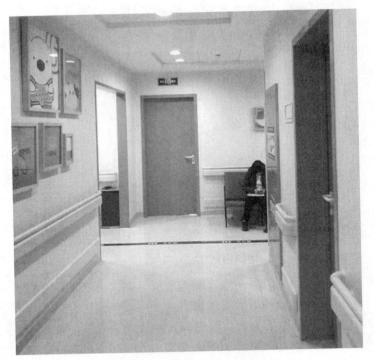

图 9-20　北京某医院儿科的门

图 9-21　北京某医院中医科的门

3. 装饰艺术设计

装饰艺术并非是纯艺术的表现，在不同的时代都受当时社会、文化的影响，并反映出当时社会的经济、文化状况。对于医院视觉环境而言，可以从引导装饰字体、住院空间装饰、人文关怀等角度入手，进行空间装饰设计；根据医院人文历史背景、整体环境规划、整体形象设计等基础因素，融合中华传统文化和当代艺术精神，进行人文视觉环境的整合装饰设计，以展现医院人文关爱和生活美好的主题视觉语言。具体可利用的形式包括：墙面彩绘（图 9-22）、浮雕图（图 9-23）、艺术壁画（图 9-24）、装置雕塑（图 9-25）、镂空艺术（图 9-26）等，这些装饰艺术可以适时调节空间环境氛围，形成医院人文视觉环境中一道艺术、亮丽的风景。

图 9-22　医院空间墙面彩绘设计

图 9-23　医院空间浮雕装饰设计

187

图 9-24　医院空间艺术壁画设计

图 9-25　北京某医院室外公园雕塑

9.3.3.4　艺术品与陈设展示提升优化

人文艺术品和陈设展示设计在改善医院公共空间环境上发挥着重要作用，一定程度上可以丰富空间层次，弥补空间设计时的单调，从风格上展现医院的人文特色，同时还可以调节医疗环境的空间色彩设计，更好地提升医院视觉环境品质。

1. 立体空间环境设计

人文艺术品和陈设展示设计是空间环境系统设计的重要内容。既有医院的室内立体空间环境设计除了要延续建筑设计外，还应加入挂画、雕塑

图 9-26　某医院空间镂空艺术设计

等艺术品陈设，使之能更加有效消除患者的焦虑情绪；同时艺术品作为空间视觉符号能高效地指引方向，患者从外部进入医院后，在每个功能区域，都可以通过艺术品陈设获取不同的指引。所以艺术品和陈设作为视觉引导要素，可以结合建筑空间的流线，在充分满足患者心理需求的情况下进行系统设计。

　　在医院立体空间环境的系统设计中，首要满足使用者的功能需求，实现环境设计人性化和艺术性的结合，实现医院物化技术层面（医院功能要求、医疗设备和医技设施）与精神化技术层面的和谐统一，创造兼具技术性与艺术性的医疗空间。

　　2. 艺术品和陈设展示设计

　　艺术品和陈设展示设计可以将区域划分和空间装饰有机结合起来，以其特有的空间位置、形态美影响改善环境，科学、合理分割空间。同时独特的人文艺术品摆放和科学合理的陈设展示设计可以进一步完善柔化医院整体人文视觉环境，充分展示医院独特的人文历史背景，传递医院的人文精神内涵，并在功能性、文化性和艺术性上提升空间的品质。

　　在医院室内空间环境中，通过合适的位置、合适的方式设置合适的艺术品，可使患者的心理和情绪发生所预期的变化，这需要在不断的研究和实践中摸索、归纳、总结和创新。

在医院空间设计中，可以打破传统走道呆板、形式单一的布置格局，把普通过道变成一个艺术画廊（图 9-27），画作的色彩搭配可以为空间增添趣味性，改变原来冰冷枯燥的空间环境；还可以在空间环境中，融入一些绘画、雕塑、新剪纸等造型艺术作为其视觉聚焦点，不仅可以活泼而有趣地柔化医院诊疗气息，而且可以展现优秀传统文化底蕴和新时代文化精神，使得整个医院室内公共空间环境变得灵活且富有创造性。如某儿科门诊空间设计中，针对儿童患者好奇活泼、脆弱敏感的特点，融入了公共艺术整体营造的设计理念，在儿科大厅引入一组以《生命·成长》为主题的公共艺术雕塑，雕塑分为"新生""滋长""蝶化"三个部分（图 9-28）。这些艺术品在一定程度上转移了儿童的不安情绪，展现了医院的文化特色。

图 9-27 医院走廊装饰画设计

9.3.3.5 服务设施与文创设计提升优化

空间服务设施和文化创意设计产品的完善可以为医院带来相应的文化价值与经济价值，彰显现代医院历史人文特色，改善医院的空间服务品质。

1. 服务设施提升优化

"将公共服务先进理论、管理和服务模式转化为管理和服务标准规范"是服务标准化未来路径之一[1]。当前对于公共服务设施的标准化设计研究不足，很多情况下都是直接应用传统的工业标准，这就导致了医院中公共服务设施的区域文化缺失，以及人性化设计的不足等。以休息座椅为例，

---

[1] 康俊生.公共服务标准化现状与发展路径分析［J］.标准科学，2015（4）：20-24.

图 9-28　某儿科大厅陈设装置设计

大部分医院的座椅都是传统标准化的设施，无论从色彩还是造型，都缺少与室内环境的融合（图 9-29）。反观一些优秀的医院空间设计，服务设施能够很好地与室内环境相结合，充分考虑了设施的人性化（图 9-30）。

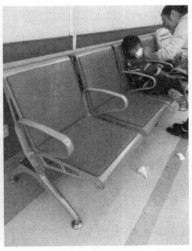

图 9-29　某医院休息座椅

191

图 9-30　某医院空间服务设施设计

　　医院的公共空间服务设施设计，首要以人为本、贯彻人性化的设计理念，应从色彩、材料、造型、空间等方面考虑，力求与室内外环境良好结合，达到立体空间环境系统设计的和谐统一。由于医院服务设施使用者多种多样，不同年龄层、地域、文化背景、职业等人群的需求不同。应针对不同的使用者，采用相应的服务标准化，使服务设施更加人性化。如针对残障人士、老年人、儿童等需求设计的相应设施，在满足人群使用功能的同时，应充分考虑该人群的心理、社交习惯。其次，设计时还要根据特定需求的变化，调整服务设施的布局，满足使用的功能需求，如节假日中人流量增加，公共服务需求量也会增加，这就要求服务设施能够灵活布置，满足可能变化的需求。

　　2. 文创产品设计提升优化

　　医院文化创意产业是人文视觉环境内容的进一步延伸，也是扩大医院社会影响力和感召力的一个渠道，具有人文社会价值和经济价值。开发设计系统化、人性化、独特化的医院文化创意产品，可以在提高医院经济效益的同时，提升医院人文视觉环境整体形象，并在院际交流、文化窗口、国际交往等不同层面，起到良好的形象识别与宣传效果。

　　既有医院文创产品的设计提升优化，具体可从以下方面进行。首先，运用现代艺术表现形式，融合不同医院的历史文化特色，以时尚、天然、生命健康为创意源点，创作出与当代医学人文气质相符的时尚产品。其次，紧紧围绕医院的整体形象设计理念，将医院整体形象和吉祥物设计等视觉元素作为创意点，将当代艺术表现形式与医院基础性视觉要素相结合，根据医院独特的人文历史情景，开展主题创意系统设计，创作出特色鲜明的文化创意产品（图 9-31）。

9.3.4　当代艺术形式应用

　　随着社会经济水平的提升，人们对于精神层面的需求更加多元化、多样化。符合人性化的国际化设计标准为医疗机构提供了更加合理规范的美

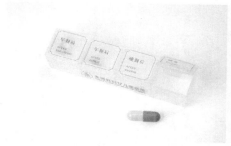

图 9-31 文化创意产品设计

学法则；同时，面对人们日益增长的物质和精神文化需求，新思想、新观念、新技术也应运而生，促进了医疗环境材料的功能和审美提升；而新媒介、新媒体的介入，也极大地赋予医院人文环境的视觉艺术新价值。这些现代艺术可为医院人文环境的优化提升提供更为有力的理论和技术支撑。

9.3.4.1 国际化设计标准

国际化是现代设计的重要特征，在整体形象设计和导视系统设计方面尤其明显。医院设计系统更应该遵循这种国际规范，在设计艺术表现形式和功能材料时，努力实现设计的国际化。

整体形象的标志、字体等设计可参考国际标准尺度；标准色和辅助色按照国际 VI 系统规定的比例尺度和色标数字进行技术规范；吉祥图案和吉祥物的造型同样可参考国际的规范和技术要求；导视系统设计可按照国际尺度、色彩，清晰表达，考虑其整体形象设计的延展意义，注重其所处的空间环境的位置以及相互空间关系（图 9-32）。

9.3.4.2 新媒体新媒介

进入 21 世纪，人类社会正在由工业化向信息化发展。信息化的应用推动了经济的发展和人民生活水平的提高，改变了人们的生产方式和生活方式。新媒体、新媒介技术的实施应用，可以帮助医疗活动在形式、内容上发生结构性的变化。

在人文视觉环境优化改造中，医院可以利用新媒体新媒介技术，改善人与视觉环境的相互对接，发挥其在医院形象宣传、文化创意设计等领域的重要作用，如可以针对特定患者引入数字化动漫技术，设计制作主题动

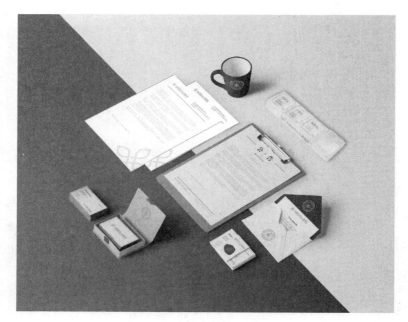

图 9-32　VI 设计

漫，运用先进的 3D 打印技术，开发新型、充满情趣的特色文化创意设计产品。

9.3.4.3　新剪纸文化

以新剪纸艺术为代表的当代艺术形式独特，为探寻现代艺术和东方语境的融合，开创了一种崭新的视觉艺术形式。新剪纸将中国传统写意和装饰唯美艺术形式相结合，融入当代艺术精神和现代设计理念，主题涵盖生命礼赞、健康愉悦、天然童趣、和美共荣、恬静安详等内容。在医院人文视觉环境提升中，可根据医院自身独特的人文历史，开展主题创意创作。在创作时，医院可以运用丙烯颜色喷绘技术、金属材料镂空喷色技术、木质浮雕技术、新材料雕塑技术以及原创作品装框等方式，表达人文环境，提升空间环境的人文艺术价值（图 9-33）。

图 9-33　白塔寺新剪纸文化符号在护栏中的艺术运用

9.3.4.4　当代装置艺术

以装置艺术品为代表的当代艺术形式不仅体现了时代特征、社会发展与文化气象，还体现与当代审美、趣味相适应的视觉新形象。医院可以参考的应用装置主题包括：人性化主题的艺术雕塑、自然主题的装置装饰、高档新型材料装饰艺术品、童趣的玩偶艺术、其他时尚化装置艺术等。从技术手段方面看，这些新型艺术品需要符合当代艺术思想，做到科学与艺术的统一，采用新鲜活力的新材料，运用手工艺技术或先进的机械技术，以此展现当代人们追求美好生活的情景。如在儿童医院的主题墙面上，可以运用儿童喜闻乐见的当代新剪纸艺术，采取新材料剪刻技术，将多姿多彩的动植物和儿童形象，自然和谐地融入环境，表达人与自然互动的美好图景（图 9-34）。

图 9-34　新剪纸装置玻璃钢雕塑《巧鸟与笨鱼》

9.4　相关案例解析

北京部分院区在人文环境品质提升中，结合视觉传达设计、环境设计、公共艺术设计等，把握院区规划条件和当代时尚文化规律，在整体形象、导视系统、色彩与装饰陈设、服务设施和文创产品等方面，开展了一些设计规划实践，取得了一些值得借鉴的成功经验。

1. 案例 1

儿童医院是一类极为重要的专科医院，其对于人文视觉环境有着极高的规划设计要求，要求特别重视儿童在心理和情感上的诉求。

北京某医院在儿科病房护士站及儿童乐园的空间环境设计方面，以儿童活动和视觉感官的体验为中心，同时基于医院的服务范围和特点，通过环境色彩、图形装饰、字体符号等视觉要素营造有趣活泼的空间场景，使孩子们在轻松愉快、柔和美丽的环境内就医（图9-35）。

图9-35 北京某医院儿科病房护士站

医院内部装潢采用了富有童趣的设计，墙壁上涂鸦风格的图画栩栩如生，让人仿佛进入了童话世界，整体上布局又系统成一，繁而不乱；在"卡哇伊"的儿科门诊等候区内，医院配备了专属的亲子厕所；俏皮的"熊掌印"设计惟妙惟肖，图形设计语言充满了童趣；儿童病房中活灵活现的手绘图画转移了小患者的注意力，在一定程度上帮助患者减轻了陌生环境中的慌张无助。

病房外的儿童乐园地面采用塑胶材质，并配有卡通图案和距离尺度数字，可尽可能地为小患者们提供安全的玩耍空间。乐园里还修建了无障碍的迷宫、沙坑、爬梯等，乐园中的林荫树池、花架，不仅是患儿休息的绝佳位置，而且方便家长的看护，符合儿童医院的设施设计要求。同时不同区域由不同主体色调区分开来，代表着不同的分类和导视系统；墙壁上的绘画和色彩分布相互映衬，导视看板设计符合儿童视觉的情感需求，简洁、醒目的形式便于辨识。在既有医院人文视觉环境的提升设计中，可以参考这些设计手法和经验。

2. 案例2

北京某医院在设计理念上延续医院宗旨，以"朴素、经济、耐用、标准化、精细化"为目标。在导向标识系统设计方面，采用了"团块"设计思路，在院区入口处及院区内主干道路导视牌上，系统展示医院建筑整体平面图，使得患者与访客在入口处就清楚知道建筑群体的整体规划。同时进一步通过详细系统的层级标识，将目标科室、治疗等待、拿药、手续办理等就医环节梳理得极为清晰，缓解了患者紧张、急躁、焦虑的情绪，最大程度地减少了患者就诊的步行距离。

在建筑色彩设计方面，为避免室内大面积白色使患者冰冷、无人情味的感受，医院分区的科室内采用了淡暖的黄色和明度较高的粉橙色，柔和的色彩避免了视觉心理刺激，大大缓解了就医者的心理压力，营造出了独特的人文视觉环境；同时楼体内每一个分岔口处都有指引灯箱或导视牌，导视牌灯箱底色采用墨绿色，并采用醒目的白色字体，在凸显辨识度的同时，又与整体环境色调相融合，既缓解患者情绪紧张，又不失环境氛围的稳重，让人们放松快速地找到目的地。

3. 案例3

北京某医院始建于20世纪50年代，是中国重要的神经外科研究中心。医院设计方案充分考虑了神经学科特色和文化内涵，视觉环境体现了科技、绿色、人文的现代医院设计理念。在视觉识别系统方面，院区设计了一套属于自己的VI系统，紧紧围绕医院文化主线展开，取得了较好的视觉感知效果。在服务设施设计方面，医院以患者为中心，开展整体空间环境设施的设计，打造了全新的医疗流程，有效地缩短了医疗服务半径；同时在公共休息空间、无障碍服务设施、中，都充分展现了温馨宜人的人文设计理念；除此之外，建筑环境内的导视系统设计清晰明确，不同的建筑配以不同的颜色进行导视引领，将院区的功能区域进行了合理的划分，通过统一清晰的导视系统联结整个院区，医院环境高效整洁，导视功能性突出到位，极大地简化了繁琐的就诊流程，缩短了患者在门诊楼中的就医时间（图9-36）。

图9-36　北京某医院 VI 识别系统设计之标志、字体、色彩、图形的应用

9.5　结语

北京既有医院是展示北京现代医疗环境的窗口，其中人文视觉环境设计担负着极其重要的作用。

在医院视觉环境设计时，首先需要坚定文化自信，紧紧把握中华优秀的传统文化精神、区域文化特征，展现区域文化特色和医疗风貌；再者，需要把握时代脉搏，认识当代文化艺术对医院视觉环境的应用价值，学习先进的设计理念、科学技术和新材料，完善创新医院人文视觉环境。

在理念思路方面，人文视觉环境设计涉及医院的视觉系统、空间环境系统、服务设施系统以及周边系统。在设计时需统筹考虑各方面需求，把握好传统文化和区域文化精神特色，运用先进的设计思路和技术方法；同时处理好人文与科技、医患、软硬环境等一系列关系问题，及特有历史人文环境保护、当代艺术化创新发展等工作。

在工作内容方面，基础性工作内容包括：①医院整体形象设计应紧紧围绕医院办医理念和整体形象的基础性设计要素，完善其整体系统设计，为全面系统设计的提升奠定良好基础；②医院导视系统设计应从人文和人机关系出发，不断完善和优化导视系统设计，合理解决导视系统的分级设计；③医院色彩和环境装饰设计应遵循医院整体形象设计要求，从医院自身文化历史、大众审美需求出发，发展科学合理、特色鲜明、美观时尚的色彩和装饰设计；④医院艺术品和展示陈设设计应按照医院特有的人文环境要求，表达相应的艺术品和展示陈设设计，突出美好健康主题；⑤医院的服务设施和文创产品设计应以人为主体，体现人文关怀，并突出医院的个性化表达，使艺术感性和科学理性和谐统一。

总之，北京既有医院应该以构建安全、高效、绿色、智慧、富有人文关怀和文化内涵的现代化医院为宗旨，紧紧围绕北京独特的人文环境，同时结合医院的发展历史、文化特色、时尚潮流，不断优化提升医院公共空间服务设施、视觉整体形象系统、导视系统、室内外装饰系统等，努力创造出富有天然情趣和人文关爱的室内外环境，为营造美好和谐的医患关系奠定环境基础。

第10章 历史建筑保护与发展

历史建筑是人类历史时期遗留下的文化遗迹，代表着地区一定时期的历史风貌特色，是城市文化"活的记忆"。北京作为我国历史文化名城，既是历史悠久的古都，又是近代重要的国际交往中心，城市包含大量的古代传统建筑和近代历史建筑，这些建筑见证着城市的发展，是北京历史文化的重要载体。

在北京众多历史建筑中，医院历史建筑是一类特殊的建筑。目前北京既有医院多数具有悠久的历史，部分医院建筑在历史建筑保护之列。这些医院历史建筑见证着城市和院区的发展历史，具有较高的历史文化价值，对于医院和区域文化的延续都有着重要的意义。如北京积水潭医院由清代棍贝子府花园改建而来，至今还保留着众多王府花园遗迹（现为西城区文物保护单位）；北京小汤山医院所在地曾为明清两代汤泉行宫，院区保留有大量的文物古迹，如慈禧浴池的遗址、龙王阁遗址、历史古桥、古水泊等；北京老年医院最早为华北干部疗养院，院内有孙岳将军墓、孙岳纪念馆、辛亥滦州革命先烈纪念园等众多文物保护单位。北京协和医院依托清代豫王府改建而来，院区内至今还保留着大量清代官式建筑。这些历史建筑见证了医院发展的历史，是院区文化和区域文化的重要载体，具有较高的历史文化价值。

10.1 北京医院历史建筑现状与需求

10.1.1 问题分析

由于北京大部分院区始建年代较早，缺乏统一的规划，院区风貌杂乱，不利于院区文化底蕴的展现。同时，绝大多数历史建筑基础老化，不符合当前的使用需求，阻碍医院运行效率的提升和医疗环境的改善，亟待更新完善。通过前期调研分析发现，目前北京区域医院历史建筑类型多样，在风貌、空间、设备、结构等方面存在诸多问题，具体如下：

1）总体风貌问题：大部分院区在建成后，为满足院区发展的需求，增建了许多新建筑和简易建筑，这些建筑在构建时，较少考虑到与原建筑的协调，在色彩、体量、风格等方面往往存在一定差异，造成了院区风貌的不和谐。同时院区对垃圾箱、电话亭、广告、招牌、空调外机等建筑外部设施缺少明确的规划安排，安放位置、形式、色差等多种多样（图10-1）。

图 10-1　北京某医院风貌现状

2）设备老化问题：部分院区修建年代早，设施设备陈旧，管道线路影响建筑风貌，有待开展相应的更新优化；同时电缆、电线、管道等设施部分是后期增加，形式不统一，影响院区风貌的和谐（图 10-2）。

图 10-2　北京某医院设备管线现状

3）外围护结构老化问题：部分历史院区始建于 20 世纪，建筑已达到使用年限，后期缺乏必要的维护，建筑外维护破损现象普遍，存在建筑外饰面脱落、墙体酥化、构件裂缝等问题，亟须修缮保护（图 10-3）。

图 10-3　北京某医院历史建筑外围护结构破损

10.1.2　城市需求

　　为了加强对北京历史文化名城的保护，1994 年北京市人民政府颁布的《北京城市总体规划（1991 年—2010 年）》中，就明确提出要以保护北京地区珍贵的文物古迹、革命纪念建筑物、历史地段、风景名胜及其环境为重点，达到保持和发展古城的格局和风貌特色，继承和发扬优秀历史文化传统的目的，并要妥善处理历史文化名城保护与现代化建设的关系……特别是旧城的调整改造，要与历史文化名城的保护相结合，使北京的发展建设，既符合现代生活和工作的需求，又保持其历史文化特色。

　　其后，北京市相继出台《北京旧城历史文化保护区保护和控制范围规划》（1999 年 4 月）、《北京市区中心地区控制性详细规划》（1999 年 9 月）、《北京 25 片历史文化保护区保护规划》（2001 年 3 月）、《北京历史文化名城保护条例（2021 年）》《北京历史文化名城保护规划》等相关保护文件，不断强化北京历史文化名城保护，使相关遗产保护工作变得愈加迫切和重要。其中《北京历史文化名城保护条例（2021 年）》提出要将老城的历史建筑、历史文化街区、具有保护价值的建筑等纳入保护之中，而北京既有医院中部分院区位于老城内，是老城区风貌格局的重要组成部分，既有院区中许多建筑都属于具有保护价值的建筑，部分建筑已被列入《北京优秀近现代建筑保护名录》之中（图 10-4），这就对既有院区的改造规划提出了间接的保护要求。

图 10-4　北京部分医院历史建筑风貌

近年，随着《京津冀协同发展规划纲要》和《北京城市总体规划（2016 年—2035 年）》的发布实施，北京市城市功能定位发生了战略调整，未来北京将大力实施以疏解非首都功能为重点的京津冀协同发展战略，转变城市发展方式，完善城市治理体系，有效治理"大城市病"，不断提升城市发展质量、人居环境质量、人民生活品质等，这对北京既有医院综合性能提升和历史建筑的改造也提出了需求。

《北京城市总体规划（2016 年—2035 年）》第四章特别提出，"加强历史文化名城保护，强化首都风范、古都风韵、时代风貌的城市特色"；明确提出"挖掘近现代北京城市发展脉络，最大限度保留各时期具有代表性的发展印记""重视建筑的文化内涵，加强单体建筑与周围环境的融合，努力把传承、借鉴与创新有机结合起来……"。

因此，综合北京文化遗产保护的要求和北京市最新的城市定位规划，如何在风貌保护和传承的基础上，对区域医院历史建筑进行有效的改造，提升建筑综合性能，已然成为北京既有医院历史建筑保护与利用的必然要求。

10.2 历史建筑保护发展趋势与经验

目前，国内外针对医院历史院区及其历史建筑的保护研究相对较少，缺少相关规范和技术标准。由于医院历史院区在保护属性、保护目的等方面，与历史街区具有共通性，而国内外历史医院保护规划实践也大多采用历史街区和历史建筑保护的原则、理念、方法等。如危雨晨以伪满千早医院旧址为例，从建筑设计和历史建筑保护的视角，全面分析了伪满千早医院旧址的现状、功能以及保护与再利用的价值，针对该医疗建筑的再利用制定了设计方案，提出了修缮原则、方法、措施等相关事项[①]。南京鼓楼医院在南扩工程设计中，在保留和保护原有历史建筑基础上，充分尊重既有院区的风貌特色，通过持续性"渐变"和"突变"设计，保证了院区历史文化的延续和新旧建筑风貌的和谐统一[②]。因此，本节也将从历史街区和历史建筑角度阐述国内外可资借鉴的趋势与经验。

10.2.1 历史街区

对于历史街区和建筑的研究保护最早源于欧洲，从最早的《雅典宪章》提出保护历史建筑的思想，到《威尼斯宪章》中提出保护"历史街区"的概念，再到各国立法将街区保护列入其遗产保护的体系，这些法规章程逐渐建立了历史街区保护的理论，标志着历史街区保护思想和理念的

---

① 危雨晨. 长春近代医疗建筑保护与再利用研究 [D]. 长春：吉林建筑大学，2014.

② 杨燊，张笑彧. 治愈的院落——南京鼓楼医院改扩建项目作品探析 [J]. 建筑与文化，2015（6）：151-152.

转变。保护范围由点扩展到面，不再局限于文物古迹、历史建筑等，而是扩大到整个建筑群体及其周边环境，并专注于制定具有针对性的地方性保护政策；保护的理念由过去"保护、保存"等被动静态的保护，逐渐转变成"持续规划、滚动开发、控制性规划"等积极动态的保护；保护深度由注重物质实体保护，逐渐演变成注重自然、历史、人文等环境的保护。这种发展转变说明保护理论思想的成熟，对于当前北京既有医院保护和规划也颇具借鉴意义。

　　我国从 20 世纪 80 年代开始，才逐渐认识到"历史文化街区"保护的重要性。1994 年发布的《历史文化名城保护规划编制要求》中提出，要对划定为"历史文化保护区"予以重点保护。1997 年制定的《黄山市屯溪老街区历史文化保护区保护管理暂行办法》明确了历史文化街区的重要地位和保护原则。《历史文化名城保护规划规范》等规范，则进一步对历史街区的管理保护做出了规定。自 20 世纪 90 年代，各地陆续开展历史街区的保护工作。在学习国外经验的基础上，国内历史街区的保护思想有了很大的转变：由单个文物建筑的保护转向文物建筑周边的环境乃至整个城市保护；由不鼓励对文物建筑的利用转向提倡对文物古迹的合理利用；由原来消极、静态的保护转向积极、动态的保护。

10.2.2　历史建筑

　　建筑遗产的保护大致起源于欧洲 19 世纪中后期，在其后一百多年的发展历程中，针对遗产修复保护原则，欧洲学界形成了不同的流派，如法国维欧勒·勒·杜克提出的风格性修复（基于主观意识的修复）、英国威廉·莫里斯发起的反修复运动（以"保护"代替"修复"）、意大利卡米洛·波依托提出的文献性修复（将建筑看作历史文献并虔诚尊重）、意大利古斯塔夫·乔瓦诺尼提出的科学性修复（通过修复赋予建筑新的生存能力）。这一场修复原则的大讨论加速了建筑遗产保护的步伐，并促使人们深入认识历史建筑的历史文化价值和修复保护的原则等。在这种修复原则广泛探讨的基础上，20 世纪中后期，许多关于建筑遗产保护的公约、宪章、建议、宣言等陆续出台，如《威尼斯宪章》《雅典宪章》《奈良文件》等，这些文件的颁布，使得建筑遗产的保护体系逐步建立并完善。在价值认知上，由原来单一的审美价值，转变为历史、艺术、科学、社会等多元价值；在形态上，从少数典籍、艺术品、器物，逐渐扩展到建筑、石窟、雕刻、遗址等多种形态；在修复理论上，从早期的艺术性修复、风格性修复，逐渐发展到系统严谨的科学性修复和评价性修复；在保护原则上，也从最初的原真性，演变成完整性、真实性、可识别性、最小干预、可逆性等系统的保护原则。

　　国内对于建筑遗产认识和研究相对较晚，1930 年中国营造学社的设立标志着中国对于文化遗产的研究进入了探索阶段，但直到 20 世纪中后期，中国才正式开展近代历史建筑保护研究。其后，随着《关于重点调查保护优秀近代建筑物的通知》《中华人民共和国文物保护法》（2002 年修订版）等通知法规的颁布，近现代建筑遗产地位得以确立。2004 年，国家建设部出台了《关于加强对城市优秀近现代建筑规划保护工作的指导意见》，各地开始陆续出台了一系列关于历史建筑的保护政策，有力地推动了历史建筑的保护。在历史建筑价值认知、概念、保护理论和保护原则方面，国内历史建筑保护体系基本是在学习国外基础上建立的，但根据自身特点又进行了补充完善，形成自身独特的保护理论体系，如文物建筑保护理论、修旧如旧、分级利用、历史环境保护等。

10.2.3　相关案例

在历史街区和建筑保护理论研究的基础上，国内外开展了大量的保护实践，其中部分案例具有典型的代表意义，思想、理念具有很高的前瞻性，推动了建筑遗产保护思想、理念的进步，值得北京既有医院借鉴。

10.2.3.1　某胡同街区

某胡同位于北京市二环路内，是一处历史悠久的街区。由于历史、经济等多方面原因，胡同住房困难、人口拥挤。北京市以此为试点，对胡同进行了改造。改造过程中，按照街区相关保护原则，最大限度地维护了整体风格与肌理，保留了胡同的特色风貌和格局。改造时遵循了"有机更新的思想"，采取"肌理插入法"，根据其肌理现状，局部以旧代新，用"新四合院"取代原来旧的破损四合院，而不是将全部建筑拆除；利用适宜的规模、尺度，依据改造内容和要求，妥善处理当前需求与未来发展的关系——逐渐提高设计规划的质量，使街区每一片区域的发展最终达到相对完整性。改造后的胡同基础设施得到了全面改善，传统结构、组合形式、邻里关系都得到了最大限度地维持（图 10-5）。该胡同荣获"世界人居奖"等多项奖项，其"局部、渐进、新陈代谢"的保护更新模式值得区域医院借鉴。

图 10-5　某胡同现状

10.2.3.2　天津某历史花园

天津某历史花园是天津 672 幢重要历史风貌建筑之一，民国期间曾作为许多著名人士居所。由于历史原因，建筑成为一处居民杂院，建筑外部加建多处，格局发生较大变动，结构、内外檐装饰均有不同程度损坏。2006 年，天津市相关单位开始对建筑腾退修缮。工程坚持"修旧如故"的原则，保证原有建筑风貌延续，在饰面、构架等残损修缮过程中，尽量采用原工艺、原材料；坚持"安全适用"原则，重点加强建筑结构安全性，补强墙体、加固梁柱，满足安全使用要求；坚持更新利用原则，在保护的同时，提升建筑各项功能，满足现代办公展览需要（图 10-6）。但由于保护"修缮"力度较大，未能完整保留建筑原有历史信息，建筑被"修葺一新"，一定程度上损害了建筑真实性，这一点值得区域医院在后期工作中注意。

图 10-6 某历史花园修缮前后对比

医院是救治病人的专业场所，为满足诊疗需求，医院往往需要不同功能的建筑，由此形成一定规模的建筑组群。为展示医院文化或特定的建筑文化，医院建筑组群在形态、结构、风格上往往具有一致性或密切的联系，这一点与历史聚落、历史村镇、历史街区具有共通性；同时，其基本属性和保护目的也与历史街区相同。因此，北京既有医院在历史院区风貌保护时，可遵循历史街区基本的保护规划理论，借鉴历史街区完整、动态、有机的保护规划理念，注重对历史、人文、自然等环境的综合保护。在历史建筑保护更新时，可遵循历史建筑保护的基本原则，注重历史、艺术、科技、社会等多元价值保护。

10.3 保护规划思路

北京既有医院历史建筑是医院历史的载体，反映着城市一定时期的历史风貌和地方特色，具有很高的历史文化价值，但历史院区普遍存在着风貌不统一、基础设施老化等问题，面临着保护和更新的双重需求。因此，区域历史院区的保护规划，应在保护风貌、延续文脉的基础上，增强院区、建筑的更新改造，提升医院总体性能，满足保护与发展的双重需求，并在遵循历史街区和历史建筑保护理念的基础上，借鉴最新趋势经验，根据既有院区特点，提出适于院区保护规划的原则、思路、技术路线和方法等。

10.3.1　基本原则

历史院区保护规划的目的在于保护历史遗存的真实性和完整性，保护院区的空间环境，传承院区的历史风貌；改善基础设施和医疗环境，保持院区的活力，以满足院区风貌保护和性能提升的要求。因此在规划时需遵循以下原则：

1. 特色性

每个医院在发展过程中，受不同因素的影响，形成了独特的建筑文化特色，反映在建筑的形制、风格、装饰、色彩等方面。院区在保护规划中需首先了解院区历史沿革，分析建筑文化特色。在此基础上，指导新院区规划和历史院区的保护发展，保证院区文脉能够有效地延续传承。

2. 完整性

所谓的"完整"，是指院区历史建筑的保护要着眼于院区风貌整体性保护，不仅要保护好重要的历史建筑，而且要保护好院区整体风貌和建筑环境。规划时，要将院区传统的空间格局、材料色彩、建筑形制风格，以及院区重要的道路、绿化景观、水泊、碑刻等古迹和建筑周边重要的环境要素都要纳入规划保护之中，从整体上维护好院区历史风貌的完整性。

3. 真实性

真实性原则是建筑遗产最为核心的原则之一。建筑的历史、艺术、科技等价值依赖于物质实体的存在，只有建筑原真性得到有效地保护，建筑的价值才能完整地保留。这就要求院区在规划发展中，保留好重要的历史建筑，保存好与历史建筑相关的、有价值的构筑物以及其他小品元素。在改造优化中，要保护好建筑的原有格局、材料、形制、风格等，遵循"修旧如旧"原则对建筑实施改造，不能拆旧造假，切实维护好院区历史风貌。

4. 分类保护

多数既有医院都辖有多个院区，每个院区建造年代不一，风格特点多样，因此在规划发展和功能定位时，需要根据院区特点制定相应的策略。对于历史院区要以保护为主，兼顾发展，根据院区文化特点和"承载力"，安排与其属性相符功能。在历史院区具体保护规划中，要按照建筑价值和现状分类对待，灵活把握保护原则，确立保护的标准，选取适宜的技术进行保护。

5. 兼顾发展

北京既有医院新旧院区特色和功能需求不一样。对于历史院区而言，要积极更新基础设施，改善医疗环境；功能的安排宜延续原功能，或配置与文化特色相符的功能，并适当地减少院区功能任务，既要保护院区风貌，又要保证院区的运作和活力。对于历史建筑而言，应积极加固建筑结构，更新升级设备、管线等设施；优化功能空间布局，合理布置新功能，对建筑功能荷载进行适当"瘦身"，全面提升医疗环境，满足医院医疗发展的需求。

6. 循序渐进

医院历史院区的保护与规划是一项长期、持续的工作，需借鉴"有机更新思想"，以微循环、有机更新的方式逐步开展，不能追求一蹴而就。一方面大部分区域院区运营荷载较大，大规模的改造工程势必影响院区正常的运行；另一方面院区历史风貌是长期历史积淀的结果，短时间改造不利于建筑风貌的保护。只有采取微循环式模式，才能保证保护改造的科学性，保留更多历史信息（图 10-7）。

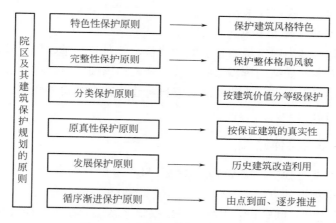

图 10-7　历史院区原则保护框架图

10.3.2　工作任务

1. 现状调研

医院历史院区在改造规划时，需对医院既有院区历史沿革、重要历史事件等进行深入研究，并对人文和自然资源的价值、特色、现状、保护情况等进行调研与评估。具体内容包括：

1）院区建制沿革、变迁、重大历史事件等；院区文物保护单位、历史建筑、传统风貌建筑等详细信息；

2）历史地貌、河湖水系、轴线、道路等院区传统格局；院区古塔、古井、围墙、铺地、石阶、园林景观等传统历史环境要素信息；

3）院区道路、绿化景观、市政等基础设施现状问题。

2. 控制规划

在现状调研与评估的基础上，明确院区历史风貌特色和现状问题。风貌特色包括高度、体量、风格、色彩、材料等，根据既有院区历史文化特色，制定院区规划改造的总体控制细则，对院区改扩建等活动提出控制要求。现状问题包括历史建筑、历史环境要素、道路、绿化景观、市政设施等方面，根据现状问题制定保护规划和改造更新的方案。

3. 历史要素保护

在调研评估的基础上，明确院区内各种建筑的类型，按照价值、特点，提出分类保护的措施，及基础设施、市政设施、功能空间的优化方案；明确建筑构筑物、历史环境要素、空间格局要素，并根据其价值、特点和现状，提出保护改造的方案等。

4. 基础设施更新

根据道路、绿化景观、市政、消防等基础设施现状，在维护历史风貌的前提下，提出优化改造的措施；针对院区垃圾箱、电话亭、铺地等公共设施，及广告、招牌、空调室外机等建筑外部设施，提出尺寸、形式、材料和位置的规划控制要求。

5. 历史建筑保护再利用

明确院区各类建筑类型、价值和现状，针对院区重要历史建筑，制定修复加固方案，如结构抗震加固、残损修复和饰面修复；进一步根据建筑属性和空间特点，进行改造利用，安排与建筑特点相符的功能，激发历史建筑的生命活力。

10.3.3 具体路线

具体改造过程中，应基于"保护"与"发展"的理念，采取"局部""持续""渐进"的方法。

1) 首先基于调研和需求分析，根据院区特点，制定一份长期、渐进、可持续的改造更新计划，形成固定的保护更新机制，将院区所有建筑、景观、道路等历史要素纳入改造计划中来，保证院区风貌保护工作能够逐步开展。

2) 具体改造工作应从小片保护改造着手，确定适当规模、合适尺度，保证建筑和设施的更新机理、布局、形式、材质、高度、体量、色彩、风格等与院区风貌特色的协调。在此基础上，逐步扩大更新改造范围，不断完善、细化保护更新方案，保证院区风貌能够有效延续。

10.4 专项工作——风貌保护

根据历史院区现状问题和历史街区保护理论经验，总体统筹院区风貌维护、功能定位、历史建筑保护、道路市政升级优化等多个方面工作。

10.4.1 总体控制规划

院区在规划时需从整体提出控制要求：

1）根据医院风貌特色和发展规划需求，确定院区开发强度、密度、建筑高度、体量、形式、色彩、材料、空间格局、环境景观的保护和详细控制要求。开发建设强度要基于北京市医疗服务规划、城市总体规划和新旧院区规划的要求。院区建筑密度可通过功能和建筑疏解适当降低；院区建筑高度控制要根据北京城市风貌、区域风貌和院区风貌保护三个层次要求确定。体量、色彩、形式、材料控制依据院区主体风貌建筑制定，并与所在区域风貌相统一。

2）院区在改造规划时不应再进行新建、扩建活动；建设活动应以维修、整理、修复及内部更新为主。修整或翻建的建筑物、构筑物要尊重周边历史环境，其布局、高度、立面、体量、色彩、高度都要与主体建筑或院区主体风貌特色相统一，保证历史文脉的延续性。

3）院区重要的风貌建筑和一般风貌建筑要按照类别、价值、现状等，进行必要的维护和修缮。历史建筑要保持原有的高度、体量、外观形象及色彩等，重要历史建筑原则上不宜拆除，如建筑确需拆除重建，应遵循原拆原建的原则。与历史风貌相冲突的建筑物或构筑物应适当修整或拆除，改造后高度、体量、外观形象及色彩等，要与院区风貌特色相统一。

4）反映院区历史的传统格局、肌理和空间环境要素，如重要的景观、道路、水泊、古树名木等都应纳入保护规划之中。更新改造时，其高度、体量、外观形象及色彩应保留传统特色。与历史风貌相冲突的环境要素应进行整修改造，整修改造时，其高度、体量、外观形象及色彩应与院区风貌特色相统一。

5）院区内小品、空间界面及市政设施，在改造更新时应保持或恢复传统特色，如广告、招牌、太阳能热水器、空调机、护栏、雕塑、管道、机动车道、人行道、路面铺装、庭院绿化、地面铺砌、广场铺砌等设施的位置、尺寸、材质、形式、色彩及安装方法，应保证与院区整体风貌特色相协调。

10.4.2　历史建筑保护

既有医院历史建筑是院区功能的载体，也是院区风貌保护的核心。规划改造时，应对院区内各种建筑物或构筑物展开普查，根据建筑价值、形制特点和质量，分类提出保护整治的要求。目前医院建筑大体可分为：文物建筑、重要风貌建筑、一般风貌建筑、与传统风貌协调的建筑、与传统风貌冲突的建筑。

1）文物建筑是指被列为国家文物保护单位的建筑，对于此类建筑，应该遵循国家文物保护法规，按照"不改变原状""最小干预""修旧如旧"的原则进行修缮。同时，酌情划定保护控制区域，区域内建（构）筑物的性质、高度、体量、形式及色彩须与文物建筑保持协调。

2）重要风貌建筑是指历史悠久（20 世纪 80 年代以前）、能够反映医院传统风貌和地方特色、具有一定历史文化价值、但未被列入文物保护单位的建筑。对于此类建筑，质量较好的可以保持原状，质量状况一般的，应以保护性修缮为主。修缮内容包括防护加固、现状修整、日常保养、重点修复等，同时在建筑立面、结构体系和高度等外部风貌不改变的情况下，内部可以适当地进行现代化改造。

3）一般风貌建筑是指建于 20 世纪 80 年代以后、历史艺术价值一般的现代建筑。此类建筑是院区风貌主要组成部分，大体可分为两类：一类是质量状况较好的建筑，此类建筑可保留风貌原状，内部适当地现代化改造；另一类是质量状况一般的建筑，此类建筑可以在保留建筑外貌的前提下，鼓励进行妥善维修，内部进行优化升级。确实需要拆除时，须进行全面的测绘勘察，按照原样在原址进行复建，重建中应充分利用原有建筑的特色构件。

4）与传统风貌协调的建筑是指非院区风貌的组成部分，但形制和风格与原有风貌建筑协调的建筑，这类建筑可以根据使用状况处置。质量较好的保持原状，质量较差的可以加固、拆除或翻建。翻建更新时，建筑色彩、高度、体量、形制等，要保持与院区风貌特色的统一协调。

5）与传统风貌冲突的建筑包括后期增建的现代建筑、临时搭建的简易用房。后期增建的现代建筑中，对于质量较差的危房，应进行拆除。对于质量较好的建筑，可以进行适当改造，或在条件成熟时予以拆除。改造时可以通过改变建筑的色彩、屋顶的样式、开窗的形式、外檐构件材料，或局部加建和拆除等措施，保持与院区整体风貌相协调；拆除时原址可以留白增绿或新建，新建建筑风貌要与院区统一。对于临时搭建的简易用房，也需根据医院需求，在相应的时机予以拆除。上述汇总见表 10-1。

医院历史建筑分类保护建议 表 10-1

建筑类型	质量状况	保护建议
文物建筑	不改变原状	
重要风貌建筑	质量好	保持原状
	质量差	保护性修缮
一般风貌建筑	质量好	保持原状
	质量差	保护性修缮或翻建
与传统风貌协调的建筑	质量好	保持原状
	质量差	根据医院需求，拆除或翻建
与传统风貌冲突的建筑	质量好	根据医院需求，择机整改
	质量差	拆除

10.4.3 空间环境要素保护

空间环境要素类别包括具有传统风貌的古井、围墙、铺地、古塔、石阶、古树名木、驳岸、传统格局、传统机理、传统轴线、历史风貌及与其相互依存的自然景观和环境。

院区内历史环境要素应列表逐项调查统计，建立档案。反映历史风貌的空间环境要素应以修缮、维修为主，与历史风貌相冲突的环境要素应以整修、改造为主。

空间机理保护应明确保护区域和机理形式。保护、修复、填补有特色的空间肌理和构筑物，使之形成完整的特色空间；改扩建的建筑或构筑物在高度、体量等方面要尊重周边原有历史环境，延续传统的肌理特色。

传统格局保护应明确格局的区域、形式、要素。改扩建、规划活动要在尊重传统格局特征的基础上开展；对格局边界及历史遗存信息进行合理利用，强化和再现空间格局。

古井、古塔、围墙、石阶、铺地、驳岸、古树名木等保护，要确定位置、形式，提出保护与整治的具体设计方案。墙面、铺地等要素保护，要确定材料、铺砌方式、区域，提出保护与整治的具体设计方案。

10.4.4　道路改造更新

道路规划要符合历史文化名城和街区规范中对于道路交通的规定，满足院区交通、消防和风貌保护的要求。

1）不应擅自新建、扩建道路，新、扩、改建的道路应明确宽度、高宽比等量化指标，道路比例、尺度、铺装、形式保证与院区风貌协调，不应破坏街区传统格局和历史文化风貌。

2）道路修整时，宽度、断面、线性参数、管线敷设、消防通道等设置，均应考虑历史风貌、交通功能和市政管道的需求。

3）院区内停车设施的配给建设要与道路交通政策相符合。地面停车宜采用小规模、分散的院内和路边停车，并根据用地调整，尽量采用地下停车。

4）停车设施的配建也要综合考虑交通和风貌保护的需求，既要方便交通，又要使停车设施的空间、色彩、形制等与传统风貌协调。

10.4.5　绿化改造更新

绿化规划要结合院区空间布局，根据北京市绿化条例和院区绿化现状，确定绿化的目标、原则、结构与类型。合理设置绿地率指标，结合院区功能疏解，适度增加公共绿地空间，注意保护院区传统绿化特色。绿化景观的配置，要凸显历史风貌的真实性和完整性，增强景观空间的层次感。

1）对于原有名树古木、花草植被等传统环境要素，应以保护为主，尽量减小改动，维持原貌，并根据院区需要适当增加休闲娱乐设施；整修改造时，所用材料、形制、建造方法应与院区风貌特色保持协调，并遵循古典园林的营造原则。

2）已建设绿化景观，如与院区风貌不相协调，要适当重新设计改造，景观的形制、风格、材质与院区风貌保持协调，景观的细部设计继承院区风貌特色。

3）根据北京市绿化条例和院区绿化现状，合理设置绿地率指标，结合院区功能疏解，适度增加公共的绿地空间。新增绿化景观的形制、风格、材质要保持与院区风貌的协调。

4）绿化景观小品的维护改造应增强院区历史环境氛围，其植物配置、平面、尺寸、材质、色彩等设计应突出院区风貌特色，并与院区历史文化呼应。小品雕塑、硬质铺地、景墙可以以院区历史故事、历史人物为题材；灯具、厕所、垃圾箱、座椅等服务设施，要在满足基本功能的基础上进行外形设计，外观形貌保持与院区历史环境相协调。

10.4.6 市政设施改造更新

市政设施的改造更新应充分改善和利用现有设施，以不破坏院区历史风貌、更新现有市政设施为目标。同时，不应再增设大型的市政设施，新建的小型设施应尽量采用户内式、地下式等隐蔽方式，设施的色彩和外观应与区域的风貌特色相协调。具体包括：

1）原有设施改造更新时，应从专业角度出发，采用新技术、新材料优化区域内市政设施。

2）市政管线升级改造时，不能对院区传统风貌造成损害，尽量避免改变原有道路的宽度、尺度和走向。当管线的敷设受空间等条件约束时，应使用共同沟加强管线强度或增加管线防护装置等。

3）消防道路升级改造时，对于常规消防车辆无法通行的院区道路，应设置特殊的消防措施，对于以木质材料为主的历史建筑，应提高其安全防火等级，采取合理的防火安全措施。

4）院区通信、广播、电视等无线电发射接收装置的高度和外观应满足院区总体风貌控制要求。

5）其他设施更新改造时，其布置形式应减小对院区风貌的影响，其外观、色彩应与院区风格色彩相统一：电缆可使用地下埋设方式；地下管网以综合管沟与直埋方式相结合；能源以天然气和电力相结合等。垃圾箱、路灯、消火栓、指示标牌空调室外机、太阳能热水器等公共设施的形式、尺寸、色彩、材料、风格应与历史院区风貌相统一，符合历史院区传统的风格、色彩和尺度。

既有院区历史风貌的价值在于它们反映了一定时期的风格特点、艺术特色，见证了院区发展变迁的历史，其价值核心在于风貌的完整性和特色性，因此保护时应遵循真实性、完整性、特色性等原则。从整体风貌、空间格局等方面提出控制性规划要求，并针对院区现状问题，提出市政、道路、绿化景观改造规划方案，从整体上维护院区风貌的完整性。

同时，由于建造年代较远，医院历史建筑面临建筑残损、基础老化等各种问题，亟待进行更新改造。因此，院区风貌保护规划，除了要保护好历史建筑、历史环境外，还需要更新改造建筑、道路、绿化、市政等设施，处理好保护与发展的关系，保证建筑、设施的更新与传统风貌的协调，实现风貌保护和性能提升的双重目标。

10.5　专项工作——历史建筑保护再利用

北京区域医院在发展演变中，都会遗留一部分历史悠久的历史建筑。这些历史建筑见证了院区的发展变迁，代表了医院的风貌和文化特色，是院区文化的载体和集中体现，具有较高的历史文化价值，应该根据其价值、现状评估结果，制定针对性的修复加固方案。根据北京既有医院历史建筑分类，这部分重要建筑包括文物建筑、重要风貌建筑和一般风貌建筑等，本节主要针对这部分建筑从修复加固技术和改造利用方法方面进行阐述，以便为区域医院历史建筑的修复加固和再利用提供参考借鉴。

10.5.1　历史建筑修复加固

目前，区域既有医院重要的历史建筑主要为砖石结构和框架结构，部分历史建筑建于二十世纪五六十年代，始建年代较早，部分建筑老化，主要问题有：结构不稳固、墙体裂缝、墙体饰面污损等，对此应分别采取相应的修缮加固措施。

10.5.1.1　结构补强加固

建筑结构的加固补强是历史建筑修复的首要工作。目前既有医院历史建筑结构问题主要有：结构不满足抗震设防要求、结构构件残损等。应对的方法有：传统加固技术和隔震、减震加固技术。其中，传统加固技术主要通过加设加固圈梁和构造柱、加大梁柱截面来强化建筑结构，以增强建筑抗震能力和整体性。这种方式施工过程工期长、干扰大，会对建筑外观和建筑功能运行产生影响。隔震加固技术则是通过在建筑物基础与地基之间放置隔震装置，使建筑物与地基脱离，达到隔震的效果。这种加固方式可大幅降低建筑的地震响应，对建筑的外貌和二层以上的功能影响小。减震加固技术则是通过在建筑物地基与主梁之间嵌入减震装置，通过减震装置吸收地震能量，减低上部结构的地震响应，这种加固方式相比传统加固技术具有较大的优势。

三种加固技术各有利弊，因此需要综合各种因素，选择合适的加固技术。对于运行荷载较大、功能较为重要（如门诊、医技、住院）或价值较高（文物建筑、重要风貌建筑）的建筑，可优先采用隔震或减震技术，以避免对建筑本体造成较大的扰动，保护建筑的原真性。对于一般风貌建筑，可以在停业的情况下，采用传统的加固技术，见表 10-2。

历史建筑传统加固技术　　　　　　　　　　表 10-2

名称	分类	原理	做法
原有承重结构的加固技术	增大截面积法	当承重结构(如梁、柱等构件)的承载能力不能满足新的承重要求时,可通过增大构件的截面来提高构件的承载能力	在原建筑构件外围浇筑混凝土,并根据具体情况增设配筋,以增大原构件截面积
	外包钢法	利用角钢、钢板等材料,将混凝土梁、柱等构件外包加固,以提升结构构件承载力	(1)梁外包角钢做法:在原梁角部包角钢,并焊接缀板、箍板等,使用结构胶或锚栓进行锚固连接; (2)柱外包钢做法:在柱四角包角钢,沿柱高方向焊接钢板箍,使用结构胶或锚栓进行锚固连接
	预应力法	采用无粘结预应力技术,通过加入新预应力构件来转移荷载	使用预应力的钢拉杆或撑杆对原结构进行加固,使原结构承重的荷载部分转移到加固构件上
	外粘法	外粘加固构件,提高原构件承载力	(1)外粘钢板法:使用胶粘剂将钢板外粘于需要加固的结构表面,如粘贴于混凝土或钢结构表面,使钢板与原构件共同作用; (2)外粘玻璃纤维法:将玻璃纤维布与环氧树脂胶分层粘贴于需要加固的构件表面,其技术优点为抗腐蚀强; (3)外粘碳纤维法:在构件表面粘贴碳纤维加固条,其技术优点是具有良好的可粘合性、耐热性及抗腐蚀性
新加承重结构技术	原承重构件处补加承重构件	在不改变原结构传力系统的前提下,在原承重构件处补加承重构件	在原承重墙处补设承重柱,增加原承重墙的承载力
	无承重构件处新加承重构件	建筑结构承重能力不足,且需要更改原承重体系的情况下,可采用此项加固技术	需要进行具体结构承载力计算,并通过计算分析设计新加承重构件的位置和形式,最后通过新建承重构件,改善原承重体系的承载能力

10.5.1.2　建筑残损修复

在院区历史建筑中,常见的残损形式主要有墙体破损和裂缝、钢筋锈蚀、混凝土碳化和开裂等。

对于墙体破损、裂缝,可以在墙体表面附设钢筋网、灌注混凝土、压抹细石混凝土、喷射细石混凝土或环氧砂浆等(图 10-8)。其中砖墙钢筋网的设置应注意其相邻结构的连接及与邻墙的加固。对面积较大的砖墙,可使用环氧砂浆进行补强,利用压缩机喷枪将砂浆喷入墙表面,使其胶凝

图 10-8　墙面挂钢筋网加固

扩散固化，达到补强目的。

对混凝土开裂碳化、钢筋锈蚀问题，常用的方法有：利用混凝土保护液恢复碱性，利用阻锈剂防止钢筋生锈，利用环氧树脂弥合裂缝等。目前，上述残损问题在区域医院历史建筑中较为常见，尤其是 20 世纪 50～60 年代修建的建筑。因此院区在建筑保护修复时，可使用上述技术对建筑进行加固保护。

10.5.1.3　建筑饰面的修复

在院区历史建筑中，建筑的饰面残损主要为砖石材料的腐蚀污染、破损等。

对于砖石等材料的腐蚀污染，采用的技术为清洗法。传统清洗技术包括：水清洗法、喷沙法、化学清洗法、微酸碱叶清洗法等，但这些清洗技术一定程度上会对基体岩石产生损伤，并有一定的应用范围和局限性。目前，国内外最新的清洗技术包括微生物转化、离子交换法、激光清洗技术等；相比而言，这些技术对基体材料要求不高，不会对基体造成损伤，具有较高的普适性和环保性，在欧洲建筑遗产修复领域已得到试验性的应用，并取得了良好的效果。

相对国宝级文物而言，区域医院历史建筑主要为文物建筑和重要风貌建筑，如采用新型的清洗技术，耗费的成本较高，因此可以采用成本较低、适用性较强的传统清洗技术。如对于建筑外墙灰尘等污染，可以采用高压水清洗技术去除污垢；对于油烟等材质污垢，可采用丙酮、氨水、双氧水等清洗。

对于砖石等材料的破损，一般常采用的修复方法有粉刷涂料、替砖修复、砖粉修复、外贴仿制面砖等（图 10-9）。

粉刷涂料主要是利用石灰、水泥等材料修复损伤部位，并采用砖砂、涂料等材料涂抹损伤部位；替砖修复主要利用砖块剔补风化、破损的砖体；砖粉修复主要是利用砖粉修补砖墙较小的损伤；外贴仿制面砖主要采用与面砖相似的贴砖，对清水砖墙进行修缮，需保持与原色彩、尺寸、风格一致。

图 10-9　常见的砖石残损形式（污染、破损等）

上述结构、残损、饰面修复加固的方法适用范围、效果各不相同，在制定相关修复加固方案时，应在建筑残损现状调研的基础上，进行构件价值分析、风险评估、经济比较等，在此基础上选择适宜的技术，制定合理的修复加固方案。

10.5.2　历史建筑更新利用

由于始建年代较早，区域医院大多存在结构老化、设备设施陈旧等问题，影响建筑功能的运行，亟待更新改造。一定程度的更新再利用有助于建筑保护，激发建筑生命活力。所以应在修复加固的基础上，对其进行积极的更新再利用，根据建筑特点设置相应的功能，以满足院区功能运行和建筑保护的需求。院区历史建筑改造大体可分为文物建筑的改造、重要风貌建筑的改造和一般风貌建筑的改造三类。

1）历史建筑的更新应以维护为主，一方面应遵循真实性原则，在保证建筑风貌、结构、形式等核心要素完整的前提下，进行改造再利用，注意改造和保护的平衡；另一方面应注意可持续性，避免建筑朝"资源→建筑→废物"的物质单向流动。利用改造时，原有构件尽量保留，拆卸构件尽量重复使用，建筑废物尽量资源化再回收，避免破坏环境，实现"资源→建筑→循环使用建筑→循环再利用建材"的转变。

2）更新改造的内容应包括建筑结构抗震加固、设备设施改造升级、建筑空间优化改造、建筑室内视觉环境优化设计等。各项优化改造前，应认真分析建筑价值的载体，明确建筑价值的要素组成，在确保不损害建筑历史艺术价值的前提下，实施优化改造。结构的加固改造应优选减震或隔震技术；设备设施的改造应注意空调挂机、管线等外部设施对建筑风貌的影响，选择合理的形式、色彩；建筑内部的功能优化应注意传统空间格局的维护；室内视觉环境的优化设计应与建筑风格色彩相协调。

3）历史建筑的再利用应充分结合院区功能的疏解定位，根据功能、建筑形式、空间特点、文化特色以及周边环境状况，因地制宜地设置相应功能。功能的设置不应违反保护规划，不应随意增加荷载。对于内部功能确定保留的历史建筑，其内部功能可保留延续；对于内部功能确定疏解的历史建筑，可根据建筑特点和文化属性，在疏解后设置与建筑文化属性相符的功能；对于历史文化价值较高的建筑，在功能疏解后可以改建为院史资料馆、文娱中心、展览馆等文化属性的场所；对于历史文化价值一般的建筑，可根据建筑特点，设置一般性的医疗、办公功能；对于内部功能部分疏解的历史建筑，可根据空余的空间和建筑特点，合理增添新的建筑功能（表 10-3）。

建筑功能改造模式表   表 10-3

功能规划状况	改造模式	功能安排
内部功能保留	延续原有功能	原有功能
内部功能疏解	功能置换（新功能与建筑属性特点相符）	建筑历史文化价值较高：院史资料馆、文娱活动中心、医院文化展览馆等； 建筑历史文化价值一般：医疗、办公功能
内部功能部分疏解	合理增添新建筑功能	新旧功能并存

10.6　案例解析

本节主要以北京某医院历史建筑改造再利用为例，深入分析了该工程背景、前期筹划、改造再利用等全过程，重点阐述了其与既有医院历史建筑的相似之处和可资借鉴的方法、思路和模式，为既有医院历史建筑保护与发展提供完整的经验方法。

10.6.1　案例简介

某医院于 1921 年建立，最早由英美教会出资合办。建筑包括礼堂、教学楼、病房、仓库、宿舍等，除"A"楼为西洋式礼堂外，其余各栋为仿清代官式宫殿建筑。建筑采用中国古代官式建筑木构架的元素，外观为中式，装饰和内部为西式，建筑布局也沿袭着中轴对称的传统，均由连廊相连，由南向北循序展开[①]。

院区二期工程建成"P""O"两栋楼，同期重建护士楼，护士楼原老楼平面呈"一"字形，坐北朝南，北临胡同。二期改建过程中，将其平面改成"U"字形，南北两翼向东扩建，围合成一个内院（图 10-10），主入口改为朝北。建筑高六层，其中地下一层，地上四层，1991 局部加建五层。"护士楼"是医院唯一保留的纯粹西洋式建筑，并于 2013 年 1 月被列

---

① 伍哲陶．北京协和医院护干楼及其改造性再利用研究［D］．北京：清华大学，2000．

为区普查登记文物。

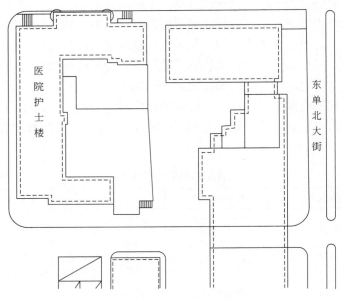

图 10-10　医院护干楼总平面图

建筑整体为砖混结构，灰墙砖体，墙面上有凸出的琉璃砖做装饰，属折中主义风格。建筑各立面水平方向有明显的古典三段式划分，比例均衡，并且各立面主次分明，北临东帅府胡同的一面为正立面，立面较其他面精致。水平与垂直方向均为三段式，垂直向中间一段突出，造型上刻意加以强调。突出部分转角处各有一个突出圆形凸窗，凸窗材料为清水混凝土，在色彩和质感上形成强烈的对比。垂直向中段下方为券窗，与其他方窗形成对比。建筑物其他面较为朴素，清水墙、组合方窗、檐口、腰部、墙裙等部位饰以简单混凝土线脚，以丰富建筑立面。建筑总体简洁沉稳，正立面、窗饰、门饰、铁花栏杆和檐口线脚经过细致处理，母体采用简洁几何形，同时运用了许多灵活的巴洛克曲线，细部设计耐人寻味。

10.6.2　前期筹划

中华人民共和国成立后，全院教职工增加迅速，给院区带来巨大压力，由于人员安置的需要，护士楼容量被一扩再扩，楼内开始出现临时搭建的厨房、储藏室，建筑内部环境逐渐恶化，成为一处"大杂楼"。同时随着使用年限的增加，建筑多处破损，内饰锈迹斑斑。1998 年医院决定对护士楼进行改造，以改善用房困境和居住条件。

建筑改造前，相关人员对建筑进行了全面考察，包括考察建筑历史资料、了解建筑历史文化背景、访谈现场住户及相关人员、了解大家对于建筑改造再利用的认知；开展建筑测绘、现场调研、结构检测，为加固改造提供依据；开展建筑价值量化评估，为修复加固提供明确导向。其中现场测绘内容涉及建筑总貌、建筑平立剖等。现场调研内容涉及建筑内容空间使用情况、居住环境、维护和修缮状况等；结构监测内容涉及设计年代、使用功能、结构体系、材料构造、结构承载力、材料强度、残损状况，以及建筑各个部位和构件完善程度。建筑价值量化评估主要运用量化评估的方法，从历史、艺术、使用、环境、情感等角度，对建筑价值进行了系统评估。上述工作表明：建筑总体结构状况良好，但结构不满足北京抗震设防要求；建筑具有一定的综合价值，结构和外貌特色应予以保留。由此确定了改造性再利用的保护利用方式，即基于原结构、外貌和功能，在保护建筑历史、文化价值的前提下，通过一定技术手段进行适当改造，以满足功能发展的需求。

10.6.3 改造性再利用

建筑改造利用过程中，设计人员基于测绘、质量结构检测、价值评估等工作，制定了详细的改造再利用方案。在总体策略上，考虑到西、北立面为主立面，风貌特色有一定的代表性，日常人流量较大，不便于改造，所以以保存和修缮为主，改造限于南翼和东西段东边。为满足院方使用要求，提升建筑环境质量，将地下一层和首层空间改为营养餐厅和厨房，地面一层其他部分改为行政办公，二层以上进行宿舍改造，其中东西一段东面和南翼进行空间提升改造，增加厨房、卫生间和阳光室，南段部分房间扩建卫生间和阳光室，北翼东段改造成含卫生间的单独居室，建筑东西一段西面和北翼中段保持不变，另于南翼东面增加东翼，与原建筑组成一半围合院落，这样建筑内部居住空间多样，能够满足不同需求。同时为改善环境质量，对各用房内部空间进行了重新优化，拓宽使用面积，改善绿化、采光，升级改造厨房、厕所等。

在具体改造过程中，充分保护了建筑的遗产价值。第一，对建筑进行了修缮性保护，清洗建筑西立面、北立面和北翼南立面，修补、整理内墙和顶棚，保留了原窗框部分构件。第二，新加建部分墙体采用清水砖墙，以保持与原建筑的呼应，延续原有朴素雅致的建筑风格，同时新开的门窗比例、组合方式、线脚、券等元素也与原建筑相同，但材质有所变化，既能保证风格的统一，又能体现一定的现代感。第三，在建筑新旧交接的部分，两部分独立分开，各成体系，之间通过变形缝、沉降缝等隔开，保证两部分有一定的自由度，避免不均匀沉降造成结构开裂。第四，结构设计方面，由于原结构历史悠久不满足北京地区抗震设防的需求，所以在改造过程中，在老建筑檐口等部位加设圈梁、在建筑内部增设剪力墙、在门窗洞口上增设过梁等。第五，在建筑设备方面，由于原有设备管线老化，在改造过程中，加建了设备管网，并在设计时进行了巧妙的布线安排。第六，在施工安排上，为避免改造对建筑使用的影响，改造过程中使用了外改式的方案，先在建筑外围加建厨房、卫生间，并只要求涉及改造的住户

搬迁。同时施工只在每天工作时间完成，下班后居住者可以继续使用
房间。

10.6.4　效果与意义

总体而言，该医院护士楼改造再利用的理念、原则和方法均符合历史
建筑保护的要求，效果显著、富有成效。通过改造再利用，一方面保留下
了原有的历史建筑，最大限度地保留了历史建筑的完整性、真实性，使院
区风貌和文脉都得到了较好的延续传承；同时，通过改造再利用，改善了
历史建筑的杂乱风貌，使历史建筑重新"焕发"出光彩；而新建的部分在
风格、体量延续了原建筑的特色，新旧部分较为和谐地融为一体，成为院
区一道优美的风景。另一方面极大地改善了建筑的居住环境，增加了居
住、餐厅、办公等使用面积；通过厨房、卫生间升级改造，改善了居住的
私密性和舒适性；通过空间的改造利用，改善了阳光、空气等居住环境；
同时还增加了多种居住户型，满足不同人群的多样化需求，有效地激发了
历史建筑的活力和生命力。

10.7　结语

医院既有历史院区是医院历史文化载体，也是城市区域风貌的重要组
成部分，具有重要的历史文化价值。既有医院历史院区年代较久，建筑老
化现象普遍，难以满足医院运行需求，因此其保护改造研究对于院区风貌
保护和医疗环境改善具有重要意义。

由于历史院区以历史建筑为主体，保护属性和目的与历史街区具有共
通性，因此在历史院区保护规划时，可以采取历史街区风貌保护规划和历
史建筑保护的理念方法，遵循真实性、完整性等原则，并借鉴动态规划、
综合性保护、公众参与等街区保护的最新理念。但与历史街区不同，医院
建筑组群在形态、结构、功能上具有更紧密的联系，建筑功能性强，改造
提升需求大，保护改造涉及方面广泛，既涉及宏观院区层面的保护规划，
又涉及微观建筑层面的修复保护及功能利用，包含总体规划、建筑保护修
复、设施改造、功能更新等多个专业，需要从多个维度进行把控。

因此，历史院区风貌保护要在借鉴街区保护理论的同时，根据历史医
院现状问题和发展需求，提出适于院区保护改造的总体理念、路径和方
法。在理念上，要遵循特色性、真实性、完整性、分类保护等理念，按照
调研-控制规划-历史要素保护-基础设施更新的路径，从总体风貌控制保
护、历史要素保护、基础设施更新、历史建筑保护再利用等方面开展具体
的工作。

专项工作大体可分成总体风貌保护和历史建筑保护再利用两个方面。
在总体风貌保护规划方面，要分析院区特色，制定详细性风貌控制规划，

一方面要将历史建筑和反映传统风貌的历史环境要素纳入保护规划之中，根据价值现状，采取分类保护改造的措施，强化风貌特色，保护好院区历史风貌的真实性、完整性；另一方面要基于特色性、真实性、完整性的要求，指导院区改扩建活动和基础设施的改造更新，保证改造更新的形式、方法与院区风貌特色的协调，激发院区的功能活力。在历史建筑保护层面，由于院区历史建筑类型多样、价值不一，在具体的保护修复时，需要在分类的基础上，灵活把握保护原则，确立适宜的改造更新策略，根据建筑残损特征、价值特点，采取适宜的修复加固技术；在此基础上进行积极的改造更新和功能置换。

此外，还要认识到院区保护更新是一项长期、持续的工作，要以微循环、有机更新的方式逐步开展，最大限度地保留院区信息。开展具体工作时，可以基于调研和需求分析，制定一份长期、逐步、可持续的改造更新计划，将各项保护改造内容纳入规划之中，从局部开始，通过渐进、微循环的方式逐渐扩大更新改造范围，不断完善、细化保护更新方案，最大限度地保护好既有院区古朴的风貌和历史环境，改善院区基础设施，优化建筑性能，促进历史建筑的合理利用，凸显院区文化特色和历史底蕴，构建历史风貌古朴、富有特色和韵味的医院文化环境。

第 11 章　建设项目全过程管理

当前我国社会主要矛盾的转变在医疗卫生服务方面体现为"当前我国居民对于优质高效医疗服务的需求同当前医疗卫生资源总量不足、优质资源短缺等方面的矛盾"。这种矛盾一方面表现为人口结构的变化、经济发展等因素使全社会对于健康需求的意识和医疗卫生服务价值观念发生重大变化，另一方面表现为我国医院基础设施普遍落后、设备设施更新缓慢以及社会服务能力和水平不能有效满足人民需要。此外，城镇化的发展也给我国的医疗资源造成了巨大的压力，医疗技术和手段的发展造成原有老旧医院无法满足新的医疗设备对空间的要求，医院的改建、扩建以及新院区建设势在必行。医院建设项目是一个复杂的大系统工程，在项目策划、实施、运营的全生命周期里，开发管理、项目管理与运营管理的效果和水平决定着既有医院建筑改扩建项目的目标实现。

11.1　北京医院管理现状和需求

从北京既有医院的调研情况来看，区域医院在我国医院管理体制与模式变革的大潮中，综合管理与效益水平和建设与运营可持续发展能力不断提高，但在建设项目的全过程管理中，仍存在着一些亟待解决的问题，具体表现为：

1）管理理念有待提升：精细化管理与标准化管理理念没有真正落实到实际管理中，管理较为粗放，阻碍着医院生产效率、服务质量的提高，不利于医院的长久发展。

2）管理方法与工具有待改进：医院运行管理偏重于传统人工、经验主义的管理方法。例如医院基础运行设备的运维管理仍以日常巡视、电话报修为主，医院建设全寿命周期的集成管理和智慧运维平台建设与应用力度不足。

3）管理部门沟通协调性不强：医院改扩建全过程管理涉及多个管理部门，流程复杂。目前医院多部门间的沟通协调性不强、管理环节的对接不顺畅、资料文本的对接不对称。

4）管理人员专业素质较缺乏：近年来区域医院持续加大人才引进和培养力度，但总体上，医院管理人员的技术水平、协调与统筹能力、决策与执行能力、规划与整合能力等，还不能适应医院新型管理模式。

5）服务体验性有待提升：人本管理的重视程度低，医院改扩建项目未能立足于医院建设和医患需求，空间、流程、管理等人性化考虑不足，医疗服务未能贯彻人本主义的理念。

针对管理理念、方法与工具、部门、人员以及服务体验等多个方面的问题，需要立足需求，坚持目标导向，深入分析，制订管理水平提升方案。通过项目改造管理水平提升和项目改造后院区及其建筑管理水平提升，实现改造规划全过程管理，全面提升既有院区综合管理效益。

"北京城市总体规划（2016 年—2035 年）"提出构建覆盖城乡、服务均等的健康服务体系，全面深化公立医院改革，统筹推进既有医院的综合整治和有机更新……提升环境品质和公共服务能力。医院建筑改造、形象改善、服务水平和医疗条件提升等也势在必行。在此背景下，提升医院改造管理和运维水平，最大限度降低改造影响，促进医院的可持续发展，是当前北京既有医院既有建筑综合性能提升改造规划需要重视的核心问题。

11.2　医院管理发展趋势与经验

11.2.1　国内医院管理现状

党的十一届三中全会以来，在改革开放政策的指引下，国家逐步确立以公有制为主体、多种所有制经济共同发展的基本经济制度，我国医院也逐渐向多渠道、多形式、多所有制转变，形成全民所有制、集体所有制、个体医院、股份制、混合所有制等多种形式下的结构体系。

随着我国医疗市场的不断完善，提高医疗服务质量与医院管理水平成为医院管理工作的重心。我国医院逐渐形成包括基础质量管理、环节质量管理和终末质量管理在内的三级医疗质量管理体系。在医院管理工作的推行过程中，通过个体质量控制、科室质量控制、院级及机关职能部门的医疗质量控制，构建起三级网络管理体制[①]。在医院质量的标准化建设方面，我国自 20 世纪 80 年代起开始着手探索质量的标准化管理，并在此基础上综合运用各种质量管理工具，以提升医院的管理质量。

"人本意识"在医院管理方面愈加深化，无论是医院建设项目管理中的人性化视角，还是医院运维管理与服务模式的"以病人为中心"，均说明医院管理正在追求最大限度地保障医护人员，构建安全、舒适、高效、高质量医疗环境。在施工管理过程，患者的利益成为施工管理的出发点和立足点；在施工过程中，新技术和科学的施工组织越来越被广泛地应用，以实现降低噪声、扬尘、交叉感染等[②]。

在国家医药卫生体制改革和公立医院改革不断深入发展的新形势下，

---

① 朱士俊. 我国医院质量管理发展现状及展望［J］. 医院院长论，2008（3）：4-11.
② 周洁，赵东蔚，白丽霞，等. 我国医院质量管理现状及对策分析［J］. 卫生软科学，2016，30（9）：39-41＋50.

北京既有医院进一步明确了发展方向、定位、技术和管理优势。在医院建设上更加注重规划布局与结构、调整服务辐射工作；严格控制区域公立医院规模扩张，进一步加强特色与品牌学科建设、人才梯队建设、信息化建设，全面提升区域医院管理水平和医疗服务水平。

11.2.2 国外医院管理现状

1930 年，医院管理学理论在美国形成①。国外医院的管理经过多年发展，已经形成成熟的组织管理、质量管理、病案管理、技术管理、医院卫生学管理、科研管理、设备管理、人力资源管理、后勤管理、医院环境建设与管理、经营管理等多方面的医院综合管理体系。

医疗保障体制方面，形成了市场主导、国际福利、公共合同型、公私互补性四种医疗保障体制，代表国家分别为美国、瑞典、日本、新加坡。在医院内部组织管理方面，国外医院医管分离模式提高了医院管理与服务的专业化水平，且管理方面一般采取分权型经营管理体制。院长、院长委员会或董事会负责重大事项决策与协调公共与内部组织关系，各科室主任承担日常行政事务。

质量管理是医院管理的核心，美国作为世界上最早开始医院质量管理的国家，自 1917 年就开始开展医院质量评价工作。日本于 1997 年依托全国医疗机构质量评审组织开始质量评审工作，1999 年澳大利亚开始进行医院绩效评审，2000 年 WHO 统一了卫生系统绩效评价技术指标水平尺度，国际上开始开展卫生系统绩效评价工作。

此外，在西方发达国家和日本已逐渐产生一门新兴学科——"设备管理综合学"。设备管理可以通过技术提高设备的可靠性，并可以综合管理控制、信息反馈管理、合理部门设置、检修流程优化以及最低成本控制，确保医院医疗设备使用的稳定性和安全性能。

在管理模式方面，为提高医院的核心竞争与管理效率、降低管理成本，国外医院还发展起成熟的非核心业务"外包"模式，并逐渐从一般业务和支持性业务向核心业务的相关业务渗透。其中，信息化技术的外包成为医院外包业务中增长最快的板块②。医院信息化无处不在，西方发达国家始终坚持以信息技术作为改进医疗卫生服务的重要手段，关注医院医疗就诊、流程设计、建筑设备的信息化发展。从 20 世纪 50 年代中期开始推动基于电子病历的医院信息系统发展，荷兰、丹麦和芬兰等国日常使用电子病历的比例高达 95％以上。同时，目前国外医疗信息化正朝着移动医疗、大数据分析与使用、终身健康管理以及虚拟化的方向发展。

医院管理在国外发达国家已经成为一门专业化、综合的独立科学，医

---

① 杨柳，王健．浅谈国外医院管理［J］．中国卫生事业管理，2007（5）：348-350.
② 阮肖晖，黄汉津．国内外医院后勤服务业务外包的对比研究［J］．医院管理论坛，2005（11）：58-61.

院管理也步向高效、高质、专业化、信息化的轨道，而我国医院管理取得一定进步的同时，其整体管理水平和管理队伍水平仍有很大的提升空间，需要结合我国国情和医院发展情况，吸取国外优秀经验，形成适合我国医院建设与运维的全过程管理模式。

11.2.3　相关案例

本章节以美国卡罗特罗谷某医疗中心为例，展现国外工程采购模式—IPD（综合项目交付模式）以及 BIM 技术在医院建设过程中的应用。IPD 综合项目交付模式是 Integrated Project Delivery 的简称，是一种结合 BIM 技术，强调项目各参与方提前介入，多方整合的一种工程采购模式。该模式可以帮助对项目有重要影响的相关人员及早接触项目，通过风险和利益共享的方式来促进彼此的合作，从而达到减少浪费、削减成本和提升项目价值的目的。

另一案例为国内北京某综合医院，案例将重点说明医院在建造使用阶段管理水平的提升，医院通过组织架构、精细化管理以及信息技术的使用，完成对医院人员与物资、空间与时间的管理，实现了效率与质量的共同提升。

11.2.3.1　美国某医疗中心

1. 医院概况 [1]

该医疗中心（图 11-1）位于美国加利福尼亚州卡斯特罗谷，是北加利福尼亚最大的非营利医疗机构。

图 11-1　某医疗中心外观图

2. IPD 采购模式与 BIM 技术的应用

1）IPD 团队主要成员（11 个）：业主（萨特医疗集团）、BIM 技术管理者和 BIM 顾问、建筑师、总承包商、机械工程师、电气工程师、结构

---

[1]　李鹏．基于 BIM 的 IPD 采购模式研究［D］．大连：东北财经大学，2013.

工程师、机械供应商、电气供应商、管道供应商、消防设备供应商。

2）合同形式：萨特综合协议合约。这个项目第一次采用 11 方综合协议将业主、建筑师、总承包商等参与方以联署的方式组合成一个主要项目团队。该综合协议合约中要求团队成员相互协作，应用技术和精益建造的理念减少项目交付过程中的浪费。同时协议中规定，如果项目最终交付的价格低于目标成本，那么最终实现的节约部分将由组成项目团队的成员共同分享。

3）IPD 团队工作：由于 IPD 团队成员类别多，为了将项目团队的关键成员组合起来，使得他们能够面对面地交流、分享及时信息、更好地协调决策行为、尽快确定项目目标路径，该项目的 IPD 团队在实践过程中，采用了"BIG ROOM"的模式。

在设计开始之前，IPD 团队单独抽出时间来计划设计的流程，应用价值流程图分析法，画出适当详细的工作流程，通过互相讨论分析后确定价值增加步骤和减少返工循环。供应商在设计阶段就加入到项目的设计工作中来参与决策，因此在设计方案中采用了很多场外预制和预装配构件。

为了消除团队成员工作地点不同带来的影响，IPD 团队使用 Bentley Systems 的 Project Wise 解决方案，每一个团队成员都能将自己的工作信息存储到网络服务器上，其他团队成员可以下载彼此的信息，使得离散分布的成员能够随时交换工作项目信息。

4）BIM 技术的运用：该医疗中心运用 BIM 技术进行三维建模、碰撞检查、设计协同以及成本估算等相关工作，如图 11-2、图 11-3 所示。

图 11-2　BIM 钢筋管道模型

通过 BIM 三维模型，加大项目中预制构件的使用比例，节省建设成本，尽可能地加强工作协同和信息分享，同时也使设计信息更加的可靠、准确。通过采用统一模型，可直接利用模型中的信息进行评估、协作、模拟建造，减少了重复建模和数据输入。

3. 项目目标及价值分析模型

项目主要目标：设计和交付一个高质量的工程项目，要求最少比正常情况下类似项目的工程进度要快 30%，同时不能超过既定的目标成本，该项目的具体目标见表 11-1。

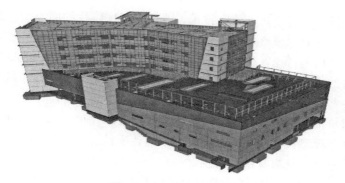

图 11-3 BIM 图形模型

项目目标分析   表 11-1

目标一	结构设计 完成时间	最早的设计方案要在××年××月××日前,提交给加利福尼亚州医疗规划发展办公室
目标二	项目成本	整个项目建设的总成本不能超过 3200 万美元(包括对旧医院的拆除工作)
目标三	项目交付时间	最迟在 2013 年 1 月 1 日,医疗中心必须全面完工,并随时可以运行使用
目标四	项目设计创新	在设计过程中应用蜂窝概念、控制中心概念以及电子健康档案系统
目标五	环境管理工作	实现以下任意目标之一:LEED 医疗保健或 LEED-NCV2.2 银级认证标准、LEED 医疗保健或 LEED-NCV3.0 认证
目标六	设计和建造 交付的变革	在设计和建造过程中广泛采用 BIM 技术、能耗模拟分析,应用新的方法来激励项目成员和定义项目目标,采用目标价值设计方法,尽可能地减少项目投资成本

  结合业主对项目的要求和目标,同时也考虑该工程作为功能型建筑的特点,建立萨特医疗中心项目的价值体系模型(图 11-4)。

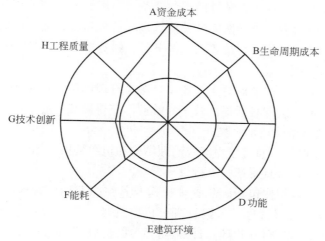

图 11-4 项目的价值体系模型

227

采用综合项目交付模式和技术，业主希望比以往的同类型项目具有更低的造价，同时尽早交付。另外，萨特医疗中心属于功能型项目，出于对项目本身性质的考虑，交付后的运营维护成本和项目本身功能也是必须要着重考虑的部分。相比之下，工程质量、技术创新、能耗和建筑环境的重要性低一些。

通过价值分析模型，指导项目方案的设计和评价，当存在冲突时，运用价值体系模型做相应的取舍，以此来达到项目价值的最大化。

11.2.3.2 北京某综合医院

1. 医院概况（2018年调研信息）

成立时间：2014年。

医院等级：三级。

医院类别：综合医院。

占地面积：297亩。

职能与工勤人员：334人。

核准床位数：1800张。

独立诊区：29个、209间诊室（已开放111间）。

独立病区：44个（已开放病区19个）。

信息化等级：达到HIMSS评级7级水平。

日门诊量：可承接10,000～15,000人次。

日手术量：400人次。

2. 问题识别

大机构病——缺乏横向架构和横纵整合：职能部门众多、管理层次重叠、沟通渠道长、信息互动难；部门内各自为政、工作衔接困难、有些工作没人做、有些工作重复做，缺乏横向协调，容易形成管理真空，引起病人不满，阻碍医院运行效率提升。

依赖能人——缺乏系统性的组织竞争力：医管分离与分权化管理可以提升医院运营效率，推动医院的效能管理和持久发展；而当前医院的组织部门缺乏专业化人才和系统管理，医务处、财务部门、考核等部门无法有效执行部门职能。

生存压力——被动面对市场竞争：医疗管理体制和机制改革，将医院推向市场，迫使医院必须提高效率和效益，获得最基本的生存条件。

3. 医院运维管理水平提升

1）整体框架：通过建立医院治理结构和组织架构（图11-5），对医院的资产、物资以及日常运行进行管理。

其中，管理架构包括医院管理机构及其组织架构、管理团队和人员；物资管理包括需求管理、采购管理、供应管理；资产管理包括所有权归属、使用权取得、财务管理；日常运行管理包括后勤服务、内控管理、公共关系管理以及整体管控运行绩效管理。

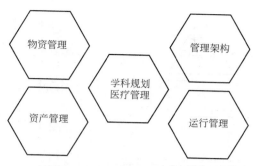

图 11-5　医院运维管理整体框架

2）管理架构：医院院长负责制，下设人事副院长、行政院长、医疗副院长，这些院长分管医院的医疗、管理、科研等事宜，整体管理组织架构见图 11-6。

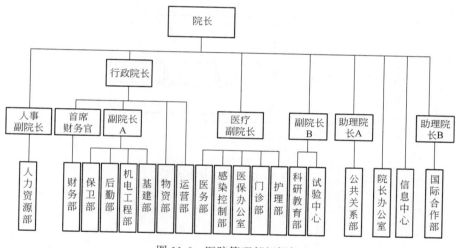

图 11-6　医院管理部门框架

3）绩效管理：医院基于彼得·德鲁克的"目标管理"思想，构建了层级明确的绩效管理体系，使得含糊不清的目标逐级明确，且保证"自上而下"又"自下而上"的医院从科室到个人都参与决策，吸引每个人依据设立的目标来进行绩效评价，鼓励自我评价与发展（图 11-7）。

4）物资管理：医院建立第三方物流采购模式（图 11-8），真正实现物资物权转移延伸至临床消耗，实现医院零库存目标。

5）信息化支撑的"大后勤"管理模式：医院在后勤管理模式（图 11-9）上实行自管与外包有机结合的原则，对于医院核心业务项目实行自管，其他则一律进行社会化。将保洁、安保、食堂等非核心业务外包，选择价格合理、质量稳定、管理先进的公司来承担部分后勤服务，通过专业化分工管理，提高工作的效率和质量。为了保障社会化公司的服务质量，医院在前期招投标的阶段严格审查公司的资质，在日常阶段制定完善的考核体系，做好委托外包工作的管理和监督。

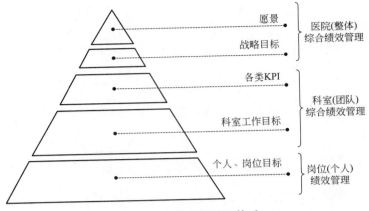

图 11-7　医院绩效管理体系

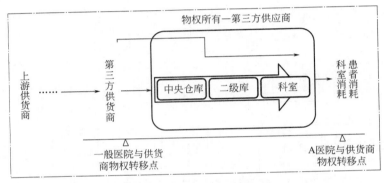

图 11-8　医院第三方物流模式

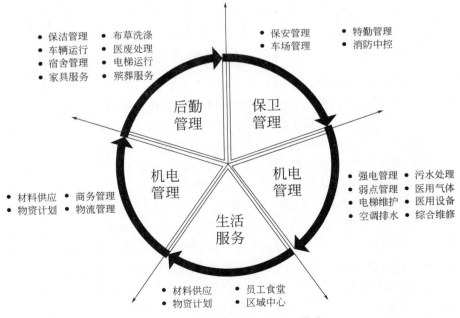

图 11-9　医院"大后勤"管理模式

11.3 医院建设项目全过程管理

对于北京既有医院改造建设项目而言，其项目全生命周期内始终伴随着管理活动的参与，包括医院改扩建项目的前期开发管理（DM），建造实施阶段的项目管理（PM），以及医院建设项目投入使用后的设施管理（FM）（图 11-10）。

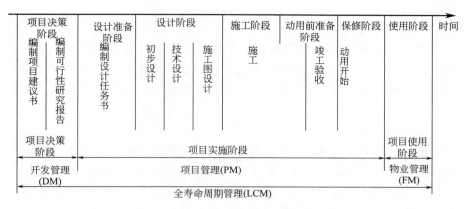

图 11-10 建设全寿命周期

其中前期开发管理和项目管理为医院改扩建项目建设周期的管理，医院改扩建项目建设周期历经策划、评估、决策、设计、施工、竣工验收、交付使用等整个建设过程，本章针对医院改造项目建设周期管理的相关内容在 11.3.3.2 节具体讲述。

医院项目使用阶段的运维管理，是医院管理方对医院运行阶段的组织、空间、用户、设备的管理，目的在于确保医院运行环境的秩序。针对这部分内容，本章将在 11.3.3.3 节具体讲述。

11.3.1 基本原则

既有医院的改扩建项目，以"满足新时代患者日益增长的对美好就医的需要"为目标，正确的管理理念是推动医院既有院区改造不断进步的先导。

1. 以人为本，立足需求

医院改扩建项目"以人为本"，要求立足于医院建设和使用干系人的需求。建设过程中力求"不停业改造"或"半停业改造"，维持医院的正常运营，保障病人的生命健康。

2. 预防风险，安全第一

科学分析预测风险，运用科学的方法对风险进行预测和度量，降低风险的损失，从源头端消除风险的隐患。

3. 标准流程，精细管理

不断优化流程体系，形成标准化的路径，从整体上提高组织的效益。做到工作规程精细化、消耗计量精细化、医用供给及维修合同履行保障精细化、成本核算精细化、医院后勤保障系统结构精细化等。

4. 绿色施工，资源节约

倡导资源节约、环境和谐、健康可持续的施工方式，严控施工现场的环境监控和管理，综合运用技术、经济、管理手段，创造绿色的施工环境。

5. 信息管理，创新高效

依托"互联网＋"、大数据、人工智能、BIM、VR等新技术，建立智慧后勤服务与运维平台，通过可视化交流与信息共享，加强各参与方的协同工作，创新全生命周期的集成管理，改善传统项目的管理模式，提高生产效率。

6. 不停业改造

遵循一次规划、快速推进、有序实施、灵活分散的改造原则，充分认识到改造规划工作的紧迫性和重要性，采取有序、分期实施策略，充分利用建筑功能和各方面设施运行的间歇时间，制定合理的改造模式，努力实现不停业、少停业，最大限度降低改造对院区运行的影响。

11.3.2 工作内容

11.3.2.1 医院建设项目组织管理

科学的组织结构是医院改造项目全过程管理工作顺利开展的保障。组织结构是项目任务中各人员间分工与协作的基本形式，通过设计构建横纵向层级关系，科学分配人员职权。

1. 项目组织结构模式的选择

医院改扩建项目实施过程中，组建以项目经理为负责人的施工组织部门，合理统筹项目规模、复杂程度以及人员配置的能力素质，选择合适的项目组织结构模式。其模式主要包括以下三种形式。

1）大规模医院改扩建施工项目经理部的组织形式

大规模医院改扩建施工项目管理组织宜采用矩阵式项目经理部组织结构形式（图11-11），分别设置职能业务部门和子项系统的施工项目管理组，项目管理人员由企业有关职能部门派出，进行业务指导，并受项目经理的直接指导。

2）中型规模医院改扩建施工项目经理部的组织形式

中型医院改扩建施工项目管理组织宜采用直线职能式项目经理部组织结构形式（图11-12），每个部门直接受一个直系领导人指令。

3）小规模医院改扩建施工项目经理部的组织形式

小规模医院改扩建施工项目管理组织宜采用直线式项目经理部组织结

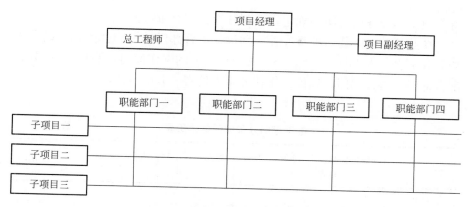

图 11-11　矩阵式项目经理部组织结构形式

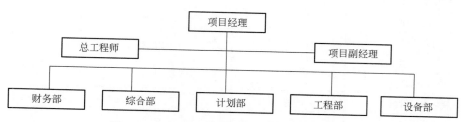

图 11-12　直线职能式项目经理部组织结构形式

构形式（图 11-13）设置项目经理部，在施工项目经理下直接配备必要的专业管理人员。小区域零星的修整、改建也可以直接依托医院基建处进行施工管理，施工任务承包给特定的劳务作业单位。

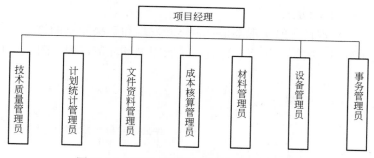

图 11-13　直线式项目经理部组织结构形式

2. 组织管理工具

1）管理任务分工

管理任务分工包括对整个项目管理任务的识别与分析、任务部门（或个人）的工作分配。通过对医院建设项目的内外环境、项目状况以及实现目标的统筹分析，对项目实施的各阶段费用、进度、质量控制、合同、信息管理、组织协调工作、配合工作和组织部门，进行详细分解，制定任务分解表。从方法使用、流程要点、注意事项、目标要求、成果说明等，对每一项工作任务进行明确规定，做到各项工作有章可循。

在此基础上，任命项目经理、划定各主管部门的工作任务，编制管理任务分工表（表 11-2）。指定每一项工作任务的工作部门，明晰负责部门、配合部门与协办部门，确保工作任务有人负责、有法可依。

某工程部分管理任务分工表　　　　　　　　　　表 11-2

	项目经理	总工程师	办公室	综合部	财务部	计划部	工程部	设备部	运营部	……
人事	☆	△								
设计管理		☆					△	△		
技术标准		☆					○	△		
行政管理			☆	○	○	○	○	○	○	
财务管理				○	☆	○				
计划管理				○	○	☆	△		○	
合同管理				○	○	☆	△	△	○	
招标投标管理		○		○		☆	△	△	○	
工程筹划		○					☆	△	○	
质量管理		△					☆	△		
安全管理		○		○			☆	△		
……										

注：☆-主办；△-协办；○-配合

2）管理职能分工

每一个管理任务的实现都是一个不断发现和解决问题的过程，包含提出问题、策划、决策、执行和检查 5 个有限循环环节过程（图 11-14）。

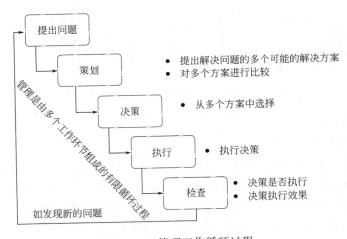

图 11-14　管理工作循环过程

在明确管理职能不同环节的工作基础上，确定承担的职能部门，建立管理职能分工表（表 11-3），弥补传统岗位责任制下岗位责任描述书的不足，使得管理职能的分工更加清晰与严谨。

某项目招标阶段的部分管理职能分工表　　　　　　表 11-3

阶段任务	具体工作	业主方	主要参与方	
			项目管理方	工程监理方
发包	招标、评标	DC	PA	PA
	选择施工总包单位	DA	PA	PA
	选择施工分包单位	D	PA	PAC
	合同签订	DA	P	P
进度	施工进度目标规划	DC	PC	PA
	施工采购进度规划	DC	PC	PA
	施工采购进度控制	DC	PAC	PAC
投资	招标阶段投资控制	DC	PAC	—
质量	制定材料设备质量标准	D	PC	PAC

注：P-筹划；D-决策；A-执行；C-检查

3）工作流程

工作流程主要是项目开展逻辑关系，包括工艺关系和组织关系。图 11-15 是某工程设计变更的工作流程图。

11.3.2.2　项目改造管理水平提升

医院建筑使用功能复杂，设备种类繁多，对智能化程度要求非常高，医院建筑改造过程是一项复杂的系统工程，涉及门诊、医技、住院、后勤等多个系统等。各系统、各科室之间流线的设计协调和人流、物流、车流、信息流的统筹控制，都增加了医院建筑改造项目的复杂性，同时改造项目规模大、投资造价高、进度要求紧、参建单位多，且对工程质量、投资、安全文明、进度目标有着更高的要求，所以医院改造项目的管理水平至关重要。

1. 决策阶段

1）基本内容

决策是一种"在各种方案中做出选择"的认知、思考过程，只有依靠详细的项目策划，才能实事求是地进行决策。决策内容基本包括：

（1）项目构思策划。项目始于建设意图的产生，而项目构思策划流程则包括项目定义与定位、建筑系统构成框架、项目目标与方向、项目具体内容。

（2）项目建议书。项目建议书又称为可行性研究报告，是在项目方案还不够明晰的情况下，提出的拟建项目必要性和总体框架设想。该阶段的投资方案和投资估算都比较粗略，作为审批机关审批项目的依据，可以减

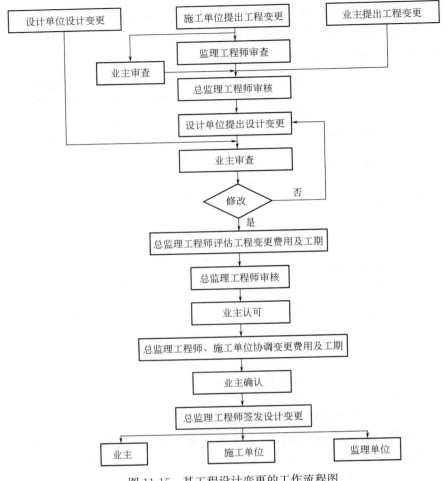

图 11-15 某工程设计变更的工作流程图

少项目选择的盲目性。对于医院改扩建项目的专业性和复杂性，其项目建议书的编制须依托资深的调研团队和咨询机构。

（3）可行性研究阶段。可行性研究是指分析、比较和论证项目建设方案和建设条件过程，进而论证建设方案是否合理、是否值得投资、是否可行，为项目决策提供依据。在此阶段中，医院方应密切关注可行性和设计方案的进度，及时纠正偏差。

2）业主方项目管理模式的选择

（1）业主方自行管理。常见的是工程指挥部式、基建处式，如我国大多数大中型政府投资项目采用的是传统工程指挥部模式；北京既有医院基本建设项目也通常设置基建处式负责建设工程项目管理[1]，然而该种管理模式有着一些弊端：成员进行项目管理的专业素质无法保证，组织组建与

---

① 孟桂芹，戚振强，吴振全. 北京市属医院基本建设项目管理模式选择探讨 [J]. 价值工程，2016，35（25）：45-47.

项目管理都是一次性活动，不利于管理经验的积累，一定程度上无法保证项目管理的水平。

（2）委托全过程、全方位的项目管理服务。业主将项目管理任务全部委托给项目管理咨询服务公司或相关资质公司，在咨询过程中业主主要为项目的开展提供各种条件、决策。

（3）业主方与咨询单位合作进行项目管理。该种项目管理模式由业主方和项目咨询方共同参与，其项目管理机构有多种组成方式：联合组建式，即业主与项目管理咨询单位联合组建，双方在统一的项目经理领导下开展工作；业主主导式，即业主方组建项目管理班子，全面负责与统筹安排项目管理组织实施与项目管理任务执行，将部分专业的项目管理任务单独委托给项目管理咨询单位；顾问咨询式，即选择一个或多个项目咨询单位，作为业主管理班子或不同项目管理部门的顾问，提供整体或专项咨询服务。

区域医院改扩建项目应合理选择项目管理模式，系统分析项目的特性、组织人员、建设环境等因素，其中"基建处式"特点在于"建、管、用"合一，适合医院小型改扩建项目。在医院基建处成员数量、技术、管理、经验水平能够满足项目管理需要的情况下，该模式具有针对性强、应对快速的优点，且能够简化合同管理和组织协调；而对于投资额较大的大型改扩新建医院项目，院方可以选择全过程咨询或与项目管理咨询公司共同管理的方式。

3）工程实施模式的选择

（1）施工总承包模式。建设单位分别与勘察设计、施工等单位签订合同，将全部的施工任务发包出去，由一个或多个施工单位进行承包。这种模式可大大减少业主的工作量，有利于业主对总投资的控制。在这种模式中，设计、招标、施工按顺序依次进行，建设周期较长，参与主体多，协调工作量大。

（2）施工总承包管理模式。其英文全称为 Management Contractor，即 MC 模式——"管理型承包"。与施工总承包模式不同的是，该模式施工总承包管理单位不参与具体工程任务的施工，而是负责整个工程项目的施工组织或管理。业主与施工总承包管理单位或联合体、协作体，签订总承包管理协议，根据不同模式，施工分包单位可与发包人或施工总承包管理单位签订合同，施工总承包管理单位承担工程项目的质量、进度、费用、目标等控制与实现责任。

（3）施工平行发包模式。业主按项目结构、土建、机电、幕墙等不同专业，将工程项目分解分包，与不同施工单位签订施工任务委托合同。该模式有利于控制项目质量、缩短项目建设周期、业主可以按照期望的标准和要求，选择合适的单位；其缺点主要是业主方需要协调的工作量较大、不利于早期的投资控制等。

（4）建设项目总承包模式。将设计与施工任务进行综合委托，即设计与施工总承包模式（D+B模式）。在大型装置或工艺过程为核心技术的工业建设领域，该模式在设计与施工集成的基础上，进一步形成了"设计+采购+施工"总承包模式（EPC模式）。这种模式可以加快进度，有利于投资控制、合同管理和组织协调，缺点主要是业主选择承包商的范围较小、合同价格较高。

2. 设计阶段

工程项目设计不仅是设计单位的任务，还是多方共同参与协作的结果，而且设计阶段也是衔接建设项目策划、建设与运营的重要一环，必须高度重视。

1）基本内容

（1）方案设计阶段。该阶段主要内容是制定满足医院发展规划、医院功能需求的设计方案。

（2）初步设计阶段。该阶段是决策的具体化过程，从技术和经济上对医院建设项目进行全面而详尽的安排。

（3）施工图设计阶段。这一阶段主要是施工图的设计及制作，通过设计好的图纸，把设计者的意图和设计结果表达出来，作为施工的依据，它是设计和施工之间的桥梁。

医院在后期建设施工中，经常会出现功能反复、重复设计等问题，这都是由于方案设计和施工图设计不全面所造成的。因此在设计阶段，医院建设项目设计方应重视使用需求和功能，做好医院功能调研、策划、设计规划工作。

2）设计阶段的沟通管理

医院改造项目的设计工作包括建筑、结构、水电暖、围护等，专业设计包括装饰、景观、智能弱电、幕墙，专项设计包括洁净、医气、纯水、放射防护、污水处理以及市政配套设计。设计阶段不仅涉及医院方、设计咨询单位、施工单位、设备供应单位等，而且涉及医院人流、物流、车流、信息流等，为避免后期因布局调整而造成大规模返工设计，必须做好相关沟通管理。

3）施工过程中的深化设计

医院是一个大的系统综合建筑工程，建设任务大、周期长。随着医疗工艺、医疗设备的发展，原设计空间及流程可能不能满足未来功能的要求，因此需要在实际施工过程中，基于施工图纸，结合现场施工尺寸、施工状态，对图纸进行实时细化、补充和完善，深化设计成果，以指导现场施工。

3. 施工阶段

1）基本内容

（1）施工准备阶段：包括三通一平、参与单位招标、规划许可办理、施工许可等事宜，制定项目管理组织框架、项目管理大纲、制度与流程。

（2）施工开展阶段：督促各参建单位建立合格的管理组织、审查施工单位制定的施工进度计划体系、及时监控工地情况、控制投资质量和进度、考核各参建单位的绩效。

（3）竣工验收阶段：督促承包单位编制竣工交付总体计划；监督承包单位制定各项材料的移交标准；做好工程决算、审计、资料备案等扫尾工作。

2）施工进度管理

（1）进度管理的内涵

项目进度管理的核心是项目实施的时间管理，通过确定项目计划、优化资源配置，以保证计划顺利实施，将项目实际工期控制在计划进度工期内。

（2）进度管理的工具和方法

施工进度计划是进度控制的依据，其中计划编制的方法有横道图法、网络图法和 S 形曲线比较法。

横道图法。横道图又称甘特图，是一个二维平面图，其中纵向维度为工作内容，横向维度为时间进度；起点为开始时间，终点为结束时间，线长为工作持续时间。横道图法具有易制、易懂的优点，但仅适用于简单、粗略的项目。近年，横道图在实际项目中广泛应用，不断革新，逐渐发展成具有时差和逻辑关系的横道图。

网络图法。网络图是网络计划技术的基本模型。其中箭线和节点是网络图的基本元素，用来表示工作流向有序、有向的网状模型，而网络计划就是在网络图的基础上配以时间参数的进度计划。针对网络计划进行的项目进度分析就是网络计划技术，包括肯定型网络计划技术与非肯定型网络计划技术，在实践中，最常使用的是肯定型网络计划技术中的关键线路法（CPM）。

S 形曲线比较法。S 形曲线是在二维平面中绘制的任务量完成进度 S 形曲线，其中纵轴为累计完成任务量，横轴为时间，该曲线可以直观展现项目的实际进展情况和进度计划实施与控制的效果。

（3）进度管理的流程

控制目的是确保项目目标的实现。项目计划在实施过程中，进度发生偏差时，项目管理人员应积极采取措施，使项目的进度计划回到正轨。纠偏措施包括增加人力物力、改变前后施工顺序等，最为重要的是要建立动态纠偏机制，进行全过程地监管并及时纠偏。基本进度控制的过程如图 11-16 所示。

3）施工过程的质量管理

（1）质量管理的内涵。项目成功的一个目标就是保证施工过程及成果质量。医院作为救死扶伤、治病救人的场所，是保障人民生命安全的重要

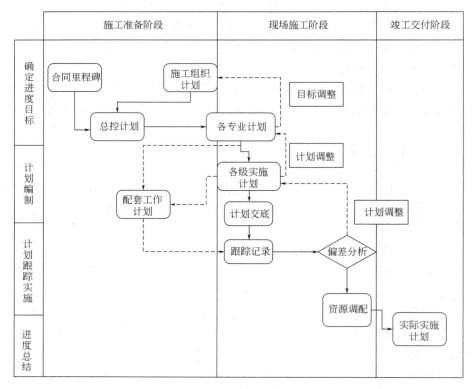

图 11-16　进度控制流程图

载体，对建筑实体以及施工全过程的质量安全有着很高的要求。施工过程质量管理就是在施工过程中，项目管理方为提升质量而进行的策划、组织、计划、实施、检查、监督审核、处理改进等管理活动的总和。

（2）质量管理的工具和方法。分层法是质量控制统计分析的一种基本方法，主要是针对在施工现场调查收集的原始数据，按照某一特定性质进行分组整理、聚类分析的过程（表 11-4）。通过分层后的数据分析对比，可以深入地认识问题的原因。对原始分层数据，可以依据操作方法、施工时间、操作班组等性质，从多角度来分析质量问题产生的因素。

分层法表格示例　　　　　　　　　　　　　　　　　　　表 11-4

操作者	不合格	合格	不合格率（%）
A	5	14	26
B	2	8	20
合计	7	22	24

排列图法。排列图又叫作帕累托图或主次因素分析图。质量问题往往由多个因素造成，因为组织管理与应对能力有限，要有轻重缓急的应对方法，所以需要寻找影响质量问题的主次因素，进而有效控制。排列图法主

要通过整理数据，计算各项影响因素的频次、频率以及根据影响程度大小，计算累计频率，绘制频数直方图和累计频率曲线（图 11-17），其中左侧纵坐标表示频数，右侧纵坐标表示累计频率，横轴表示质量影响因素。主次因素的确定可以利用 ABC 分类法（表 11-5）。

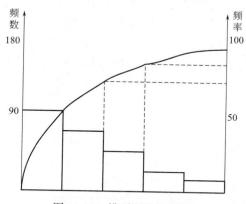

图 11-17　排列图法绘制图

累计频率对应因素类别　　　　　　　表 11-5

累计频率	（0～80%）	（80%～90%）	（90%～100%）
因素等级	A	B	C
因素类别	主要因素	次要因素	一般因素

　　因果分析图法。因果分析图法一般用来分析导致质量问题的特性因素，及分解每个大因素下的中、小原因，根据逐级分解的原因，寻找改进的措施和对策。而因果分析图就是用来直观展示质量问题与产生原因的有效工具。首先绘制水平主干线指向质量问题，然后确定要因（一般包括人、机械、材料、方法、环境等 5 大方面），通过不同层次原因的分解绘制枝干，形成包含质量问题、结果、要因、主干、枝干的因果分析图，也称树枝图或鱼刺图。

　　其基本形式如图 11-18 所示。

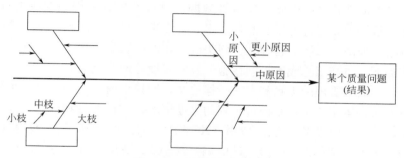

图 11-18　因果关系示意图

既有医院建筑综合性能提升

控制图法。控制图法是统计质量管理中的一种动态管控方法，用来判断施工生产过程是否处于稳定状态。控制图又称管理图，如图 11-19 所示。直角坐标体系中纵坐标表示被控制对象，控制对象（统计量）一般为平均值、中位数、标准差等多种质量特性值。横坐标一般为抽样时间或子样本序号，另外在控制图中有三条辅助控制界线，是判断项目实施过程中是否发生异常变化、是否存在异常因素的尺度，UCL（Upper Control Limit）为上控制界线，CL（Centeral Line）为中心线，LCL（Lower Control Limit）为下控制界线，上下控制界限标志着质量特性允许波动的范围。控制界线是控制图的关键，一般多采用"三倍标准差法"方式确定。

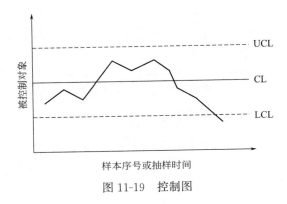

图 11-19　控制图

（3）质量管理的流程。医院改扩建项目更加注重全过程的质量管理，从事前控制、事中控制和事后控制等过程，进行系统把握；从质量管理活动的启动、计划、实施、控制、收尾过程，合理把握管控的逻辑关系。事前控制包括项目质量目标、项目质量管理计划与职责体系的制定；事中控制即在项目实施过程中，抓好质量的常规管理；重点控制特殊过程的质量管理；事后控制主要包括施工验收的质量控制、工程项目质量评定等，经过循环反馈，严格控制不合格产品，并在工程移交后加强报修服务。

其质量管理的基本流程如图 11-20 所示。

4）施工成本管理

（1）成本管理的内涵。成本管理即通过成本控制实现预期成本目标。在施工过程中，通过计划、监督、跟踪、诊断、反馈、调整措施，综合运用技术、经济、组织、管理、合同手段，在保证满足工程质量、施工工期的前提下，将施工总成本控制在施工合同或设计预算范围内。

（2）成本管理的工具和方法。挣值法，即挣得值分析法，是一种偏差分析方法，运用货币量来衡量工程的进度情况，通过测量和计算已完工作的预算费用（BCWP）、实际费用（ACWP）和计划工作的预算费用（BCWS），求得费用偏差（CV）、进度偏差（SV）、费用执行指标（CPI），对项目进度和费用进行综合控制。

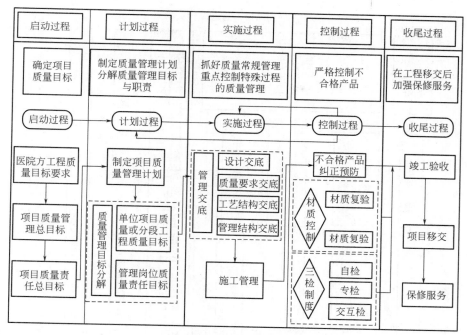

图 11-20　质量控制流程图

　　指标对比分析法。通过对建设项目全过程技术经济指标对比分析，以指标差异作为研究对象，检查项目实施与计划的偏差，进而识别偏差产生影响因素，及时采取措施，确保成本目标的实现。医院建设项目"三超"现象普遍（概算超估算、预算超概算、决算超预算），通过对施工过程中预算、目标成本、实际成本进行对比，合理把握工程成本控制情况，便于下期调整和核算。

　　（3）成本管理的流程。成本管理贯穿于项目实施的全生命周期，需要基于动态的成本控制目标，合理安排成本计划。在工程项目开展中，可根据各时间节点的核算对比，分析差异原因，及时纠偏并制作下阶段支出计划。其具体流程如图 11-21 所示。

　　5）施工 HSE 管理

　　（1）HSE 管理的内涵。"HSE 管理"即健康（Health）、安全（Safety）和环境（Environment）三位一体的管理体系。

　　（2）HSE 管理的工作内容。依据环境管理体系标准（ISO 14000）与职业健康安全管理体系标准（ISO 18000）相关规定，在建设项目全过程中，注重人员身心健康、改善实施环境，克服不安全因素，构建健康、安全、环境三位一体的整体化管控体系，保障整个医院建设工程的安全文明施工和安全交付使用。

　　HSE 管理体系的核心思想为"预防为主"，要求项目管理组织进行风险分析，识别不安全风险因素，确定其危险因素发生的可能性和危害后果，从而采取有效的防范手段和应对措施，尽量将事故和危险消除掉。

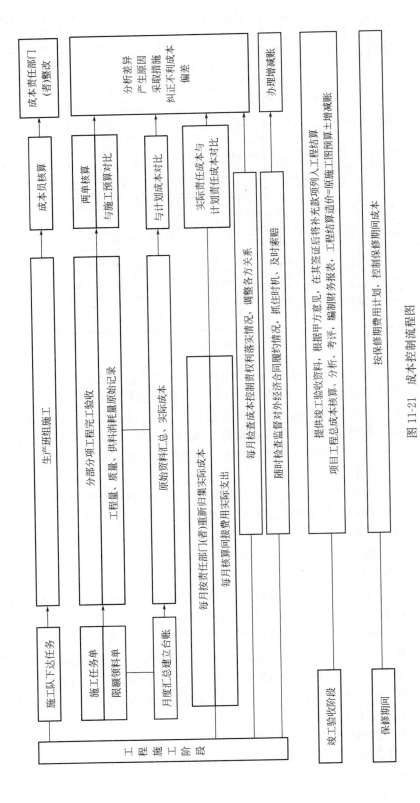

图 11-21 成本控制流程图

建筑工程施工生产活动的安全隐患主要来自于 3P 因素：Person（人的不安全行为）、Parts（物的不安全行为）、Process（实施过程的组织管理缺陷），所以全过程、全方位、全员的动态 HSE 管控也应从人的行为因素、物的状态因素、组织管理制度的执行情况，去识别、分析、控制，并通过有效合理的手段提高项目各层级人员的 HSE 管理意识，完善 HSE 管理机构设置，制定多级危险源处理机制，确保人员、设备、环境的稳定状态，持续改进作业过程的管理措施。

6）建设全过程风险管理

（1）风险管理的内涵。工程项目风险的客观性和必然性影响着项目的成果质量，但是项目风险又是规律可预测的，因此我们可以通过管理手段对风险进行控制，降低项目中风险事件发生的概率和后果。通过全局、全过程、全员的项目风险管理，在构建整体风险管理目标与计划体系的基础上，从风险识别、风险分析与评估、风险应对与监控等过程，实现有效的风险管理。

项目风险管理是对项目进程、效率、效益、目标等一系列不确定因素的管理，包括对外部环境因素与内部因素的管理，也包括对主观因素与客观因素、理性因素与感性因素的管理。

（2）风险管理的工具与方法。首先，进行风险识别，方法如下：

专家调查法：通过专家发现隐藏风险的分析方法。其中头脑风暴法是专家调查法的一种，通过面对面的交流，鼓励各位专家的创新性思维，促进交流与启发。而德尔菲技术是一种专家匿名调查方法，将调查问卷发给各位专家，保证各位专家独立完成答卷，汇总整理相关意见，然后再匿名反馈给各位专家，反复循环这个过程，最终获得包含集体智慧的一致意见。

核对表法。风险核对表是项目管理人员根据已有同类或相似的项目风险管理经验，结合项目特点，归纳总结过程中的风险，从而建立一套基本风险结构体系，并编制出表格，这种体系是项目风险识别的重要工具。核对表法基本包含两大方面内容：一是常见风险的事件和来源，二是对于不同风险事件的检查与识别。显然，核对表法具有简单易行的优点，但该种方法要求具有相关类似项目的经验作为前提，对于新开拓的项目具有一定的局限性。

工作结构分解：即结合工作结构分解形成工作-风险结构（WBS-RBS）。将复杂项目的系统按照一定规则分解为几个子系统，然后进行项目分解，形成工作和风险结构交叉矩阵，根据每个交叉点即矩阵元素，逐个识别风险。

其次，在识别风险之后，需对风险的轻重缓急及相关特点做出评价，并采取不同的策略应对，常用的风险评价工具有以下 2 种。

主观概率估计：基于个人经验、预感或直觉而估算出来的概率，即个人主观判断。在不可能进行实验得到有效统计数据时，主观概率是唯一的选择，基于实验、知识或类似事件比较的专家推断概率。

客观概率估计：针对完全可重复事件，基于历史事件观测数据或大量的实验数据获得的客观概率估计。这种方法需要足够多的信息，在实际应用中往往不可行。有两种途径获得事件实际发生的概率：一是通过计算子事件的概率来获得主要事件的概率；二是通过足够量的试验，统计出事件的概率。

（3）风险管理的流程。在风险评估的基础上，判断项目风险是否超过可承受范围，如果超出则要停止或取消。如项目整体风险在可接受的范围内，则根据项目实施情况和风险特征，选择风险回避、风险转移、风险抑制、风险自留等不同应对策略。

风险回避：是一种从源头断绝风险来源的方法，通过改变项目目标或者直接放弃该项目来避免高危风险的发生，但这种"一刀切"的应对方法，对于多方工作的协调和附带问题的解决有很大的局限性。

风险转移：寻找"帮手"共同分担风险，避免自己全部承担损失。在合理评估各参与方承受能力的基础上，通过合法手段和合同关系转移风险是可取的，并且可能达到双赢的效果，但是该方法有一定的危险性和"道德风险"，一味地风险转移可能会导致两败俱伤。

风险抑制：亦可以称为风险减轻，通过组织、管理、合同、技术措施，降低风险发生的概率和影响程度。

风险自留：在项目风险很小、风险利大于弊的情况下，可将风险留在组织内部，通过设立风险计划系统，合理处理自留风险。

具体的管理流程如图 11-22 所示。

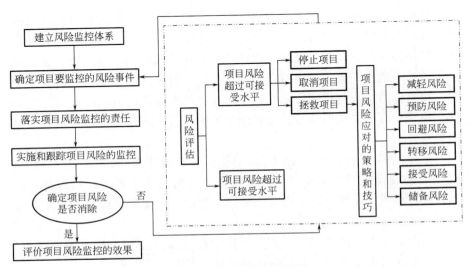

图 11-22　风险管理的流程

11.3.2.3 医院运维管理水平提升

1. 医院管理组织架构

医院运维管理要靠组织协调与控制来运行，通过明确组织角色、隶属关系、部门协调，来做好组织的设计工作，提升医院运营管理的水平。医院运维管理的组织架构应尽量采用"扁平型"的组织架构，根据职能的不同进行部门化分工，如某医院直线职能式的组织架构（图 11-23）。

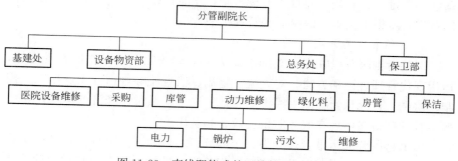

图 11-23 直线职能式的运维管理组织架构

区域医院在建立科学合理组织架构的同时，通过加强各部门领导的日常管理，提升其决策能力和执行管理水平，进而带领整个运维管理组织团队执行力的提升。

2. 运维管理体系制定与制度建设

医院运维活动是保证医院医疗、教育和科研等活动的重要一环，其目标旨在保障医院设施设备、硬件软件处于正常工作状态。

医院运维管理体系的顺序运行离不开定期培训、工作计划、技术支持、质量控制等，需要加强员工日常培训，通过员工工作技能、风险防控、安全知识培训等，提高员工的生活工作技能和前控意识；需要通过制定各项工作的年度、季度、月度计划，推动工作的进行、反馈与优化；需要通过提高设备运行与维护程序、标准维护计划、现场技术支持和参考信息等技术支持水平，提高管理工作的科学性；树立全面质量管理理念，制定每月服务质量分析、季度质量检查、临床意见反馈表以及运维相关部门的评测，以此获得管理工作过程的阶段性结果。在此基础上，进行评价分析，提出优化改进方案，提高管理质量和水平。

制度是保障各项工作有序开展的关键，医院运维管理部门在进行制度建设时，应制定岗位职责制、严格落实各项制度以及建立监督和考核机制。

1）制定岗位职责制。做好岗位设计和定岗定编方案，做好医院运维管理各个岗位的职责和履职流程制度，建设较为完善的规章制度体系，约束、规范、激励医院各层管理人员的行为。

2）严格落实各项规章制度。建立各种工作制度：物资采购制度、基建管理制度、养护维修制度、岗位培训制度等全面、全方位的制度体系，在此基础上，设定医院运维基本运行管理、物资管理、安全管理的各任务目标，及制度执行落实情况目标，严格落实各项规章制度，做好履职、执行的过程和结果监督，严格要求、严格管理，提高医院人员遵守和执行规章制度的自觉性，保障医院人流、物流、信息流的正常运行秩序和稳定状态。

3）制定监督与考核机制。监督与考核机制是确保医院各项后勤制度落实的关键，只有建立监督与考核机制，才能真正提升医院后勤服务人员的意识，从根本上提升医院后勤管理水平。

3. 运维管理的开展

医院运维服务以临床一线的医患为中心，按照医院工作的客观规律，运用现代管理理论和方法，对人流、物流、信息流等进行计划、组织、控制、协调。目标是为临床一线提供有效、安全、及时、经济的运维保障服务，其管理最终体现在服务质量、效率和费用上。

本书将医院的运维管理分为三个部分：运行管理、物资管理和安全管理，对医院人员、资产以及环境运行相关问题进行预防、控制和管理，其框架如图 11-24 所示。

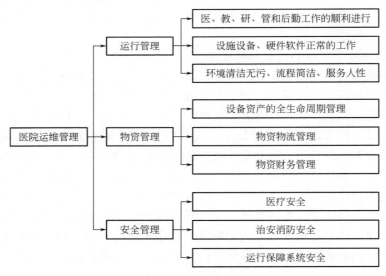

图 11-24　运维管理框架图

1）运行管理

医院的运行管理包括三个方面的内容：确保医院各项业务高效运转，保证医院医、教、研、管和后勤工作的顺利进行；确保医院设备正常运行，保障医院设施设备、硬件软件处于正常的工作和待命状态；创造清洁、无污的医院环境，打造流程简洁、服务人性的舒适体验。

医院运行管理的主要方法如下：

（1）外展式与内嵌式后勤与物业服务模式：外展式服务模式在国外专

业医院比较普遍，当自身管理能力具备相当水平时，可以外延扩大服务范围。而当自身管理能力水平较低、效益低下的时候，或者考虑到综合成本问题，可以选择专业公司来承担部分非核心业务，比如保卫、清洁等常规后勤业务，即内嵌式服务。

（2）设施设备、硬件软件的监控与维护：通过制定信息计划，根据设备设施的特性，制定个性化的维修维保计划，保证设备的使用寿命。对设备设施、硬件软件的维护包括排除故障维修和预防维修保养。通过定期检查、状态监控、校准与保养来保障设备设施的工作状态，对于发生故障的设备设施，通过故障分析、维修方案制定、设备拆卸与修复，恢复规定使用状态。

（3）运用"6S"管理，优化医院环境：运用"6S"管理，对医院运维管理的全过程实现精益化革新，不断整理（SEIRI）、整顿（SEITON）、清扫（SEISO）、清洁（SEIKETSU），保障其实施的制度化、规范化，培养每位员工的素养（SHITSUKE），保障环境与活动的安全（SECURITY）。为改善医院的内涵建设和品质建设，实行科学化、规范化、精细化管理，创造清洁、无污的医院环境，打造流程简洁、服务人性的舒适体验。

2）物资管理

医院物资管理过程主要包括：

（1）设备资产的全生命周期管理：设备资产全生命周期是指设备从购入到报废的整个过程，既包括设备的购置评估、招投标管理、合同管理、验收管理，也包括设备的科室使用、财务核算、维修维护，还包括设备报废或处置等，这些过程构成一个完整的设备资产生命周期。

设备资产管理过程中，要把握三个重点：做到权责明确，按照权责把参与管理的部门归化为入口、使用、审计、财务、监督等部门；做到流程清晰，即做事的步骤形成系统，明确资产报废后管理的始发点在哪里、总结点在哪里、如何用逻辑关系将它们串联起来，形成规范的管理步骤；重点管理关键环节，如计划、采购、入库、使用、盘点、维保、调配、处置等。

（2）物资物流管理：调整医院组织架构，进行资源整合；合并医院业务流程，降低医院管理成本，统一过去分散的物资采购业务，对相关人员和空间进行整合，做到"科学分工、动态调整、业务协同"。

优化医院的库存管理，降低库存量，对物资的采购实施规模化、系列化的采购策略。

设置物资配送的优先等级，科学配置人力及配送流程和路线，最大限度提高保障程度。

3）安全管理

医院发展、安全、质量、效率之间是紧密相连的，没有安全的保障，医院的发展、质量、效率将无从谈起。医院的安全应该从以下几方面去重视和防范：①医疗安全：包括医疗技术提高与质量保证、毒麻药品安全、放射性物质安全、有毒试剂安全、检验室和实验室安全等。②治安消防安全：包括公共场所治安管理、医护职工和患者人身安全、院区消防安全等。③运行保障系统安全：包括水、电、气、锅炉、制氧、食品、洗涤、医疗设施设备、院区秩序、医用气体、医院建筑等方面的安全。

开展医院安全管理，应注重意识提升、组织建设和制度规范体系构建，形成规范化、精细化的安全管理：①提升安全管理意识。全员在各自岗位上自觉梳理各种可能发生的危害、危险、灾难因素及应对方式，建立应急管理体系并开展定期演练。②建立医院安全体系。构建包括医疗质量管理、环境安全管理和职业安全健康管理的医院安全体系，充分调动医院各部门、各系统与外部各相关部门积极性，实现医院安全的综合控制。③建立医院安全管理层级责任制。建立基层组织、直接管理部门、职能管理部门三个层级的责任负责制，设立医院安保部门为医院全部门服务，并实行监督。

11.3.3 技术方法

11.3.3.1 信息化管理

1. 改造过程中的信息化管理

工程项目管理信息化正朝着普及化、网络化、集成化等方向发展，衍生出了项目控制、集成化管理、基于网络平台的项目管理、虚拟建设、建筑信息模型技术等新的项目管理方法。

1）建筑信息模型（BIM）技术

BIM即建筑信息模型，是实现建筑设施数字化、空间化、可视化的技术，涵盖项目全生命周期的数据信息和管理活动。推动BIM技术全过程协同，必须以打造基于BIM的项目协同管理平台，创新发展全过程、多主体、全方位的应用生态系统。

构建开放式、拓展性、跨组织的BIM协同平台，发挥BIM信息共享、决策支持、三维可视化、业务流程协同、进度质量安全、变更协同管理等功能优势，基于Web、云、大数据、多维信息集成技术，推动BIM应用以及项目管理的革新。

2）监测系统

医院建设过程中，必须做好实时监控，利用摄像监视系统进行全方位覆盖，保证施工现场的环境安全和施工过程的规范性。同时依托多方集成网络平台，施工单位、建设单位、监理单位等多方管理人员，可以实时查看工地现场环境和项目实施情况，掌握工程项目进度。

3）虚拟现实（VR）技术

运用虚拟现实技术，模拟创建建筑三维空间，包括环境、感知、自然技能与传感设备的交互式模拟环境，如在施工过程中，结合 VR 眼镜实现动态漫游和体感交互，直观感受诸如高空坠落、脚手架倾斜等安全事故的发生。

2. 运维阶段信息化管理

1）建筑信息化模型（BIM）

运营管理阶段运用到 BIM 技术的空间定位功能，这个功能可以快速定位到项目需要更改的地方，同时还可识别设备的空间布局状态。鉴于医院的特殊性，建筑内部有很多专业复杂的系统，不仅包括建筑所需要的常规系统，而且包括丰富的医疗系统。BIM 技术改变了通常意义上的施工状态，可利用本身三维立体可视性功能，一次性地了解相关情况，设计并掌握合理的管线排布情况，了解系统之间的联系与区别，从而制定出最优的实施方案，提高了效率，降低了成本，同时方便医院的正常运行。

2）智能化监控系统

对医院人流、物流和交通流的运行状态进行智能化监控，包括可视化监控、运行数据的全面检测记录、检测数据分析、支持决策调控等。其中需重点监控的位置包括医疗区、医技区、后勤区、报警区、门禁区以及行政区，通过在上述区域配置智能终端监控系统，构建全院的监控中心、分控中心、综合处理平台和集成化数字报警监控系统，为保障医院人员、设备的安全提供有效途径。

3）能源管理系统

由于医院建筑能耗巨大，可以构建医院的能源管理系统，对医院电、水、气等全类别能耗，进行监控、计量、采集和管理。通过对医院建筑能耗数据的实时监控，识别能耗异常情况，帮助医院运维管理人员保障能耗设备的正常运转；借助能源管理系统平台，对自动采集的能耗数据进行统计分析、能耗审计、节能潜力和效果分析，挖掘医院节能降耗的突破点，用科学的数据支撑医院的节能工作；将能源管理平台的能耗统计与能耗管理制度、能耗绩效考核挂钩，形成医院节能管理的制度规范。

4）打造"一站式"报修平台

打造"一站式"报修平台，改变传统分散式报修责任界定不清、维修人员配置不合理、派单时间长、维修效果跟踪反馈难等现象，整合医院维修班组，将水电暖气等设备设施纳入统一维修体系，成立"一站式"医院报修调度中心，建立医院设备设施维修保养数据库，基于信息化工作平台，优化医院维修服务的流程设计，实现医院维修保养服务的集中受理、统一调度。

11.3.3.2　精细化管理

为了确保既有医院改扩建项目的建设质量、提升区域医院学科发展水平和管理运维水平，医院应该以精细化管理理念为指导，综合运用制度、管理、技术等方法，实现目标管理体系建设管理、合同管理能力提升、施工组织管理、机械设备管理、工作流程安排的精细化管理，突破传统医院粗放式的管理模式，促进医院管理的规范化、制度化、高效化。

1. 改造过程中的精细化管理

1）建立精细化管理的目标体系

精细化管理的目标体系是实行精细化管理的纲领。目标管理是工程项目管理的核心思想之一，目标即项目实施预期，明确并统一项目目标是实施项目管理的首要任务。在医院建筑改造实施过程中，必须基于宏观、中观、微观"渐进明细"的项目管理目标体系，对目标进行有效规划和控制。

2）提高合同管理能力

改造过程中，业主、建设单位、设计单位、咨询单位等多方行为的约束与管理都是基于合同关系进行的，提高项目管理的法制思维能力，形成重视合同管理的法治观念，从订立、履行、终止、变更、违约、索赔等合同全过程，进行有效合同管理，业主可通过合同各项内容规范和控制项目参与方的行为，其中合同订立要保证内容的全面、严密、适变，合同履行要形成有效的合同管理机制，通过对合同条款的细致审读和使用，有理、有力、有节地进行利益博弈和协同管理。

3）施工组织精细化管理

施工组织设计是对施工活动科学、精细管理的有效手段。制定完善的施工组织，需要对医院建设的人力、物力、时间、空间、技术、组织进行统筹安排，从方案设计、施工工序、进度安排、技术应用等环节，对施工任务进行全方位解释和安排，做到实施过程的有章可循，合理调配各项生产要素，统筹协调各项生产关系。

4）机械设备精细化管理

将传统粗放型的机械设备管理向集约化、精细化管理转变，需要在机械设备的采购、进场、维护、使用等过程中，建立设备台账，建设使用管理规章制度体系，明确操作、维修、管理人员的责任、职能，做好相关人员执行力的监督、评价与管理，保证施工机械设备健康的运行状态、使用性能和工作环境。

2. 运维阶段精细化管理

在医院正常的业务运转过程中，医院运维保障是确保医疗基础质量与医疗安全的基本要素。对此，需要做好后勤保障工作，实现"组织结构专业化、工作方式标准化、管理行为制度化、员工配置职业化"，以实现全员管理、全过程管理；并以市场（客户）为导向，从制度完善精细化、工作流程精细化、紧急状态下医院运营保障措施精细化三个方面出发，切实做好医院运营管理的每一个环节。

1）制度完善精细化。精细化管理一个首要特征就是"严"，即在职责明确、细致分工的前提下，严格执行各项工作标准和制度。医院运营管理部门在进行制度建设时，应制定岗位职责制、严格落实各项制度，并建立监督和考核机制。

2）工作流程精细化。按照医院工作的客观规律，对人、财、物、信息、时间等资源，进行计划、组织、协调、控制，充分发挥整体运行功能。制作各项任务的流程图和各部门承接任务明细，从医患人员出发，有效协调就诊流程、业务衔接、空间动态规划等。

3）紧急状态下医院运营保障措施精细化。医院作为治病救人、救死扶伤的人员密集型场所，紧急事件的及时、高效、高质处理极为重要，必须做好紧急状态的详细应急预案，做好医院后勤人员、物资、设备的保障工作安排。

在医院管理过程中，逐步转变粗放型管理模式，树立医院运维精细化观念，并加强员工教育，将"精细化管理"转变成全体人员自觉的潜意识。

11.3.3.3 目标管理关键方法

1. 进度管理

1）网络计划技术。网络计划技术是利用网络图作为基本模型，在此之上加注时间参数，表示工作之间的逻辑关系，依次进行项目进度安排。网络图是网络计划技术的基本模型，其中箭线和节点是网络图的基本元素，用来表示工作流向有序、有向的状态，而网络计划是在网络图基础上配以时间参数的进度计划，在实践中最常使用的是网络计划中的关键线路法（CPM）。

2）里程碑计划。项目里程碑是在项目实施过程中，对项目实施进度有重要影响的标志性事件，制作项目里程碑计划有利于项目的跟踪、管理。相比而言，网络计划是建立在工作分解结构的任务导向型计划，而里程碑计划是建立在目标分解结构的目标导向型计划。而在实际工程项目中，经常要在网络计划中设置里程碑节点，判断工程进展。对于医院建设项目来说，里程碑计划一般包括项目立项、项目奠基、建筑主体封顶、竣工验收、交付使用等重大事件节点，里程碑计划主要使用者为医院领导，用来控制项目整体进度。

2. 成本管理

1）价值工程法。价值工程贯穿于项目整个生命周期，以功能分析为核心，研究如何使用最低的寿命周期成本，实现建筑使用的功能目标。在建筑工程实施过程中，可以基于建筑整体进行价值分析，也可细分到每一工序、设备、技术、工艺进行价值分析。

2）限额设计。医院工程建设过程中"三超"现象普遍，造成工程项目的投资失控，而限额设计就是为了解决项目敞口花钱问题。通过层层限额、分块限额，实现建设项目造价管理的纵向和横向限额控制。在确保技术达标的前提下，从设计任务书、投资估算、设计总概算等环节，逐级设计投资额和工程量上、下限，在此基础上进行方案筛选和设计。将限制额度分解到各专业、各单位、各分部，实现全员、全过程的限额管理，确保每个专业、每个部门、每个人员都有一个投资限额的目标。

3. 质量管理

1）全面质量管理。全面质量管理的核心在于"全"字，即管理对象全面、管理范围全面、参与人员全面。在医院改扩建工程项目实施过程中，树立质量第一的理念，坚持预防为主、全面控制的观点，实行全员、全过程的管理。

2）PDCA 循环管理过程。医院建设项目质量管理应按照计划、实施、检查和处理的流程，开展质量管理工作。在计划（Plan）阶段，依据项目概况和整体实施目标，确定质量管理目标和计划；在实施（Do）阶段，设定具体的现场实施方案，按照计划规定的要求，展开施工作业和技术活动，确保工程项目的施工质量；在检查（Check）阶段，着重检查计划实施效果，并总结相关问题；在处理（Act）阶段，应对检查结果进行总结和处理，将成功的经验纳入标准、制度或规定，将遗留的问题转入下一循环。

11.4　相关案例解析

11.4.1　某综合医院

11.4.1.1　项目概况

北京某综合医院始建于 20 世纪 50 年代，年门诊量达到 140 万余人次，年住院病人 3 万人次，年手术量近 3 万例，医院原有建筑长期处于超负荷运转，医疗空间不足、设备老化等，极大地限制了医院的发展，且医院旧址地处北京市二环天坛公园西南侧，大量人流、物流带来的交通堵塞给对天坛文物保护造成了负面影响。

该医院整体迁建工程 2009 年被列入北京市重大建设计划，2010 年又纳入市"十二五"规划和市医疗卫生设施重大项目建设规划，是首都城市功能核心区疏解和南城发展战略的重大民生工程。

迁建后的新院（图 11-25）占地面积约 28.18 公顷，总建筑面积 35.23 万 m^2，是原有院区面积的 4 倍，总床位规模达到 1650 张，比现有床位净增 500 张，医院整体布局按功能区划分为 A、B、C 三个区域，A 区为主医疗区，B 区为医疗保健和科研教学区，C 区为教学宿舍区。A、B 两区通过空中连廊和地下通道连接。搬迁后的医院给病患提供了更加便捷、舒适的就医环境。

11.4.1.2　业主方组织管理方式

该项目的业主管理模式为代建制，即委托专业化的项目管理单位作为

图 11-25　某综合医院外观图

代建单位，负责建设全过程的组织管理。综合医院整体迁建工程作为政府投资项目，采用"代建制"管理模式，可以促使政府投资项目的专业化和"投资、建设、管理、使用"职能分离。

2013 年 10 月 8 日，北京市工程咨询有限公司取得了医院项目的代建管理资格。为协调推进该医院迁建工程项目的实施，由各方组织联合成立医院迁建工程项目领导小组，领导小组下设办公室，办公室设在市医管局。

11.4.1.3　项目管理过程及核心工作

1. 项目管理难点分析

该综合医院迁建工程进度紧、社会关注度高，是北京市工程咨询有限公司所承接的单项投资规模最大、建设内容最多、技术难度最高的建设管理项目。

迁建工作高度复杂，并存在大量难点：①迁建工程规模大、投资高、进度紧、参建单位众多，如何协调管理、合同签订、目标管理、造价控制等，是管理工作的一大难点；②医疗建筑功能复杂、设备种类繁多，且智能化系统繁多，对医疗空间、功能布局、流线设计提出了较高的要求；③医院建筑对于质量和安全文明施工的要求更高，但质量安全监督跟踪难，是项目管理的重点。

2. 全过程项目管理

项目代建过程中，总经理亲自指导代建投标、团队组建、投诉处理和关系协调等重点工作，明确了工作的方向和目标。副总经理带领项目团队开展规划编制、工程采购和现场管理等具体工作：①准确把握项目功能特点、清晰梳理管理工作目标、分级组建项目管理机构、合理设定各方工作规则、科学编制各项计划；②适时办理建设审批手续、统筹规划各类采购事项、努力推行主动预算管理；③严格把控设计成果质量、密切监控现场质量安全、积极尝试先进管理方式。

3. BIM 应用

某甲级设计院作为新院区的设计总包，承接了建筑、结构、机电、室外小市政、景观、室内、全区 BIM 等多专业的设计工作，组织结构如图 11-26 所示。

医院迁建工程 BIM（图 11-27）应用覆盖了建筑、结构、机电、精装、市政全部专业。BIM 模型后期应用到施工中，施工方采用 BIM 系统进行现场组织施工。针对本项目的超大体量医疗建筑，设计方针对全区整体进行了日照模拟分析，以保证满足病房、诊室等医疗房间尽最大可能获得较好的自然采光及通风。绝大部分诊室、病房均采用基于 BIM 技术的模块化设计，模块化可以有效地提高设计标准化率，达到节约投资、便于施工、缩短工期的目的，并为以后实际使用预留更多灵活可变空间，以适应未来医院发展的需求。

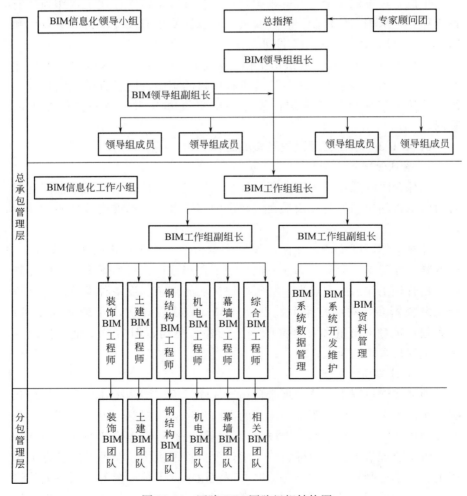

图 11-26　医院 BIM 团队组织结构图

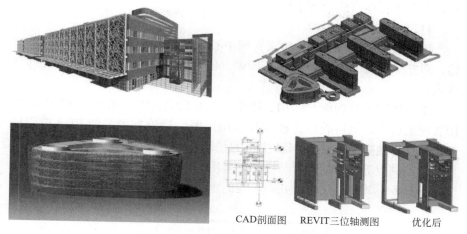

CAD剖面图　　REVIT三位轴测图　　　优化后

图 11-27　某综合医院 BIM 三维模型

11.4.2　某专科医院

11.4.2.1　项目概况

上海某专科医院始建于 1957 年，是我国最早建立的集医疗、教学、科研为一体的，以诊治心、肺、食管、气管、纵隔疾病为主的三级甲等专科医院。为贯彻医院"十二五"发展规划，实现"临床学术型精品专科医院"的目标，该医院着力开展科教综合楼建设（图 11-28），为医院医疗与教研全面均衡发展提供更加优良的硬件设备与空间环境。

图 11-28　某专科医院新建科教综合楼

该医院科教综合楼项目位于淮海西路，于 2015 年 12 月 30 日开始桩基施工，2016 年 3 月开始主体施工，2017 年 10 月底顺利通过验收，建成的科教综合楼项目总投资达 18,596 万元，总建筑面积为 24,208m²。

2015 年 7 月，上海市发布了《上海市推进建筑信息模型技术应用三年行动计划（2015—2017）》，该专科医院新建科教综合楼项目申报成为 BIM 技术示范项目，实行全生命周期的 BIM 应用，从决策设计到施工运营，提升工程项目的管理水平。

11.4.2.2 组织架构

该科教综合楼的新建由申康管理中心和该专科医院筹建办共同合作实施，对整个项目的成本、进度、质量、安全及组织协调进行全面统筹与管理。

由于医院项目功能、结构、体量、系统的复杂性，在全过程 BIM 应用管理过程中，该科教综合楼项目采用以医院建设方为主的 BIM 应用模式，以更好地把握全过程 BIM 应用的领导、组织协调、统筹设计、施工、材料设备供应等多方的配合与协同，采用"建设单位驱动、BIM 咨询单位全过程服务、其他参建单位共同参与的组织模式"（图 11-29）[①]。

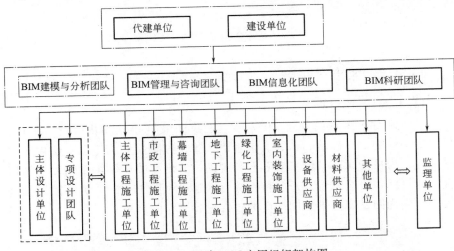

图 11-29　医院 BIM 应用组织架构图

11.4.2.3 全过程 BIM 应用

BIM 助力全生命周期的进度、成本、质量与安全的精细化管理，如图 11-30 所示，为了达到项目设定的各项管理目标，建立工程 3D 模型、结合 4D/5D 动态工程筹划及造价等 BIM 先进管理手段，以数字化、信息化和可视化的方式实现基于 BIM 的建设管理，提升前期策划、设计管理和施工管理的深度和精度；基于建设阶段 BIM 模型的运维转换和平台开发，提升医院后勤智能化管理水平。

1）决策期。前期策划与决策阶段运用 BIM 构建体量模型，即初期简单、快速的概念设计模型，用于项目前期概念设计方案的可视化，结合 BIM 概念设计模型以及先进的管理仿真技术，对拟建建筑的概念体型、建筑面积、场地等信息进行统一把握，进而从体量模型到建筑设计模型，逐

---

① 《2018 上海市 BIM 技术应用与发展报告》［EB/OL］.［2018-4-25］. http：//www.shg-bc.org/lsjz/n4/n35/u1ai6031.html.

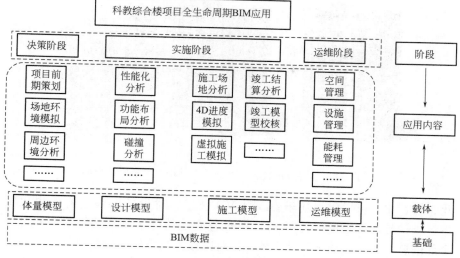

图 11-30 项目全生命周期的 BIM 应用

步提升方案设计的精度，确保方案选择的科学性和合理性，统筹全生命周期管理，减少后期重大变更。

2）实施期。在设计阶段，从方案设计、初步设计到施工图设计，不断深化调整建筑与结构专业模型，提高建筑模型的细度和准确度；通过对该专科医院拟建科教综合楼的平面布局、周围场地及周围空间流线设计，论证建设用地的布局；通过对楼层功能布局方案、基坑施工方案、样板间装饰方案、钢连廊方案的 BIM 可视化模拟，结合技术经济分析，比选设计方案；结合 BIM 技术，模拟拟建科教综合楼的风、光环境，分析建筑绿色性能是否预期达标；利用 BIM 模型，提取建筑房间面积信息，进行各类面积比例的技术指标分析；在初步确定医院设备参数的前提下，结合 BIM 技术对设备使用情况进行模拟，优化设备配置；构建科教综合楼建筑、结构、暖通、给水排水、电气三维结构模型，应用 BIM 软件进行冲突检测，进行不同专业之间的碰撞检测分析，实现平面、空间下多结构的三维协同，为正常施工奠定基础。

施工准备阶段是连接设计与施工的桥梁，该阶段借助 BIM 技术可视化、参数化、共享化的优势，对建筑模型进行专业化和综合性深化设计，提高设计质量；结合 BIM4D 施工模拟，优化现场布置、施工工序、施工进度。在施工阶段，运用 BIM 技术优化传统项目管理，提升项目进度、成本、质量、安全等目标实现水平。通过三维建模、四维施工进度模拟、五维造价测算，形成 BIM5D（图 11-31）模型，精细化控制工程的实时变更、造价管理和进度动态；基于 3D 漫游的安全防护检查、BIM ＋ VR 的员工安全教育培训、动态安全管理，减少施工过程中安全事故。

3）运营期。运用 BIM 技术，推动医院运营管理和后勤服务的数字

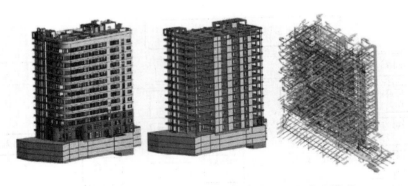

图 11-31 某医院科教综合楼建筑、结构、机电专业模型

化、智慧化、可视化，基于 BIM＋VR 技术，对设备设施进行可视化定位、维护与运维管理；利用 BIM 模型整合建筑全生命周期的结构和设备全部信息，并随时动态联动调整；针对医疗工艺发展、设备更新、业务调整、流程优化等对空间规模、结构的改造需求，结合 BIM 的空间使用和改造辅助管理功能，提升空间改造的效率和精确性；综合 BIM 技术、RFID、移动终端、WIFI、室内导航和定位，打造"一站式"后勤报修维修工作平台，实现检修和应急管理的智慧化。

11.5 结语

医院既有院区及其建筑管理水平提升，应坚持"多目标协调、精细化管理"的原则，以建筑物全生命周期管理为理念，统筹改造项目决策、规划设计、实施、运维等环节，构建基于 BIM 信息化管理系统，创新基于 BIM 技术精细化、规范化、流程化的项目管理模式，通过可视化设计、碰撞检查以及 4D 虚拟施工，在设计、施工、竣工结算、运行维护等阶段全方位提升改造项目的精细化管理水平。

创新医院既有建筑改造管理理念、模式和方法，构建高效、专业、便捷的管理运行环境。改造工作时间安排应遵循一次规划、快速推进、有序实施、灵活分散的改造原则，充分利用淡季、节假日、夜间等时间，充分利用建筑功能和各方面设施运行的间歇时间。具体改造实施过程中，应最大限度降低改造对院区运行的影响，分区、分项、分步、分时实施改造，改造空间次序的安排应按照建筑功能或设施的"重要性、紧迫性和难易程度"确定改造次序，以点带面，逐步开展。

通过综合性能提升改造，提升既有院区建筑物全生命周期管理水平、后勤运维管理精细化水平、安全管理精准化水平、环境和交通管理主动化水平。

参考文献

前言

[1] 刘桂奇. 近代广州医院时空分布研究 [J]. 中国历史地理论丛，2010，25
   (4)：56.

[2] 郝先中. 西医东渐与中国近代医疗卫生事业的肇始 [J]. 华东师范大学学报，
   2005，37 (1)：27.

[3] 中华人民共和国卫生部计划财务司. 中国医院建筑选编 1949—1989 画册 [M].
   北京：人民卫生出版社，1992.

第 1 章

[1] 北京市统计局. 北京市 2021 年国民经济和社会发展统计公报 [J]. 北京市人民政
   府公报，2017：88.

第 4 章

[1] 郭小东，李晓宁，王志涛. 针对地震灾害的综合医院救灾安全性评价及减灾策略
   [J]. 工业建筑，2016，46 (6)：21-24，89.

[2] 涂家畅. 上海市住宅、商业、办公和工厂建筑的极端风暴洪水风险分析 [D]. 上
   海：上海师范大学，2020.

[3] 王璐阳. 上海复合风暴洪水灾害模拟 [D]. 上海：上海师范大学，2019.

[4] 乔典福. 海绵城市背景下南昌市防洪排涝规划对策研究 [D]. 广州：广东工业大
   学，2016.

[5] 万金红，陈武，张葆蔚，等. 2014 年超强台风"威马逊"灾害特征与社会致灾机
   制分析 [J]. 灾害学，2016，31 (3)：78-83.

[6] 赵志全，马捷. 2000—2017 年全国医院火灾形势分析 [J]. 今日消防，2021，6
   (2)：98-101.

[7] 陈亚威. 疏解与提升背景下北京市属医院既有院区改扩建策略研究 [D]. 北京：
   北京建筑大学，2020.

[8] 唐家祥，刘再华. 建筑结构基础隔震 [M]. 武汉：华中理工大学出版社，1993.

[9] Skinner R I, Robinson W H, Meverry G H. 工程隔震概论 [M]. 谢礼立，周雍
   年，赵兴权，译. 北京：地震出版社，1996.

[10] 苏经宇，曾德民，田杰. 隔震建筑概论 [M]. 北京：冶金工业出版社，2012.

[11] 中日联合考察团，周福霖，崔鸿超，安部重孝，吕西林，孙玉平，李振宝，李
   爱群，冯德民，李英民，薛松涛，包联进. 东日本大地震灾害考察报告 [J]. 建
   筑结构. 2012 (4)：2，12-17.

[12] 井上智史. 宫城县立儿童医院与东海大学医学部附属八王子医院 [J]. 城市建
   筑，2006：43.

[13] 濑川宽，SEGAWA Yutaka. 从灾后应急处理反思防灾医院建筑的设计——以日
   本石卷红十字医院为例 [J]. 中国医院建筑与装备，2015，16 (11)：56-58.

［14］黄旭涛. 芦山地震近场地震动特征［D］. 哈尔滨：中国地震局工程力学研究所，2014.

［15］薛彦涛，范苏榕. 传统抗震加固技术与抗震加固新技术的介绍［J］. 抗震防震工程设计专栏，2006（8）：19-22.

［16］徐忠根，周福霖，孔玲. 国内外建筑隔震改造加固概述［J］. 华南建筑学院西院学报，1999，7（2）：15-16.

［17］孟凡亭，黄振兴，徐剑颖. 医院病房楼建筑火灾就地安全避难防火设计的探讨［A］. 第十届中国科协年会论文集（一）［C］. 2008，1083-1086.

第5章

［1］北京市住房和城乡建设委员会，北京市发展和改革委员会，北京市规划和国土资源规划管理委员会，北京市财政局.《北京市公共建筑能效提升行动计划（2016—2018年）》（京建发〔2016〕325号），2016-09-01.

［2］王江标，涂光备，光俊杰，潘蓓蓓. 医院空调系统的节能措施［J］. 煤气与热力，2006（3）：69-72.

［3］崔俊奎，秦颖颖，王瑞祥，等. 北京某医院节能改造效果后评价［J］. 建筑科学，2017，33（6）：79-84.

［4］清华大学建筑节能研究中心. 中国建筑节能年度发展研究报告2018［M］. 北京：中国建筑工业出版社，2018.

第8章

［1］何静. 综合医院康复性景观设计研究［D］. 甘肃农业大学，2018.

［2］赵萍，祝晓. 医院老院区景观更新设计初探［J］. 山西建筑，2015，41（32）：192-193.

［3］中华人民共和国住房和城乡建设部. 海绵城市建设技术指南——低影响开发雨水系统构建（试行）［M］. 北京：中国建筑工业出版社，2015.

第9章

［1］康俊生. 公共服务标准化现状与发展路径分析［J］. 标准科学，2015（4）：20-24.

第10章

［1］危雨晨. 长春近代医疗建筑保护与再利用研究［D］. 长春：吉林建筑大学，2014.

［2］杨燊，张笑彧. 治愈的院落——南京鼓楼医院改扩建项目作品探析［J］. 建筑与文化，2015（6）：151-152.

［3］伍哲陶. 北京协和医院护干楼及其改造性再利用研究［D］. 北京：清华大学，2000.

第11章

［1］朱士俊. 我国医院质量管理发展现状及展望［J］. 医院院长论，2008（3）：4-11.

［2］周洁，赵东莼，白丽霞，等. 我国医院质量管理现状及对策分析［J］. 卫生软科学，2016，30（9）：39-41＋50.

［3］杨柳，王健. 浅谈国外医院管理［J］. 中国卫生事业管理，2007（5）：348-350.

［4］阮肖晖，黄汉津. 国内外医院后勤服务业务外包的对比研究［J］. 医院管理论坛，2005（11）：58-61.

［5］李鹏. 基于BIM的IPD采购模式研究［D］. 大连：东北财经大学，2013.

［6］孟桂芹，戚振强，吴振全. 北京市属医院基本建设项目管理模式选择探讨［J］.

价值工程，2016，35（25）：45-47.

[7] 《2018 上海市 BIM 技术应用与发展报告》［EB/OL］．［2018-4-25］．http：// www. shgbc. org/lsjz/n4/n35/u1ai6031. html.

图表来源

第 2 章

图 2-1　西方医院建筑模式发展 19 世纪～21 世纪，来源于比利时鲁汶大学德鲁教授。

图 2-2　中国医院各个发展阶段，摘自于：格伦. 中国医院建筑思考：格伦访谈录 ［M］. 北京：中国建筑工业出版社，2015。

图 2-4　医院建筑建设完整的工作环节，摘自于：中国医院建筑思考：格伦访谈录 ［M］. 北京：中国建筑工业出版社，2015。

第 3 章

图 3-1　某医院医技楼总平面及分析图，北京市属某医院提供。

图 3-2　某医院的物流流线，北京市属某医院提供。

图 3-6　某医院功能分区分散，北京市属某医院提供。

第 4 章

图 4-1　地震后的南加州大学医院状况，周福霖教授提供。

图 4-2　地震后的奥利夫医院，周福霖教授提供。

图 4-3　宫城县立儿童医院院长办公室，日本 FUJITACorp.（藤田）冯德民教授提供。

图 4-4、图 4-5　震后隔震层和震后室内情况，摘自于：濑川宽，SEGAWA Yutaka. 从灾后应急处理反思防灾医院建筑的设计——以日本石卷红十字医院 为例 ［J］. 中国医院建筑与装备，2015（11）：56-58。

表 4-1　既有建筑采用隔震加固工程实例，摘自于：徐忠根，周福霖，孔玲. 国内外 建筑隔震改造加固概述 ［J］. 华南建设学院西院学报，1999（2）：14-20。

第 6 章

图 6-3　美国费城某医院病房，摘自网络公众号巧合医疗设计。

图 6-4　医院手机导航界面，天坛医院手机 APP。

图 6-10　医院常见智能化系统，根据综合医院建筑设计规范 GB 51039—2014 改绘。

第 8 章

图 8-4　美国南加州大学医学中心平面图，摘自于：何静. 综合医院康复性景观设计 研究 ［D］. 甘肃农业大学，2018。

图 8-5　冥想花园鸟瞰，摘自于：何静. 综合医院康复性景观设计研究 ［D］. 甘肃农 业大学，2018。

图 8-16　康复花园示意图，摘自于：何静. 综合医院康复性景观设计研究 ［D］. 甘肃 农业大学，2018。

图 8-17　冥想花园示意图，摘自于：于悦. 西安市老年社区康健景观设计研究 ［D］. 西安建筑科技大学，2017。

图 8-18　某屋顶互动花园和互动空间，摘自龙湖集团网站。

第 9 章

图 9-8　整体形象设计之建筑外观与户外标识设计，香港澳华医院建筑设计咨询有限

264

公司提供。

图 9-9　整体形象设计之急救包设计，香港澳华医院建筑设计咨询有限公司提供。

图 9-10　整体形象设计之基础要素与导视系统设计，香港澳华医院建筑设计咨询有限
　　　　　公司提供。

图 9-11　大厅内的柱子以及天窗形式来源于大自然，摘自谷德设计网（https：//www.
　　　　　gooood. cn/the-chu-sainte-justines-growing-up-healthy-project-by-provencher _
　　　　　roy-msdl-architectes. htm）。

图 9-12　走廊中色彩斑斓的符号，摘自谷德设计网（https：//www. gooood. cn/the-
　　　　　chu-sainte-justines-growing-up-healthy-project-by-provencher _ roy-msdl-archi-
　　　　　tectes. htm）。

图 9-13　地面上天主教的象征性纹饰，摘自于：Jong Jun Lee 著. 罗璇译. 韩国首尔
　　　　　圣玛丽医院［J］. 城市建筑，2011（6）：103-109。

图 9-14　温暖舒适的室内设计，摘自于：Jong Jun Lee 著. 罗璇译. 韩国首尔圣玛丽
　　　　　医院［J］. 城市建筑，2011（6）：103-109。

图 9-16　医院空间导视系统设计，香港澳华医院建筑设计咨询有限公司提供。

图 9-18　国外某医院公共休闲区色彩装饰设计，摘自于：Roger Yee. Healthcare
　　　　　Spaces No. 2［M］. Visual Reference Publications Inc.，New York，2004。

图 9-19　国外某儿童医院色彩装饰设计，摘自于：Roger Yee. Healthcare Spaces No.
　　　　　2［M］. Visual Reference Publications Inc.，New York，2004。

图 9-22　医院空间墙面彩绘设计，北京建工建筑设计研究院提供。

图 9-23　医院空间浮雕装饰设计，香港澳华医院建筑设计咨询有限公司提供。

图 9-24　医院空间艺术壁画设计，香港澳华医院建筑设计咨询有限公司提供。

图 9-26　某医院空间镂空艺术设计，北京建工建筑设计研究院提供。

图 9-27　医院走廊装饰画设计，摘自于：郑斐匀. 杭州儿童医院空间设计探析［J］.
　　　　　美与时代，2015（11）：80-82。

图 9-28　某儿科大厅陈设装置设计，摘自于：郑斐匀. 杭州儿童医院空间设计探析
　　　　　［J］. 美与时代，2015（11）：80-82。

图 9-30　某医院空间服务设施设计，香港澳华医院建筑设计咨询有限公司提供。

图 9-31　文化创意产品设计，香港澳华医院建筑设计咨询有限公司提供。

图 9-32　VI 设计，香港澳华医院建筑设计咨询有限公司提供。

图 9-35　北京某医院儿科病房护士站，摘自北京某医院官网（https：//www. pkuih.
　　　　　edu. cn）。

第 10 章

图 10-5　某胡同现状，摘自于：韩聪. 北京历史街区文化景观保护与更新对策研究
　　　　　［D］. 北京建筑大学，2017。

图 10-6　某历史花园修缮前后对比，摘自于：陈学. 中国近代历史建筑保护与修复的
　　　　　研究［D］. 天津大学，2009。

图 10-8　墙面挂钢筋网加固，摘自于：陈学. 中国近代历史建筑保护与修复的研究
　　　　　［D］. 天津大学，2009。

图 10-9　常见的砖石残损形式（污染、破损等），摘自于：侯建设. 上海近代历史建
　　　　　筑保护修复技术［J］. 时代建筑，2006（2）。

图 10-10　医院护干楼总平面图，根据伍哲陶《北京协和医院护干楼及其改造性再利

用研究》改绘。

第11章

图 11-1　某医疗中心外观图，摘自 clarkpacific. com 网站（https：//www. clarkpacif-ic. com/project/Sutter-Medical-Center-Castro-Valley/）。

图 11-2　BIM 钢筋管道模型，摘自于：（美）查克·伊斯曼，（美）保罗·泰肖尔兹，（美）拉斐尔·萨克斯，（美）凯瑟琳·利斯顿著. 耿跃云，尚晋等译. 郭红领等校. BIM 手册 原著第 2 版 [M]. 北京：中国建筑工业出版社，2016. 06。

图 11-3　BIM 图形模型，摘自 tekla. com 网站（https：//resources. tekla. com/case-studies/dpr-construction-succeed-with-tekla-bim-technology-to-save-time-and-money-at-the-sutter-medical-center-castro-valley）。

图 11-4　项目的价值体系模型，摘自于：李鹏. 基于 BIM 的 IPD 采购模式研究 [D]. 东北财经大学，2013。

图 11-10　建设全寿命周期，摘自于：戚振强. 工程项目管理 [M]. 北京：中国建筑工业出版社，2015。

图 11-25　某综合医院外观图，摘自于：高明杰，何青. BIM 技术在北京天坛医院工程项目管理中的应用 [J]. 土木建筑工程信息技术，2016，8（02）：38-43。

图 11-26　医院 BIM 团队组织结构图，摘自于：高明杰，何青. BIM 技术在北京天坛医院工程项目管理中的应用 [J]. 土木建筑工程信息技术，2016，8（02）：38-43。

图 11-27　某综合医院 BIM 三维模型，北京市建筑设计研究院有限公司 BIM 研究所提供。

图 11-28　某专科医院新建科教综合楼，摘自 baike. com 网站（http：//map. baidu. com/detail? third _ party＝seo&qt＝ninf&uid＝113ea7b6449ad6e488b988c1&detail＝hospital）。

图 11-29　医院 BIM 应用组织架构图，摘自上海绿色建筑协会《2018 上海市 BIM 技术应用与发展报告》。

图 11-31　某医院科教综合楼建筑、结构、机电专业模型，摘自于：张建忠，余雷，李永奎. 上海市市级医院科教综合楼项目全过程 BIM 应用及价值分析 [J]. 中国医院建筑与装备，2018，19（03）：78-84。

除上述图表外，其余图表均由《既有医院建筑综合性能提升》编著委员会成员拍摄、绘制或提供。